DEUTSCHE AKADEMIE DER WISSENSCHAFTEN ZU BERLIN

Veröffentlichungen der Sternwarte in Sonneberg

Band 1

Nummer 3

P. Ahnert, C. Hoffmeister, E. Rohlfs, A. van de Voorde

Die veränderlichen Sterne der nördlichen Milchstraße Teil V

Akademie-Verlag GmbH · Berlin 1949

P. Ahnert, C. Hoffmeister, E. Rohlfs, A. van de Voorde:
Die veränderlichen Sterne der nördlichen Milchstraße Teil V

Veröffentlichungen der Sternwarte in Sonneberg Band 1, Nr. 3

DEUTSCHE AKADEMIE DER WISSENSCHAFTEN ZU BERLIN

Veröffentlichungen der Sternwarte
in Sonneberg

Band 1
Nummer 3

P. Ahnert, C. Hoffmeister, E. Rohlfs, A. van de Voorde

Die veränderlichen Sterne der nördlichen Milchstraße
Teil V

Akademie-Verlag GmbH · Berlin 1949

Erschienen im Akademie-Verlag GmbH., Berlin NW 7, Schiffbauerdamm 19
Lizenz-Nr. 156 · 1200/47 — 3772/47
Druck: Julius Beltz, Langensalza · Genehmigt für L.-Nr. 66
Bestell- und Verlagsnummer: 2006/1/3
Preis: 15,— DM

Einleitung.

Der vorliegende 5. Teil der Veröffentlichungen zum „Felderplan" umfaßt 6 Erstbearbeitungen und 2 Ergänzungen, letztere im Hinblick auf kurzperiodische Veränderliche und zweifelhafte Fälle, zu deren Erledigung bei der Erstbearbeitung (Teil I) die Unterlagen nicht ausreichten. Es bezieht sich dies auf die Felder ξ Herculis und 136 Tauri.

Übersicht der bearbeiteten Felder.

Bezeichnung	Galaktische Koordinaten l	b	Äquinoktium 1925.0 α	δ	Anzahl der Platten	Zeitabschnitt 24 . . .	Anzahl der Sterne	davon unerledigt	Bearbeiter
62 Aquilae	9°	−17°	300°.1	− 0°.9	114	26928—31673	134	4	AHNERT
γ Aquilae	16	− 8	295.7	+10.4	180	28038—31343	158	14	ROHLFS
ξ Herculis	21	+23	268.7	+29.3	122	26092—27937 29421—30990	17	0	HOFFMEISTER
γ Sagittae	26	− 5	298.9	+19.3	142	27543—31318	143	3	VAN DE VOORDE
$20^h\,58^m$ +44°[1]	53	0	313.9	+44.2	134	27951—30486	59	1	HOFFMEISTER
$4^h\,35^m$ +40°[2]	130	− 2	68.7	+39.7	146	28022—31441	49	11	ROHLFS
136 Tauri	150	+ 3	87.2	+27.6	104	25681—27890 29639—31530	38	5	HOFFMEISTER
$6^h\,59^m$ − 6°[3]	187	+ 1	104.6	− 5.6	116	25246—28183 29578—31145	69	3	AHNERT
							667	41	

[1]) Leitstern BD +43°3777.
[2]) „ BD +39°1042.
[3]) „ BD − 5°1962.

Von den 667 Sternen des 5. Teils sind 31 aus früheren Teilen wiederholt und mit ihren alten Nummern aufgeführt; die 636 erstbearbeiteten Sterne erhalten die Nummern 1495 bis 2130.

Zur Spalte „Anzahl der Platten" ist zu bemerken, daß in vielen Fällen für einen Teil der Sterne übergreifende Nachbarfelder oder Plattenreihen des 140 mm-Triplets zusätzlich benutzt werden konnten.

Die Bearbeitung des Feldes γ Sagittae ist noch nicht erschöpfend. Eine Reihe von Sternen, hauptsächlich kurzperiodische Veränderliche, waren zurückgestellt, da das vorhandene Plattenmaterial nicht hinreichte. Nach dem Weggang des Bearbeiters wurde bekannt, daß das Feld γ Sagittae auch am Observatoire de Lyon, Saint-Genis-Laval (Rhône) planmäßig aufgenommen worden ist. Die Bearbeitung der Reststerne wurde daher dorthin abgegeben, und den Beobachtern wurden Aufsuchungskärtchen und sonstige Angaben zur Verfügung gestellt.

In einigen Feldern kommen Sterne vor, welche einer noch nicht veröffentlichten Liste von 1440 Veränderlichen, fertiggestellt im ersten Halbjahr 1946, angehören. Sie tragen als vorläufige Bezeichnung die fortlaufende Nummer der zu Sonneberg entdeckten neuen Veränderlichen, gekennzeichnet durch vorgesetztes S.

Es folgt hier, aus Teil II wiederholt, die Zusammenstellung der in Spalte 5 der Tabellen gebrauchten Artbezeichnungen.

Abkürzungen der Artbezeichnungen.

A	=	Algol
BV	=	Bedeckungsveränderlicher
β	=	β Lyrae-Art
W	=	W Ursae maioris-Art
K	=	Kurzperiodisch
δ	=	δ Cephei-Art
ζ	=	ζ Geminorum-Art
RR	=	RR Lyrae-Art
RRa	=	,, ,, ,, Untergruppe a
RRb	=	,, ,, ,, ,, b
RRc	=	,, ,, ,, ,, c
L	=	Langperiodisch $P > 100^d$
mP	=	mittellange-Periode $50^d < P < 100^d$
H	=	Halbregelmäßig
RV	=	RV Tauri-Art
U	=	Unregelmäßig
UG	=	U Geminorum-Art
Z	=	Z Camelopardalis-Art
RW	=	RW Aurigae-Art
RC	=	R Coronae-Art
Unb	=	Unbekannt
Unv	=	Unveränderlich
N	=	Nova

Ein der Artbezeichnung beigefügtes s bedeutet „ähnlich" (similis) und kann sowohl auf eine innere Verwandtschaft, wie im Falle RWs, als auch auf eine rein äußerliche Analogie der Erscheinungen, wie im Falle As, hinweisen. Allgemein sind die s-Sterne solche, die in der Erscheinungsform dem Typus nahestehen, aber entweder dessen Eigenschaften in abgeschwächtem Maße besitzen oder aber mindestens ein wesentliches Kennzeichen des Typus vermissen lassen. RWs-Sterne unterscheiden sich vom RW-Typus meist durch kleinere Amplitude oder langsameren Lichtwechsel. As-Sterne haben zwar Algol-artige Minima und gut eingehaltenes Normallicht, aber keine dauernd-periodische Wiederkehr der ersteren, sind also sicher keine Bedeckungssterne im normalen Sinne.

Sonneberg, 4. April 1947.

C. Hoffmeister.

Feld 62 Aquilae

P. Ahnert

Nr.	Name	α 1855.0	δ 1855.0	Art	Phase	Epoche 24...	Periode	Max.	Min.
1495	775.1933 Aql	19h 38m 24s	+0° 9′	L	Max.	27280	221d	13m.8	[16m.3
1496	444.1936 Aql	19 39 36	+1 52.5	L	Max.	26949	400	14.0	[16
1497	445.1936 Aql	19 40 2	−0 8.0	L	Max.	27273	375 (187.5?)	13.7	15.8
1498	776.1933 Aql	19 40 18	−4 10	L	Max.	26930	320	11.6	16
1499	446.1936 Aql	19 40 34	+1 22.6	RWs	—	—	—	13.7	15.2
1500	447.1936 Aql	19 40 56	+2 17.8	L	Max.	28038.5	308.5	13.8	[16
1501	777.1933 Aql	19 41 6	−5 38	RW	—	—	—	14.0	16.0
1502	778.1933 Aql	19 41 6	+1 32	U	—	—	—	12.5	13.7
1503	779.1933 Aql	19 41 18	−0 50	L	Max.	26939	282	13.3	[16
1504	V 423 Aql	19 41 18	+0 19	H	Max	26955.5	67.6	14.6	16.0
1505	781.1933 Aql	19 41 48	−4 32	RWs	—	—	—	13.1	13.9
1506	448.1936 Aql	19 41 58	−3 20.1	L	Max.	27014	125.4	14.0	15.6
1507	782.1933 Aql	19 42 6	−2 24	L	Max.	26913.5	243.5	13.5	[16
1508	449.1936 Aql	19 42 15	−4 22.8	L	Max.	27627	201	13.6	[16
1509	450.1936 Aql	19 42 23	−1 26.9	L	Max.	27421	282	12.0	16.5
1510	783.1933 Aql	19 42 30	−2 24	L	Max.	26979	132	14.6	16.0
1511	451.1936 Aql	19 42 55	−2 5.8	RR	Max.	30933.52	0.550	14.2	15.6
1512	784.1933 Aql	19 43 0	−4 20	U	—	—	—	14.2	15.3
1513	452.1936 Aql	19 43 1	+1 26.4	U	—	—	—	12.3	12.8
1514	453.1936 Aql	19 43 4	−1 17.8	U	—	—	—	14.3	15.4
1515	454.1936 Aql	19 43 30	+0 24.2	U	—	—	—	13.6	15.7
1516	455.1936 Aql	19 43 51	−1 51.3	U	—	—	—	14.2	15.3
1517	785.1933 Aql	19 43 48	−3 5	L	Max.	27334	238.5	14.2	[16
1518	786.1933 Aql	19 44 36	+2 26	L	Max.	26943	213	10.9	[16
1519	787.1933 Aql	19 45 24	−2 27	RR	Max.	27003.280	0.3772390	12.2	13.6
1520	788.1933 Aql	19 45 36	−5 48	U	—	—	—	14.4	15.8
1521	456.1936 Aql	19 45 42	−1 37.1	RR	Max.	30932.50	0.610	13.7	14.9
1522	789.1933 Aql	19 45 42	−4 59	L	Max.	27351	322	13.1	[16
1523	457.1936 Aql	19 45 47	−5 6.2	L	Max.	27296	212	14.0	[16.5
1524	V 344 Aql	19 46 6	+1 49	L	Max.	26966	282.5	11.0	[16
1525	V 345 Aql	19 46 30	+2 36	L	Max.	27336	290	11.5	[16
1526	458.1936 Aql	19 46 30	−1 5.1	U	—	—	—	11.7	12.5
1527	792.1933 Aql	19 47 6	−3 42	U	—	—	—	13.8	15.2
1528	459.1936 Aql	19 47 26	+2 59.4	RW	—	—	—	13.4	15.6
1529	793.1933 Aql	19 47 18	−4 13	L	Max.	27605	374 (187?)	13.6	[16
1530	460.1936 Aql	19 47 46	−0 9.3	RR	Max.	30930.50	0.475	14.0	14.7
1531	794.1933 Aql	19 48 12	+2 4	U	—	—	—	13.8	15.1
1532	461.1936 Aql	19 48 11	−0 41.2	L	Max.	27400	357	13.2	[16.5
1533	462.1936 Aql	19 48 17	+2 49.0	Unv	—	—	—	14.4	—
1534	463.1936 Aql	19 48 24	+1 28.0	U	—	—	—	15.0	15.9
1535	465.1936 Aql	19 48 33	+1 11.5	L	Max.	26939	208.3	14.2	[16
1536	464.1936 Aql	19 48 30	−2 7.5	U	—	—	—	14.3	15.3
1537	795.1933 Aql	19 48 36	−0 59	U	—	—	—	12.7	13.6
1538	796.1933 Aql	19 48 54	−0 21	Unv	—	—	—	11.6	—
1539	V 502 Aql	19 49 6	−3 0	L	Max.	26975	286.5	12.3	[16.5
1540	466.1936 Aql	19 49 10	−1 21.2	RR	—	—	1.014/n	14.8	15.6

Nr.	Name	α 1855.0	δ 1855.0	Art	Phase	Epoche 24 . . .	Periode	Max.	Min.
1541	QW Aql	19h49m20s	−0°22′.1	L	Max.	27004	201d.5	13m.2	[16m.5
1542	798.1933 Aql	19 49 24	+0 43	δ	Max.	26945.7	11.104	11.1	11.4
1543	467.1936 Aql	19 48 45	−1 54.1	U	—	—	—	12.3	14.3
1544	QX Aql	19 50 41	−2 50.8	L	Max.	26960	222.5	13.1	[16.5
1545	468.1936 Aql	19 51 1	−5 12.8	RR	—	—	0.43	14.2	15.7
1546	469.1936 Aql	19 51 6	−0 3.8	U	—	—	—	14.1	14.9
1547	470.1936 Aql	19 51 16	+2 13.4	U	—	—	—	14.2	15.5
1548	799.1933 Aql	19 51 42	−1 46	L	Max.	26937	138.2	12.5	[16
1549	800.1933 Aql	19 51 48	+0 37	L	Max.	27059	271	14.0	[16
1550	801.1933 Aql	19 51 54	−2 21	RR	—	—	—	13.7	14.2
1551	802.1933 Aql	19 51 54	−0 16	L	Max.	26957	335	13.5	[16.5
1552	803.1933 Aql	19 52 24	+2 56	L	Max.	27394	285.5	13.0	15.7
1553	804.1933 Aql	19 52 54	−2 16	U	—	—	—	12.9	14.8
1554	471.1936 Aql	19 52 59	+1 51.3	RR	Max.	26980.237	0.5575074	14.0	15.0
1555	805.1933 Aql	19 53 0	−5 42	U	—	—	—	14.6	15.4
1556	806.1933 Aql	19 53 0	−0 2	RW	—	—	—	13.1	14.4
1557	807.1933 Aql	19 53 0	+1 30	U	—	—	—	13.7	14.8
1558	808.1933 Aql	19 53 6	+0 20	L	Max.	26950	152	14.9	15.9
1559	809.1933 Aql	19 53 36	−0 8	A	—	—	2.1/n	13.9	15.7
1560	472.1936 Aql	19 53 44	+2 51.9	Unv	—	—	—	13.5	—
1561	473.1936 Aql	19 53 56	−3 58.7	RR	Max.	27311.431	0.5862158	14.8	15.6
1562	810.1933 Aql	19 54 18	+1 43	L	Max.	27337	265.7	12.6	[16.5
1563	811.1933 Aql	19 54 30	−3 26	ζ	—	—	5.0 ±	12.2	12.5
1564	474.1936 Aql	19 54 46	+2 32.5	Unv	—	—	—	15.1	—
1565	812.1933 Aql	19 54 42	+1 57	RR	Max.	30933.51	0.3444	14.0	14.6
1566	475.1936 Aql	19 54 51	+2 48.0	L	Max.	26945	371 (185d.5 ?)	14.1	[16.5
1567	813.1933 Aql	19 55 6	−0 7	mP	Max.	26958	82.8	14.2	15.8
1568	476.1936 Aql	19 55 12	−4 57.0	U	—	—	—	13.9	15.9
1569	814.1933 Aql	19 55 36	−2 36	Unb	—	—	—	14.5	14.7
1570	477.1936 Aql	19 55 36	−4 4.9	A	Min.	27272.47	4.56228	14.9	15.9
1571	815.1933 Aql	19 55 48	−1 54	L	Max.	27347	268	14.2	[16.5
1572	478.1936 Aql	19 56 18	+0 48.5	U	—	—	—	14.4	15.5
1573	816.1933 Aql	19 57 0	−1 10	Unv	—	—	—	14.1	—
1574	817.1933 Aql	19 57 12	−1 55	RR	Max.	26931.488	0.4849264	13.6	15.2
1575	479.1936 Aql	19 58 4	−1 8.9	RR	Max.	26951.38	0.6251413	14.3	15.9
1576	818.1933 Aql	19 58 18	+1 56	U	—	—	—	13.5	14.5
1577	819.1933 Aql	19 58 24	+2 59	L	Max.	27387	253	12.2	17
1578	820.1933 Aql	19 58 30	−1 34	RW	—	—	—	13.0	15.3
1579	480.1936 Aql	19 58 37	+1 27.9	U	—	—	—	14.3	15.7
1580	821.1933 Aql	19 58 54	+2 3	U	—	—	—	14.3	15.5
1581	481.1936 Aql	19 59 20	−1 13.3	RR	Max.	27577.521	0.3941683	15.0	16.3
1582	822.1933 Aql	19 59 54	+1 4	RR	Max.	30936.456	0.385	15.0	16.0
1583	823.1933 Aql	20 0 6	−2 53	L	Max.	26945	257.5	15.1	[16.5
1584	482.1936 Aql	20 0 21	+2 28.5	RR	Max.	27356.250	0.428819	13.3	14.9
1585	483.1936 Aql	20 0 21	−5 4.8	L	Max.	27272	243	13.8	[16
1586	484.1936 Aql	20 0 42	−0 46.9	U	—	—	—	11.9	12.6
1587	485.1936 Aql	20 0 46	−0 26.4	U	—	—	—	14.5	15.7
1588	824.1933 Aql	20 0 54	−0 21	BV	—	—	1.04/n	14.5	15.5

Nr.	Name	α 1855.0	δ 1855.0	Art	Phase	Epoche 24 . . .	Periode	Max.	Min.
1589	486.1936 Aql	$20^h\ 1^m\ 0^s$	−4°50 6	L	Max.	27405	298^d	$12^m.5$	[$16^m.5$
1590	Ross 267 Aql	20 1 6	+0 24.1	L	Max.	27639	216.5	12.5	[17
1591	825.1933 Aql	20 1 18	−1 30	RR	Max.	27340.383	0.63021	13.6	14.1
1592	487.1936 Aql	20 1 45	−0 32.2	H	—	—	—	13.0	14.0
1593	488.1936 Aql	20 1 51	−0 35.6	RWs	—	—	—	13.0	13.6
1594	826.1933 Aql	20 2 6	+1 36	U	—	—	—	13.1	14.1
1595	489.1936 Aql	20 2 29	−2 6.4	L	Max.	27420	285	13.2	[16.5
1596	827.1933 Aql	20 2 36	−3 59	L	Max.	26989	174.5	13.9	15.5
1597	828.1933 Aql	20 2 42	−0 4	H	—	—	370 (185)	13.3	15.3
1598	490.1936 Aql	20 2 59	−2 3.0	U	—	—	—	10.7	12.1
1599	491.1936 Aql	20 3 5	−3 26.3	L	Max.	27393	161	14.5	[16.5
1600	829.1933 Aql	20 3 24	−4 43	L	Max.	26963	291	13.0	16.0
1601	830.1933 Aql	20 4 0	−1 13	RR	Max.	30937.495	0.258	14.5	15.0
1602	831.1933 Aql	20 4 48	−0 50	L	Max.	27338	165	13.2	15.4
1603	832.1933 Aql	20 5 12	+1 29	U	—	—	—	14.7	15.9
1604	492.1936 Aql	20 6 3	+2 40.6	U	—	—	—	14.9	15.8
1605	833.1933 Aql	20 6 30	−2 32	L	Max.	27330	305	12.7	[16.5
1606	834.1933 Aql	20 7 12	−1 37	L	Max.	26900	350	12.7	[16.5
1607	835.1933 Aql	20 7 12	−0 18	RR	Max.	26928.398	0.4064188	13.0	14.3
1608	836.1933 Aql	20 7 24	−0 2	U	—	—	—	13.9	15.1
1609	493.1936 Aql	20 7 35	−0 55.2	RR	Max.	27395.246	0.5855120	14.3	15.5
1610	494.1936 Aql	20 7 57	−3 24.5	U	—	—	—	14.1	15.6
1611	495.1936 Aql	20 8 2	−4 23.2	U	—	—	—	13.2	14.2
1612	496.1936 Aql	20 8 7	+2 54.4	RR	Max.	30930.42	0.398	12.6	13.1
1613	837.1933 Aql	20 8 30	+0 34	As	—	—	—	14.7	16.4
1614	838.1933 Aql	20 9 24	−3 44	L	Max.	26966	166	12.1	13.9
1615	497.1936 Aql	20 9 27	−3 58.3	Unv	—	—	—	15.9	—
1616	498.1936 Aql	20 9 31	−4 30.5	RV	Min.	26975	117.2	13.1	14.8
1617	499.1936 Aql	20 9 56	−4 6.4	U	—	—	—	15.0	[16
1618	500.1936 Aql	20 10 8	+1 21.7	L	Max.	27004	199	13.3	[16.5
1619	839.1933 Aql	20 10 12	−1 33	RR	Max.	26945.385	0.5403242	13.6	15.4
1620	840.1933 Aql	20 10 12	−0 53	H	Max.	27343	82	13.4	14.8
1621	841.1933 Aql	20 10 30	+0 37	U	—	—	—	14.3	15.1
1622	501.1936 Aql	20 11 7	−0 1.7	L	Max.	26988	197	13.4	16.0
1623	502.1936 Aql	20 11 44	+1 27.4	U	—	—	—	14.0	15.6
1624	842.1933 Aql	20 12 12	−4 46	RR	Max.	26928.432	0.515686	12.5	13.7
1625	503.1936 Aql	20 13 45	+2 6.6	U	—	—	—	14.1	15.1
1626	V 335 Aql	20 13 56	+0 51.9	L	Max.	26996	353 (176.5)	11.6	[16
1627	843.1933 Aql	20 14 12	+0 16	L	Max.	27022	241.3	12.5	[16
1628	844.1933 Aql	20 14 18	−2 21	mP	Max.	26917	96.3	14.9	16.7:

Feld γ Aquilae

E. Rohlfs

Nr.	Name	α 1855.0	δ 1855.0	Art	Phase	Epoche 24....	Periode	Max.	Min.
1629	285.1943 Aql	$19^h 18^m 42^s$	+ 7°44′	Unv	—	—	—	$16^m_.0$	—
1630	286.1943 Aql	19 20 24	+ 6 54	RRb	Max.	29163.316	$0^d_.34728$	14.9	$15^m_.9$
1631	287.1943 Aql	19 20 54	+11 30	A	Min.	29163.246	5.42883	14.2	15.3
1632	288.1943 Aql	19 22 48	+ 7 27	A	—	—	—	15.5	[16.2
1633	56.1940 Aql	19 22 53	+10 42.8	U	—	—	—	14.4	15.2
1634	V 448 Aql	19 23 29	+10 38.8	L	—	—	—	15.5	[16.4
1635	289.1943 Aql	19 23 42	+ 7 30	L	Max.	31020	150	15.3	[16.3
1636	57.1940 Aql	19 23 57	+ 8 16.2	L	Max.	28025	207	14.6	[16.3
1637	58.1940 Aql	19 24 17	+11 51.4	L	Max.	28046	364	15.3	[16.2
1638	V 449 Aql	19 24 37	+13 8.3	U	—	—	—	14.3	15.6
1639	290.1943 Aql	19 24 42	+10 30	A	Min.	28332.448	1.69058	14.1	15.0
1640	291.1943 Aql	19 25 12	+12 16	L	Max.	29990	310	14.5	[16.2
1641	292.1943 Aql	19 25 24	+11 40	L	Max.	29070	386	15.2	[17.0
1642	293.1943 Aql	19 25 36	+10 43	L	Max.	29195	354	13.9	[16.3
1643	143.1943 Aql	19 26 0	+ 7 23	L	Max.	28830	300	14.0	[16.2
1644	59.1940 Aql	19 26 14	+ 5 55.1	L	Max.	29561	147	12.3	13.4
1645	60.1940 Aql	19 26 15	+ 7 36.1	L	Max.	28785	287	13.3	[16.0
1646	61.1940 Aql	19 26 29	+ 6 11.0	L	Max.	28055	253	15.1	[16.2
1647	62.1940 Aql	19 26 32	+10 39.5	RW	—	—	—	12.3	13.9
1648	63.1940 Aql	19 26 34	+ 7 15.9	L	Max.	28826	286	12.6	[16.2
1649	64.1940 Aql	19 26 40	+ 6 43.7	RRa	Max.	28423.310	0.425692	14.6	15.9
1650	65.1940 Aql	19 27 1	+ 8 52.0	L	Max.	28070	142	13.8	[16.2
1651	66.1940 Aql	19 27 15	+ 8 31.5	U	—	—	—	13.5	14.5
1652	67.1940 Aql	19 27 49	+ 7 8.8	L	Max.	28405	154	14.2	[16.2
1653	294.1943 Aql	19 28 34	+ 8 53.0	RRa	Max.	29483.400	0.368012	14.8	16.1
1654	144.1943 Aql	19 28 48	+ 7 32	A	Min.	28045.337	3.22203	14.3	16.0
1655	V 451 Aql	19 28 48	+11 28.6	U	—	—	—	14.6	[16.3
1656	68.1940 Aql	19 29 0	+11 44.3	A	Min.	29163.326	1.155125	13.5	14.9
1657	69.1940 Aql	19 29 35	+ 9 29.1	L	Max.	28080	168	15.2	[16.3
1658	295.1943 Aql	19 29 36	+ 6 43	A	Min.	30147.644	7.496	14.8	16.2
1659	296.1943 Aql	19 29 36	+15 11	L	Max.	29108	312	14.9	[16.3
1660	70.1940 Aql	19 29 49	+ 8 59.6	L	Max.	28070	166	14.3	[16.4
1661	297.1943 Aql	19 30 6	+ 6 57.0	L	Max.	28000	363	15.4	[16.5
1662	71.1940 Aql	19 30 26	+11 20.3	L	Max.	28335	369	13.4	[15.7
1663	298.1943 Aql	19 30 42	+ 7 57	RRa	Max.	29161.352	0.554564	15.0	16.2
1664	48.1905 Aql	19 30 7	+ 8 52.8	L	Max.	28060	110	13.9	[16.1
1665	72.1940 Aql	19 30 48	+12 14.9	L	Max.	28425	289	14.8	[16.4
1666	V 453 Aql	19 30 56	+10 13.7	L	Max.	28065	319	14.3	[16.6
1667	73.1940 Aql	19 30 58	+ 9 8.6	L	Max.	28440	248	14.2	[16.1
1668	145.1943 Aql	19 30 59	+10 27.2	RWs	—	—	—	13.0	13.9
1669	74.1940 Aql	19 31 21	+11 1.0	U	—	—	—	13.4	14.5
1670	V 454 Aql	19 31 33	+10 16.1	L	Max.	28420	231	14.2	[16.5
1671	75.1940 Aql	19 31 40	+11 31.1	U	—	—	—	14.0	14.6
1672	299.1943 Aql	19 31 42	+ 6 1	K	—	—	—	15.0	15.6
1673	300.1943 Aql	19 31 42	+11 34	A	Min.	30545.411	3.71583	14.8	16.2
1674	76.1940 Aql	19 31 55	+12 31.9	L	Max.	28040	263	14.0	[16.1

Nr.	Name	α 1855.0	δ 1855.0	Art	Phase	Epoche 24....	Periode	Max.	Min.
1675	77.1940 Aql	$19^h 32^m 3^s$	$+7°18'.6$	L	Max.	28237	152^d	$13^m.3$	$14^m.2$
1676	301.1943 Aql	19 32 3	+ 8 0.3	L	Max.	29190	188	15.2	[16.5
1677	112.1904 Aql	19 32 5	+10 10.2	RW	—	—	—	13.8	15.3
1678	78.1940 Aql	19 32 6	+10 55.0	A	Min.	28067.302	3.3990	14.7	15.5
1679	79.1940 Aql	19 33 0	+12 8.9	U	—	—	—	12.2	13.6
1680	80.1940 Aql	19 33 18	+ 7 44.9	L	Max.	28265	138	13.3	15.0
1681	302.1943 Aql	19 33 18.	+14 44	RR	—	—	—	14.6	15.0
1682	303.1943 Aql	19 33 24	+ 6 9	RR	—	—	—	14.5	16.3
1683	V 455 Aql	19 33 28	+12 43.3	L	Max.	28425	350	13.4	[16.3
1684	304.1943 Aql	19 33 30	+ 8 3	L	Max.	29090	309	14.9	[16.4
1685	305.1943 Aql	19 33 44	+ 9 42.2	L	Max.	29100	447	14.7	[16.5
1686	V 456 Aql	19 34 11	+ 7 4.9	L	Max.	29190	350	13.1	16.4
1687	306.1943 Aql	19 34 54	+ 5 55	U	—	—	—	14.5	15.0
1688	307.1943 Aql	19 35 2	+ 7 25.5	L	Max.	29158	307	14.5	[16.5
1689	308.1943 Aql	19 35 6	+ 6 49	L	Max.	29105	310	14.4	[16.7
1690	309.1943 Aql	19 35 48	+15 25	L	Max.	29110	374	15.2	[16.2
1691	310.1943 Aql	19 36 6	+15 25	L	Max.	29070	256	14.7	[16.2
1692	81.1940 Aql	19 36 36	+ 5 39.5	U	—	—	—	13.8	15.0
1693	311.1943 Aql	19 36 36	+14 50	L	Max.	29000	226	15.1	[16.2
1694	312.1943 Aql	19 36 42	+ 5 43	L	Max.	28025	337	14.3	[16.3
1695	313.1943 Aql	19 36 48	+ 5 16	U	—	—	—	13.7	14.3
1696	314.1943 Aql	19 36 54	+ 5 15	L	Max.	29475	389	14.2	[16.2
1697	315.1943 Aql	19 37 12	+ 5 45	L	Max.	29025	149	14.5	15.6
1698	82.1940 Aql	19 37 42	+11 44.7	L	Max.	28065	305	14.3	15.8
1699	146.1943 Aql	19 37 45	+ 9 48.4	U	—	—	—	12.6	13.4
1700	316.1943 Aql	19 37 54	+ 5 31	RRb	Max.	29158.341	0.389160	14.6	15.6
1701	83.1940 Aql	19 37 59	+ 9 19.0	L	Max.	28055	396	15.1	[16.6
1702	317.1943 Aql	19 38 13	+ 9 33.2	U	—	—	—	13.6	14.3
1703	704.1933 Aql	19 38 38	+ 7 40.6	RRa	Max.	28364.439	0.346331	12.6	13.5
1704	318.1943 Aql	19 38 41	+11 15.4	A	—	—	—	14.0	14.3
1705	V 457 Aql	19 38 44	+11 56.5	L	Max.	28042	274	14.8	[16.2
1706	84.1940 Aql	19 38 45	+ 6 35.0	U	—	—	—	14.1	15.0
1707	319.1943 Aql	19 38 48	+ 9 56	L	Max.	30000:	300:	15.5	[17.0
1708	85.1940 Aql	19 39 4	+11 2.7	Unb	—	—	—	15.0	15.7
1709	147.1943 Aql	19 39 19	+13 37.8	U	—	—	—	14.3	14.7
1710	320.1943 Aql	19 39 30	+ 6 3	W	Min.	29453.469	0.575476	14.3	14.8
1711	86.1940 Aql	19 39 36	+ 9 42.8	L	Max.	28081	167	14.2	15.4
1712	V 458 Aql	19 40 12	+ 7 16.7	L	Max.	28305	144	13.7	15.3
1713	321.1943 Aql	19 40 24	+15 5	L	—	—	—	14.3	15.9
1714	322.1943 Aql	19 40 30	+ 5 14	L	Max.	29153	193	13.8	15.4
1715	87.1940 Aql	19 40 34	+ 8 31.5	U	—	—	—	12.9	13.6
1716	323.1943 Aql	19 40 36	+14 57	U	—	—	—	13.5	15.0
1717	V 459 Aql	19 40 40	+ 9 35.5	L	Max.	28393	315	13.7	15.8
1718	88.1940 Aql	19 40 45	+ 6 26.6	U	—	—	—	12.7	13.7
1719	V 447 Aql	19 40 53	+ 7 13.6	L	Max.	28062	254	13.2	[16.2
1720	89.1940 Aql	19 41 3	+11 18.0	L	Max.	29500	306	14.4	[16.2
1721	148.1943 Aql	19 41 12	+14 30	U	—	—	—	14.1	15.2
1722	90.1940 Aql	19 41 43	+10 47.3	U	—	—	—	14.0	14.9

Nr.	Name	α 1855.0	δ 1855.0	Art	Phase	Epoche 24....	Periode	Max.	Min.
1723	91.1940 Aql	$19^h 42^m 15^s$	+ 6°29′.8	L	Max.	28336	256^d	13^m2	[16^m3
1724	324.1943 Aql	19 42 30	+ 8 46	A	Min.	28045.397	1.42225	15.1	15.7
1725	92.1940 Aql	19 43 17	+ 7 28.8	A	Min.	28782.334	0.450175	12.4	12.9
1726	93.1940 Aql	19 43 24	+ 5 40.7	K	—	—	—	13.9	14.9
1727	325.1943 Aql	19 43 36	+14 20	L	Max.	29142	164	15.0	[16.5
1728	326.1943 Aql	19 43 42	+ 5 22	L	Max.	29470	253	14.9	16.1
1729	94.1940 Aql	19 43 45	+ 7 20.5	W	—	—	—	14.0	14.6
1730	95.1940 Aql	19 42 46	+ 9 58.0	L	Max.	28050	397	13.9	16.3
1731	96.1940 Aql	19 43 56	+ 9 35.2	U	—	—	—	13.6	14.8
1732	97.1940 Aql	19 43 58	+13 5.5	U	—	—	—	11.0	12.2
1733	98.1940 Aql	19 44 13	+11 52.3	RWs	—	—	—	14.2	15.3
1734	99.1940 Aql	19 44 35	+ 9 21.3	U	—	—	—	14.6	15.2
1735	100.1940 Aql	19 44 49	+13 53.7	L	Max.	28055	281	12.2	15.8
1736	149.1943 Aql	19 44 58	+12 13.0	L	Max.	28340	366	14.3	[16.3
1737	327.1943 Aql	19 45 26	+11 33.1	Unb	—	—	—	12.1	12.5
1738	328.1943 Aql	19 45 54	+ 8 58	L	Max.	29100	210	15.3	16.2
1739	82.1903 Aql	19 46 51	+10 37.3	A	Min.	29071.511	2.487117	15.0	16.1
1740	V 460 Aql	19 46 57	+ 7 23.7	L	Max.	28400	161	13.4	14.4
1741	101.1940 Aql	19 46 59	+11 31.1	A	—	—	—	14.6	15.0
1742	329.1943 Aql	19 47 3	+ 7 31.7	A	Min.	28045.367	3.05985	14.0	14.8
1743	85.1903 Aql	19 47 22	+ 7 37.8	L	Max.	28350	224	13.8	[16.2
1744	102.1940 Aql	19 47 23	+ 6 36.5	U	—	—	—	14.1	15.1
1745	330.1943 Aql	19 48 0	+13 48	L	—	—	—	14.0	15.0
1746	150.1943 Aql	19 48 27	+ 7 3.1	A	Min.	28753.477	6.751715	12.2	14.0
1747	331.1943 Aql	19 48 36	+ 8 1.0	RRc	—	—	—	14.9	15.3
1748	103.1940 Aql	19 49 12	+14 7.1	L	Max.	28285	294	12.9	[16.3
1749	V 461 Aql	19 49 44	+ 6 59.2	L	Max.	28040	262	13.5	15.4
1750	104.1940 Aql	19 49 49	+ 5 35.9	L	Max.	29157	337	13.3	[16.2
1751	105.1940 Aql	19 49 50	+10 26.4	UG	—	—	—	13.7	16.2
1752	106.1940 Aql	19 49 52	+ 7 35.9	L	Max.	28035	279	13.5	[16.2
1753	332.1943 Aql	19 49 54	+ 5 56	RRb	Max.	29071.478	0.309423	14.2	15.7
1754	333.1943 Aql	19 50 12	+11 27	U	—	—	—	13.3	13.9
1755	334.1943 Aql	19 50 12	+12 53	A	Min.	28337.391	1.281905	14.2	15.1
1756	107.1940 Aql	19 50 32	+ 6 10.5	L	—	—	—	12.4	13.4
1757	108.1940 Aql	19 50 39	+10 39.3	RWs	—	—	—	10.9	11.4
1758	335.1943 Aql	19 51 24	+ 5 21	RR	—	—	0.308	13.8	15.3
1759	336.1943 Aql	19 51 30	+ 7 42	K	—	—	—	15.0	16.1
1760	109.1940 Aql	19 51 43	+10 42.0	U	—	—	—	14.7	15.8
1761	337.1943 Aql	19 51 48	+ 9 33	mP	Max.	29475	100	15.9	16.5
1762	110.1940 Aql	19 51 52	+11 48.5	A	—	—	—	14.6	15.8
1763	338.1943 Aql	19 52 12	+11 14.	mP	—	—	70	14.9	16.2
1764	111.1940 Aql	19 52 22	+14 22.3	L	Max.	28090	295	14.0	[16.2
1765	151.1943 Aql	19 52 30	+10 20	U	—	—	—	14.2	14.9
1766	112.1940 Aql	19 52 47	+10 31.1	U	—	—	—	14.6	15.2
1767	339.1943 Aql	19 53 6	+ 9 56	L	Max.	28010	359	14.3	[16.4
1768	340.1943 Aql	19 53 12	+ 9 52	RRa	Max.	29496.383	0.298934	14.8	15.5
1769	113.1940 Aql	19 53 23	+ 9 31.0	L	Max.	28255	158	14.0	16.2
1770	341.1943 Aql	19 53 24	+12 40	L	—	—	110	15.2	16.4

Nr.	Name	α 1855.0	δ 1855.0	Art	Phase	Epoche 24	Periode	Max.	Min.
1771	114.1940 Aql	$19^h53^m27^s$	$+10°38'\!.5$	U	—	—	—	$13^m\!.7$	$14^m\!.2$
1772	115.1940 Aql	19 53 33	+13 30.0	L	Max.	29115	333^d	13.9	[16.3
1773	116.1940 Aql	19 53 39	+ 8 18.5	A	Min.	28045.362	1.259869	13.5	14.5
1774	117.1940 Aql	19 53 45	+13 57.7	A	Min.	28067.342	1.069343	13.0	14.1
1775	342.1943 Aql	19 54 24	+ 5 8	RRa	Max.	29453.438	0.36413	14.8	15.4
1776	118.1940 Aql	19 55 8	+12 19.0	RRa	Max.	29071.461	0.57724	14.7	15.3
1777	119.1940 Aql	19 56 13	+ 9 26.1	A	Min.	28746.408	1.59289	13.6	14.6
1778	343.1943 Aql	19 56 36	+10 6	U	—	—	—	14.1	14.4
1779	344.1943 Aql	19 56 42	+12 48	RW	—	—	—	14.8	[16.5
1780	345.1943 Aql	19 57 6	+11 14	L	Max.	28825	285	14.9	[16.6
1781	346.1943 Aql	19 57 42	+ 8 6	L	Max.	29070	306	14.8	[16.3
1782	347.1943 Aql	19 57 48	+ 8 4	L	Max.	29200	285	13.8	16.5
1783	348.1943 Aql	19 57 48	+11 18	U	—	—	—	12.8	13.7
1784	349.1943 Aql	19 58 6	+ 7 18	L	Max.	29478	223	14.1	15.4
1785	350.1943 Aql	19 59 30	+ 7 54	L	Max.	31235	367	13.0	[16.4
1786	351.1943 Aql	20 0 18	+13 3	W	Min.	29108.388	0.457394	14.2	14.8

Feld ξ Herculis

C. Hoffmeister

Nr.	Name	α 1855.0	δ 1855.0	Art	Phase	Epoche 24	Periode	Max.	Min.
278	184.1931 Her	$17^h34^m\!.8$	$+27°\!.56'$	δs	—	—	$2^d\!.8$ bis $5^d\!.5$	$13^m\!.8$	$14^m\!.2$
279	185.1931 Her	17 35.9	+25 14	RRc	Max.	30938.32	$0^d\!.31836$	12.9	13.5
280	174.1936 Her	17 37.5	+28 20	RRa	Max.	26096.482	0.628872	13.9	15.1
281	FS Her	17 38.3	+25 18	RRa	Max.	26216.455	0.4617335	13.2	14.3
282	187.1931 Her	17 39.4	+25 23	L	Max.	26225	400	13.5	15.1
283	191.1931 Her	17 43.9	+29 21	RRc	Max.	26096.515	0.1989590	14.1	14.6
284	FT Her	17 48.6	+28 58	A	Min.	26112.47	5.6486	13.8	14.8
285	IP Her	$17\ 52\ 42^s$	+30 14.1	RRb	Max.	28038.517	0.4338594	12.9	13.6
286	FW Her	17 53.5	+25 45	β	Min.	26744.614	0.835412	14.4	14.9
287	202.1931 Her	17 56.6	+27 55	RRa	Max.	26112.400	0.5981358	14.4	15.2
288	FY Her	18 0.9	+29 6	RRc	Max.	26092.420	0.250686	14.2	14.6
289	180.1936 Her	18 3.2	+29 33	RRa	Max.	26095.488	0.3156885	15.1	16.3
291	182.1936 Her	18 4.7	+31 24	RRc	Max.	30939.36	0.31929	14.1	14.4
292	184.1936 Her	18 5.9	+29 7	RRa	Max.	30940.40	0.35902	15.4	15.7
293	186.1936 Her	18 9.8	+28 14	RWs	—	—	—	13.9	14.8
294	188.1936 Her	18 11.2	+27 36	W	Min.	26419.498	0.6052626	13.1	13.5
1787	AU Her	17 51 45	+29 47.7	L	Max.	26307	399	12.6	[17.0

Feld γ Sagittae

A. van de Voorde

Nr.	Name	α 1855.0	δ 1855.0	Art	Phase	Epoche 24....	Periode	Max.	Min.
1788	352.1936 Vul	$19^h 33^m 36^s$	$+21^\circ 56'.2$	mP	Max.	27557	72^d	$13^m.3$	$14^m.4$
1789	354.1936 Sge	19 34 37	+17 35.9	RWs	—	—	—	13.3	14.5
1790	358.1936 Vul	19 36 24	+22 37.4	U	—	—	—	13.4	13.8
1791	360.1936 Vul	19 37 19	+19 13.4	U	—	—	—	13.5	14.7
1792	361.1936 Vul	19 37 21	+22 24.2	L	Max.	27713	329	11.6	[16.5
1793	362.1936 Sge	19 37 39	+17 39.5	L	Max.	27555	213	13.6	[15.6
1794	363.1936 Sge	19 38 26	+16 48.0	L	Max.	27561	255	14.4	[16.5
1795	364.1936 Vul	19 38 54	+19 8.7	L	Max.	27711	244	15.2	[17.0
1796	365.1936 Sge	19 39 51	+18 23.5	A	Min.	31019.251	5.6032	13.7	14.5
1797	367.1936 Vul	19 40 37	+19 36.6	U	—	—	—	12.9	14.0
1798	370.1936 Vul	19 41 13	+20 32.8	RC	—	—	—	13.9	[15.3
1799	371.1936 Aql	19 41 52	+15 15.9	A	Min.	27685.40	3.88965	10.6	11.4
1800	372.1936 Vul	19 42 18	+21 16.1	U	—	—	—	13.3	14.9
1801	373.1936 Sge	19 42 23	+17 10.1	L	Max.	27630	136	14.4	16.1
1802	374.1936 Sge	19 42 34	+18 23.8	RWs	—	—	—	13.3	14.7
1803	375.1936 Vul	19 42 53	+20 31.2	L	Max.	27655	185	13.5	[15.5
1804	377.1936 Sge	19 43 39	+17 8.5	L	Max.	27539	277	14.4	[16.5
1805	379.1936 Aql	19 44 26	+16 4.6	A	Min.	27543.53	3.012485	11.8	13.2
1806	381.1936 Vul	19 44 40	+20 9.1	L	Max.	27988	309	13.4	[16.0
1807	383.1936 Vul	19 44 51	+20 23.4	L	Max.	28442	251	14.5	[16.6
1808	384.1936 Sge	19 45 12	+16 27.4	U	—	—	—	12.7	13.6
1809	385.1936 Aql	19 45 45	+15 42.8	L	Max.	27535	259	13.9	[16.5
1810	386.1936 Aql	19 45 50	+14 31.3	U	—	—	—	13.3	14.3
1811	387.1936 Aql	19 47 5	+15 8.7	L	Max.	27560	300	14.4	[15.5
1812	388.1936 Sge	19 47 41	+17 21.4	L	Max.	27613	329	13.1	[15.9
1813	392.1936 Sge	19 49 59	+20 36.9	L	Max.	27542	252	14.9	[16.5
1814	394.1936 Aql	19 50 28	+15 10.2	U	—	—	—	14.1	14.9
1815	395.1936 Sge	19 50 31	+16 45.6	U	—	—	—	12.6	13.3
1816	396.1936 Aql	19 50 52	+15 20.7	L	Max.	27543	256	14.6	[16.1
1817	397.1936 Sge	19 51 2	+17 37.3	L	Max.	30528	274	14.6	[16.0
1818	398.1936 Aql	19 51 5	+15 26.2	U	—	—	—	14.6	16.1
1819	399.1936 Vul	19 51 40	+23 13.9	L	Max.	27548	298	13.8	[16.5
1820	401.1936 Aql	19 51 58	+15 39.8	L	Max.	27581	277	13.7	[16.5
1821	402.1936 Vul	19 52 57	+21 37.6	U	—	—	—	15.2	16.5
1822	403.1936 Sge	19 53 1	+19 19.7	L	Max.	27710	310	15.2	[17.0
1823	405.1936 Sge	19 53 32	+17 38.2	U	—	—	—	13.6	14.9
1824	407.1936 Sge	19 54 15	+17 29.5	mP	Max.	29111	78	14.5	15.7
1825	408.1936 Sge	19 54 48	+20 55.9	L	Max.	29120	229	15.2	[17.0
1826	410.1936 Sge	19 56 1	+20 41.3	U	—	—	—	10.3	11.3
1827	411.1936 Sge	19 56 23	+20 22.9	L	Max.	27638	225	12.4	[15.5
1828	412.1936 Vul	19 56 39	+21 17.9	U	—	—	—	13.2	14.4
1829	413.1936 Sge	19 56 47	+17 44.3	U	—	—	—	13.2	14.4
1830	414.1936 Sge	19 56 53	+18 14.9	RW	—	—	—	13.5	15.1
1831	415.1936 Sge	19 57 32	+15 57.1	L	Max.	27580	391	14.3	[16.0
1832	416.1936 Aql	19 58 42	+14 28.3	L	Max.	29090	260	13.4	[16.0
1833	418.1936 Sge	19 59 20	+16 17.9	RW	—	—	—	14.8	[16.3

Nr.	Name	α 1855.0	δ 1855.0	Art	Phase	Epoche 24	Periode	Max.	Min.
1834	419.1936 Sge	$19^h 59^m 21^s$	+18° 50′.2	U	—	—	—	$11^m.9$	$13^m.7$
1835	420.1936 Aql	20 0 3	+14 37.5	U	—	—	—	14.1	15.2
1836	421.1936 Aql	20 0 11	+14 51.5	U	—	—	—	14.6	15.3
1837	422.1936 Sge	20 0 15	+21 10.2	L	Max.	27692	275^d	12.8	16.5:
1838	423.1936 Sge	20 0 34	+18 38.3	U	—	—	—	12.9	14.4
1839	424.1936 Sge	20 2 8	+17 18.8	U	—	—	—	14.8	15.7
1840	425.1936 Sge	20 2 40	+18 21.1	L	Max.	27731	263	13.1	[16.5
1841	426.1936 Sge	20 3 11	+16 53.2	U	—	—	—	14.3	15.5
1842	427.1936 Sge	20 3 46	+16 32.0	RWs	—	—	—	13.6	14.9
1843	428.1936 Sge	20 3 53	+17 9.0	U	—	—	—	14.8	16.5
1844	430.1936 Vul	20 4 20	+21 15.9	U	—	—	—	14.0	14.8
1845	432.1936 Sge	20 4 50	+20 34.9	U	—	—	—	14.1	15.1
1846	433.1936 Sge	20 4 52	+17 18.9	U	—	—	—	14.4	15.0
1847	VZ Sge	20 5 47	+18 55.1	A	Min.	29961.231	2.215738	11.4	13.0
1848	438.1936 Sge	20 6 56	+17 16.1	RW	—	—	—	13.9	15.4
1849	439.1936 Sge	20 7 33	+14 14.9	L	Max.	27642	190.5	13.0	15.5
1850	441.1936 Sge	20 9 35	+19 49.0	L	Max.	27626	147	13.5	15.0
1851	442.1936 Sge	20 10 16	+16 14.9	H	Max.	30468	182	13.4	14.6
1852	443.1936 Sge	20 10 40	+18 1.6	L	Max.	27539	351	13.0	[16.7
1853	120.1940 Sge	19 33 49	+18 6.9	RWs	—	—	—	14.2	15.1
1854	123.1940 Sge	19 35 58	+17 33.0	U	—	—	—	13.9	14.8
1855	125.1940 Sge	19 40 4	+18 24.0	U	—	—	—	13.2	14.7
1856	126.1940 Sge	19 43 24	+17 51.7	L	Max.	{27980 / 29515}	334	14.3	[16.0
1857	128.1940 Sge	19 46 41	+18 38.6	L	Max.	27964	225	13.5	15.7
1858	130.1940 Aql	19 51 19	+15 23.6	U	—	—	—	14.3	15.5
1859	131.1940 Aql	19 51 19	+15 3.9	A	Min.	27638.444	1.033737	14.9	15.6
1860	132.1940 Sge	19 53 13	+20 23.2	U	—	—	—	15.1	16.2
1861	133.1940 Sge	19 53 28	+17 17.8	U	—	—	—	14.4	15.7
1862	134.1940 Aql	19 55 45	+14 57.3	RVs	—	—	—	13.8	[15.1
1863	135.1940 Sge	20 0 21	+19 34.8	A	Min.	29777.40	5.5008	13.2	14.5
1864	138.1940 Sge	20 6 16	+18 3.8	RCs	—	—	—	13.9	15.2
1865	141.1940 Sge	20 7 9	+16 50.5	U	—	—	—	13.7	15.1
1866	352.1943 Sge	19 32.7	+16 51	L	Max.	29819	383	13.3	[16.5
1867	353.1943 Aql	19 37.1	+14 51	L	Max.	30593	276	14.8	[16.5
1868	355.1943 Vul	19 39.9	+23 53	U	—	—	—	14.6	[15.5
1869	357.1943 Vul	19 41.0	+19 19	A	Min.	29162.322	2.188831	12.8	13.35
1870	360.1943 Sge	19 47.3	+18 59	U	—	—	—	15.3	15.8
1871	362.1943 Aql	19 53.4	+14 17	A	—	—	—	15.2	16.3
1872	363.1943 Sge	19 53.9	+15 53	L	Max.	29171	330	14.5	[16.5
1873	367.1943 Sge	19 57.8	+17 23	L	Max.	30161	425	12.8	[17.0
1874	368.1943 Sge	20 0.0	+20 48	A	Min.	30514.473	2.362211	12.9	14.1
1875	373.1943 Sge	20 3.7	+19 4	U	—	—	—	14.4	15.3
1876	374.1943 Sge	20 4.5	+19 35	U	—	—	—	14.6	15.7
1877	376.1943 Sge	20 4.9	+19 2	A	Min.	29765.541	3.459303	14.9	16.5
1878	378.1943 Sge	20 5.7	+18 54	A	Min.	29777.46	2.43492	14.0	15.8
1879	381.1943 Sge	20 7.6	+18 12	A	—	—	—	13.1	14.5
1880	383.1943 Vul	20 9.4	+21 30	A	Min.	29162.32	3.53078	13.6	15.0
1881	386.1943 Vul	20 12.1	+24 3	A	—	—	—	13.3	15.5

Nr.	Name	α 1855.0	δ 1855.0	Art	Phase	Epoche 24	Periode	Max.	Min.
1882	388.1943 Sge	$20^h 12^m.9$	+20°13′	U	—	—	—	$13^m.2$	$14^m.4$
1883	RZ Vul	19 40 49^s	+19 7.9	RCs	—	—	—	13.0	14.8
1884	119.1905 Sge	19 41 13	+17 31.0	L	Max.	27599	226^d	13.9	[16.0
1885	120.1905 Sge	19 42 11	+18 26.9	L	Max.	27672	248	12.8	[16.0
1886	121.1905 Sge	19 42 37	+18 32.5	L	Max.	27664	256	13.2	[15.8
1887	OT Aql	19 42 47	+15 42.3	UG	—	—	294	13.5	[17.5
1888	RU Sge	19 44 5	+18 18.4	L	Max.	27713	254.5	14.1	[17.0
1889	123.1905 Sge	19 44 27	+17 17.0	U	—	—	—	15.8	[16.6
1890	124.1905 Aql	19 44 49	+15 22.5	Unv	—	—	—	12.7	—
1891	WY Aql	19 45 7	+16 2.9	L	Max.	27552	388	12.5	[15.0
1892	RV Sge	19 45 20	+16 35.5	L	Max.	28397	288	13.5	[17.0
1893	128.1905 Vul	19 47 2	+21 46.3	Unv	—	—	—	15.3	—
1894	SW Sge	19 47 6	+17 30.0	L	Max.	27549	302	13.0	[16.1
1895	SX Sge	19 47 20	+17 59.5	L	Max.	28008	480	12.3	16.3
1896	132.1905 Sge	19 47 47	+17 25.5	L	Max.	27546	383	13.9	[16.0
1897	133.1905 Vul	19 48 29	+19 41.7	U	—	—	—	13.2	13.8
1898	136.1905 Vul	19 48 38	+20 37.2	L	Max.	27641	307	14.6	[17.0
1899	TT Sge	19 48 46	+18 44.3	L	Max.	27585	280	14.9	[16.5
1900	TU Sge	19 48 55	+18 54.0	A	Min.	28020.38	4.90890	12.9	14.5
1901	139.1905 Vul	19 48 59	+21 3.7	L	Max.	28717	242	14.1	[16.0
1902	V 340 Aql	19 49 19	+15 28.4	A	Min.	29401.53	3.74896	11.9	14.4
1903	141.1905 Vul	19 49 48	+20 16.6	A	—	—	—	15.8	[16.5
1904	142.1905 Sge	19 50 6	+16 56.6	L	Max.	28019	288	13.7	[15.1
1905	RS Sge	19 50 42	+19 36.7	RCs	—	—	—	11.8	14.5
1906	VY Sge	19 50 56	+15 48.8	L	Max.	27608	270	13.1	[16.1
1907	TV Sge	19 51 0	+17 21.3	L	Max.	29122	278	12.9	[15.5
1908	42.1928 Sge	19 51 1	+19 10.2	U	—	—	—	13.8	14.9
1909	148.1905 Sge	19 51 23	+17 49.1	U	—	—	—	15.7	16.2
1910	149.1905 Vul	19 51 41	+22 17.4	L	Max.	28418	349	13.1	[17.0
1911	RY Sge	19 51 54	+16 24.7	L	Max.	28418	330	13.2	[16.2
1912	151.1905 Sge	19 52 2	+16 17.9	L	Max.	27691	201	14.7	[17.5
1913	61.1928 Sge	19 52 15	+19 9.3	U	—	—	—	14.0	15.4
1914	TW Sge	19 52 25	+17 49.6	L	Max.	29170	264:	14.6	[17.5
1915	56.1928 Sge	19 54 12	+19 36.5	L	Max.	28396	282	13.8	[16.5
1916	153.1905 Vul	19 54 41	+22 41.6	U	—	—	—	12.8	13.6
1917	154.1905 Sge	19 55 43	+17 12.9	Unv	—	—	—	14.6	—
1918	VX Sge	19 55 50	+16 22.7	L	Max.	27619	273	15.1	[16.2
1919	RZ Sge	19 56 44	+16 38.6	UG	—	—	—	12.2	[16.0
1920	TY Sge	19 57 3	+16 37.2	Unv	—	—	—	13.4	—
1921	161.1905 Sge	19 58 35	+18 59.6	L	Max.	27500	312	13.5	[16.0
1922	162.1905 Sge	19 58 58	+20 2.4	L	Max.	27592	314	12.5	[15.9
1923	164.1905 Sge	19 59 53	+19 34.5	L	Max.	28417	230	13.8	[16.5
1924	165.1905 Sge	20 0 1	+18 21.8	U	—	—	—	16	17
1925	494.1934 Vul	20 0 22	+24 1.0	L	Max.	29375	370	12.6	14.6
1926	RT Sge	20 0 41	+17 47.4	L	Max.	28402	300	12.7	[16.0
1927	167.1905 Vul	20 1 2	+22 23.8	L	Max.	27727	375	12.5	14.8
1928	168.1905 Sge	20 4 5	+17 39.3	L	Max.	28734	244	14.2	15.7
1929	171.1905 Sge	20 6 13	+20 55.8	Unv	—	—	—	14.2	—
1930	Ross 270 Aql	20 6 32	+14 34.8	mP	Max.	27566	82	12.1	13.8

Feld $20^h58^m + 44°$

C. Hoffmeister

Nr.	Name	α 1855.0	δ 1855.0	Art	Phase	Epoche 24....	Periode	Max.	Min.
1931	144.1940 Cyg	$20^h29^m21^s$	+46°21′.3	RRc	Max.	28041.40	$0^d.389766$	$13^m.3$	$13^m.8$
1932	152.1943 Cyg	20 40 34	+40 7.2	A	Min.	28245.58	1.056196	12.5	13.0
1933	145.1940 Cyg	20 41 15	+44 56.7	δ	Max.	27976.4	5.09845	12.4	13.2
1934	146.1940 Cyg	20 41 56	+46 3.1	L	Max.	28098	187.6	13.2	15.1
1935	147.1940 Cyg	20 50 7	+46 58.9	δ	Max.	27976.6	4.04926	11.4	12.2
1936	153.1943 Cyg	20 54 12	+47 33	RW	—	—	—	13.5	16.2
1937	V 407 Cyg	20 57 6	+45 12.3	Ns	—	—	—	13.3	[16.5
1938	149.1940 Cyg	20 59 16	+44 39.4	L	Max.	28550	670	13.6	15.3
1939	V 408 Cyg	21 0 33	+45 25.6	U	—	—	—	10.7	11.6
1940	150.1940 Cyg	21 2 0	+42 32.5	A	Min.	27959.50	2.40326	13.3	15.6
1941	154.1943 Cyg	21 5 12	+39 21	Unv	—	—	—	12.8	—
1942	155.1943 Cyg	21 5 33	+44 38.9	U	—	—	—	13.3	14.9
1943	156.1943 Cyg	21 7 25	+39 32.7	L	Max.	28195	327	15.2	[16.9
1944	157.1943 Cyg	21 12 54	+40 30.6	L	Max.	28045	257	13.9	[16.5
1945	158.1943 Cyg	21 15 14	+44 51.5	ζ	Max.	27978.9	3.28316	10.0	10.4
1946	151.1940 Cyg	21 15 24	+40 1.9	RVs	Min.	27961	62.97	13.6	14.1
1947	159.1943 Cyg	21 15 42	+43 38.6	A	Min.	27960.45	1.132603	13.8	15.5
1948	160.1943 Cyg	21 15 54	+41 38	A	Min.	27964.46	3.33480	14.8	16.2
1949	RR Cyg	20 41 3	+44 20.4	U	—	—	—	11.6	12.0
1950	TV Cyg	20 28 35	+46 4.5	Unv	—	—	—	11.5	—
1951	AZ Cyg	20 52 59	+45 54.4	U	—	—	—	9.6	10.5
1952	DH Cyg	20 53 34	+47 5.1	L	Max.	27915	260	12.3	15.7
1953	DS Cyg	20 45 20	+44 52.6	U	—	—	—	12.0	13.6
1954	V 347 Cyg	20 46 30	+45 34.7	δ	Max.	27951.8	8.7362	13.7	14.3
1955	V 348 Cyg	20 49 18	+43 24	Unv	—	—	—	—	—
1956	V 349 Cyg	20 53 24	+44 39	Unv	—	—	—	—	—
1957	V 350 Cyg	20 53 30	+45 30	Unv	—	—	—	13.4	—
1958	V 351 Cyg	20 53 36	+44 44	Unv	—	—	—	14.1	—
1959	V 352 Cyg	20 54 42	+45 3	Unv	—	—	—	14.2	—
1960	V 353 Cyg	20 55 18	+42 42	Unv	—	—	—	15.2	—
1961	V 354 Cyg	20 57 0	+43 56	Unv	—	—	—	—	—
1962	V 355 Cyg	20 58 13	+45 34.3	A	Min.	28451.24	8.4322	13.6	15.8
1963	V 356 Cyg	21 2 42	+46 9.1	δ	Max.	28074.7	5.05830	13.0	13.8
1964	V 358 Cyg	21 3 12	+45 10	Unv	—	—	—	—	—
1965	V 359 Cyg	21 4 24	+43 42	Unv	—	—	—	—	—
1966	V 361 Cyg	21 5 36	+44 55	Unv	—	—	—	—	—
1967	V 362 Cyg	21 5 44	+46 53.5	L	Max.	28400	785	13.4	14.6
1968	V 406 Cyg	20 56 55	+43 49.9	U	—	—	—	10.9	12.6
1969	731.1933 Cyg	20 32 55	+46 44.8	A	Min.	26214.44	1.609146	13.1	13.65
1970	Ross 87 Cyg	20 42 16	+43 13.0	RWs	—	—	—	12.6	13.5
1971	Ross 330 Cyg	20 46 6	+47 55.2	A	Min.	27959.50	3.90742	14.5	16.0
1972	S 4523 Cyg	20 21 26	+42 13.2	BV	Min.	25527.30	0.452450	13.5	14.3
1973	S 4524 Cyg	20 22 18	+43 13.1	UG	—	—	—	13.4	[16.7
1974	729.1933 Cyg	20 25 57	+44 26.8	L	Max.	27336	413	13.6	[17.4

Nr.	Name	α 1855.0	δ 1855.0	Art	Phase	Epoche 24...	Periode	Max.	Min.
1975	S 4525 Cyg	$20^h 26^m 24^s$	+46°53′	RW	—	—	—	14^m6	16^m7
1976	S 4526 Cyg	20 28 36	+48 3	K	—	—	—	15.0	16.3
1977	S 4527 Cyg	20 38 30	+45 14	A	Min.	28460.30	4^d01557	14.7	16.9
1978	S 4528 Cyg	20 38 30	+48 27	A	Min.	29103.46	3.77877	14.4	14.9
1979	S 4529 Cyg	20 40 6	+49 6	A	Min.	28775.45	2.42483	11.9	12.5
1980	S 4530 Cyg	20 41 54	+41 24	RW	—	—	—	13.8	16.8
1981	S 4531 Cyg	20 46 56	+45 59.7	As	—	—	—	13.0	13.7
1982	S 4532 Cyg	20 53 16	+43 19.6	RW	—	—	—	14.3	16.6
1983	S 4533 Cyg	21 1 11	+45 43.0	U	—	—	—	11.8	14.5
1984	S 4534 Cyg	21 1 12	+45 43.0	U	—	—	—	11.6	12.9
1985	S 4535 Cyg	21 2 57	+45 4.1	A	Min.	27951.49	3.53372	13.9	15.0
1986	S 4536 Cyg	21 5 8	+45 20.0	A	Min.	28315.44	1.233466	13.1	14.0
1987	S 4537 Cyg	21 5 12	+38 57	RW?	—	—	—	13.7	15.5
1988	S 4538 Cyg	21 6 10	+41 16.2	L	Max.	28200	335	14.5	[16.7
1989	S 4539 Cyg	21 7 42	+47 2.4	As	—	—	50.861	11.9	12.6

Feld $4^h35^m+40°$

Eva Rohlfs

Nr.	Name	α 1855.0	δ 1855.0	Art	Phase	Epoche 24...	Periode	Max.	Min.
1990	66.1943 Per	$4^h 9^m 2^s$	+40°25′	L	Max.	28037	~283^d	13^m0	16^m1
1991	67.1943 Per	4 12.7	+39 13	U	—	—	—	11.4	12.6
1992	68.1943 Per	4 13.8	+38 16	L	Max.	28065	376	12.7	16.4
1993	69.1943 Per	4 13 50	+35 51.8	U	—	—	—	10.1	11.0
1994	70.1943 Per	4 17.2	+40 36	U	—	—	—	13.6	14.5
1995	71.1943 Per	4 17.6	+41 26	U	—	—	—	14.8	15.8
1996	72.1943 Per	4 17.8	+41 22	U	—	—	—	11.9	12.5
1997	73.1943 Per	4 18.3	+37 31	BV	—	—	—	11.0	11.5
1998	74.1943 Per	4 19.0	+40 24	U	—	—	—	14.8	15.4
1999	75.1943 Per	4 19.0	+42 14	L	Max.	28070	285	13.4	[16.6
2000	423.1928 Per	4 19 24	+39 14.2	L	Max.	28135	378	11.5	{15.5
2001	76.1943 Per	4 19.8	+39 33	U	—	—	—	12.2	13.3
2002	77.1943 Per	4 20.0	+38 40	L	Max.	28102	313	14.0	15.5
2003	78.1943 Per	4 25.3	+39 2	mP	Max.	28101	87.5	13.2	15.7
2004	79.1943 Per	4 29.8	+38 44	U	—	—	—	15.0	15.6
2005	80.1943 Aur	4 31.0	+35 7	A	Min.	28022.510	3.521025	13.4	15.4
2006	81.1943 Per	4 31.3	+39 8	L	—	—	—	14.8	15.6
2007	SVS 767 Per	4 31 33	+39 54.2	U	—	—	—	11.8	13.1
2008	82.1943 Per	4 34.0	+40 33	RW	—	—	—	11.4	12.8
2009	83.1943 Per	4 35.3	+43 16	K	—	—	—	14.5	15.4
2010	84.1943 Per	4 39.4	+40 27	U	—	—	—	12.5	13.4
2011	85.1943 Aur	4 41.1	+42 32	δ	Max.	29229.630	4.87228	12.4	13.2
2012	86.1943 Aur	4 41.6	+37 56	δ	Max.	28022.730	2.65956	13.6	15.2

Nr.	Name	α 1855.0	δ 1855.0	Art	Phase	Epoche 24...	Periode	Max.	Min.
2013	87.1943 Aur	4ʰ42ᵐ.8	+37°46′	L	Max.	28149	359ᵈ	13ᵐ.6	15ᵐ.2
2014	88.1943 Aur	4 43.0	+41 32	L	Max.	28116	270	11.5	14.4
2015	89.1943 Aur	4 43.1	+40 28	U	—	—	—	11.2	12.2
2016	90.1943 Aur	4 45.2	+39 44	δ	Max.	28022.530	2.1205	12.6	14.9
2017	91.1943 Aur	4 46.2	+39 50	U	—	—	—	12.5	14.6
2018	92.1943 Aur	4 52.2	+41 56	U	—	—	—	12.4	13.4
2019	S 3893 Per	4 8 49ˢ	+35 24.4	A	—	—	—	15.1	16.0
2020	S 3894 Per	4 9.9	+40 47	L	Max.	28137	355	10.8	13.8
2021	S 3895 Per	4 10.9	+40 42	U	—	—	—	14.9	15.4
2022	S 3896 Per	4 11.1	+40 35	A	—	—	—	15.1	15.6
2023	S 3897 Per	4 13.0	+43 53	δ	Max.	29165.146	2.04160	13.4	15.0
2024	S 3898 Per	4 13.4	+42 2	BV	—	—	—	14.8	15.2
2025	S 3899 Per	4 13.9	+41 34	L	Max.	28405	230.5	14.1	[16.0
2026	S 3900 Per	4 19.5	+41 42	BV	—	—	—	10.1	10.8
2027	S 3901 Per	4 23.0	+41 38	U	—	—	—	15.1	[16.2
2028	S 3902 Per	4 26.3	+41 16	A	Min.	28070.518	2.174625	13.1	14.4
2029	S 3903 Per	4 26 50	+43 55.0	BV	—	—	—	10.4	11.1
2030	S 3904 Per	4 27.9	+39 37	U	—	—	—	15.0	15.9
2031	S 3905 Per	4 33.5	+39 26	A	Min.	30025.439	62.6197	14.9	15.8
2032	S 3906 Per	4 34.6	+43 20	K	—	—	—	15.4	[16.0
2033	S 3907 Per	4 36.6	+36 41	A	—	—	—	15.3	16.0
2034	S 3908 Aur	4 45.9	+37 7	A	Min.	28107.632	13.6454	12.8	14.8
2035	S 3909 Aur	4 51.5	+39 34	W	—	—	—	12.1	12.6
2036	S 3910 Aur	4 53.7	+40 18	mP	Max.	29165.47	48.48	13.2	15.2
2037	S 3911 Aur	4 55.5	+41 1	U	—	—	—	13.1	15.1
2038	S 3912 Aur	4 56.5	+40 22	K	—	—	—	14.2	14.7

Feld 136 Tauri

C. Hoffmeister

Nr.	Name	α 1855.0	δ 1855.0	Art	Phase	Epoche 24....	Periode	Max.	Min.
453	AS Aur	5ʰ56ᵐ13ˢ	+28°47′.3	δ	Max.	26004.67	3ᵈ.17495	11ᵐ.8	12ᵐ.7
454	AX Aur	5 37 26	+31 32.1	δ	Max.	25981.3	3.04664	13.2	13.8
455	BL Aur	5 41 5	+30 16.8	RWs	—	—	—	14.2	15.3
483	43.1936 Aur	5 33 15	+27 52.1	K?	—	—	—	13.8	14.2
484	124.1931 Tau	5 42 54	+27 26.6	L	Max.	26224	320	14.4	[17.3
485	BT Tau	5 43 48	+26 45.6	RW	—	—	—	13.7	15.9
486	47.1936 Tau	5 45 13	+24 49.2	U	—	—	—	15.0	15.5
487	49.1936 Tau	5 47 46	+25 12.8	As	—	—	—	11.7	12.1
488	128.1931 Tau	5 49 1	+28 1.3	RWs	—	—	—	13.1	13.7
489	129.1931 Tau	5 49 54	+26 12.6	U	—	—	—	13.2	13.7
490	133.1931 Gem	5 53 18	+27 24.2	RWs	—	—	—	13.4	14.0
491	BH Gem	5 55 35	+26 25.7	A	—	—	—	13.6	16.1
492	338.1930 Gem	5 56 53	+25 15.3	U	—	—	—	12.4	13.7

Nr.	Name	α 1855.0	δ 1855.0	Art	Phase	Epoche 24....	Periode	Max.	Min.
493	339.1930 Gem	$5^h58^m0^s$	+25°24'.6	RR	Max.	25984.422	$0^d.6112879$	$13^m.2$	$13^m.5$
494	53.1936 Aur	6 2 5	+31 30.6	β	Min.	26309.382	0.5910091	10.8	11.3
2039	S 3942 Tau	5 27 4	+24 38.8	RW	—	—	—	8.7	10.5
2040	SVS 332 Aur	5 30 18	+32 28.9	A	Min.	26248.74	8.34326	12.3	13.5
2041	S 3943 Aur	5 33 38	+32 7.6	A	Min.	26224.55	0.6100525	14.3	14.9
2042	S 3944 Aur	5 34 18	+30 48.7	A	Min.	25984.363	0.947236	11.7	12.0
2043	S 3945 Aur	5 35 11	+30 36.3	U	—	—	—	13.5	14.1
2044	S 3946 Aur	5 38 38	+28 31.7	RW	—	—	—	14.4	16.2
2045	S 3947 Aur	5 38 48	+32 11	U	—	—	—	13.4	14.2
2046	S 3948 Aur	5 40 20	+31 3.8	A	—	—	—	15 0	16.7
2047	S 3949 Tau	5 42 37	+24 0.9	A	Min.	26004.35	0.681346	12.5	13.0
2048	S 3950 Aur	5 44 48	+32 27	A	—	—	—	13.5	14.0
2049	S 3951 Aur	5 45 11	+28 34.2	RW	—	—	—	14.1	16.0
2050	S 3952 Aur	5 46 1	+28 41.5	A	Min.	25996.2	32.6379	15.1	16.5
2051	S 3953 Tau	5 49 45	+27 3.5	RW	—	—	—	10.4	11.5
2052	S 3954 Tau	5 51 25	+23 53.7	As	—	—	—	13.6	14.4
2053	S 3955 Gem	5 52 35	+23 50.7	L	Max.	26346	213	14.8	[16.9
2054	S 3956 Gem	5 54 6	+26 37.4	U	—	—	—	13.6	14.1
2055	S 3957 Gem	5 54 30	+24 2.8	BV	Min.	31446.52	0.7133	14.9	15.5
2056	S 3958 Gem	5 56 34	+22 32.9	RWs	—	—	—	14.1	15.0
2057	S 3959 Aur	5 57 24	+31 56	A	Min.	31462.36	7.17/n	13.2	14.5
2058	S 3960 Aur	5 57 30	+32 13	U	—	—	—	13.7	14.6
2059	S 3961 Aur	6 0 16	+28 30.7	L	Max.	26054	349	14.6	[16.6
2060	S 3962 Gem	6 1 46	+25 12.1	K	—	—	—	15.3	15.9
2061	S 3963 Aur	6 2 21	+29 27.8	β	Min.	26297.507	1.207857	11.6	11.85

Feld $6^h\ 59^m - 6°$

P. Ahnert

Nr.	Name	α 1855.0	δ 1855.0	Art	Phase	Epoche 24....	Periode	Max.	Min.
2062	WX Mon	$6^h36^m47^s$	−4°39'.2	U	—	—	—	$13^m.2$	$15^m.0$
2063	WY Mon	6 38 33	−4 48.1	U	—	—	—	13.2	14.5
2064	WZ Mon	6 43 8	−7 32.4	RW	—	—	—	12.8	15.4
2065	XX Mon	6 44 56	−2 38.3	δ	Max.	29634.67	$5^d.53915$	12.3	13.1
2066	XY Mon	6 45 7	−3 18.7	RWs	—	—	—	12.8	14.0
2067	XZ Mon	6 46 26	−4 3.2	A	Min.	25619.473	0.876078	13.65	15.0
2068	YY Mon	6 47 12	−7 29.5	δ	Max.	25619.32	3.45464	14.2	15.3
2069	YZ Mon	6 50 13	−6 12.0	A	Min.	25655.407	2.055264	14.10	16.25
2070	ZZ Mon	6 50 18	−8 12.9	RW	—	—	—	13.2	15.6
2071	AA Mon	6 50 40	−3 39.3	δ	Max.	25534.86	3.93807	14.0	15.1
2072	AB Mon	6 53 45	−7 38.9	A	Min.	25324.39	9.51849	13.8	15.7
2073	AC Mon	6 54 3	−8 30.3	δ	Max.	29636.8	8.0150	10.3	11.1
2074	AD Mon	6 54 11	−7 22.3	RW	—	—	—	13.0	14.7
2075	AE Mon	6 54 6	−2 7.9	A	Min.	25322.334	3.22869	13.45	14.35
2076	VV Mon	6 56 11	−5 31.7	A	Min.	25299.273	6.05087	10.0	10.6

Nr.	Name.	α 1855.0	δ 1855.0	Art	Phase	Epoche 24....	Periode	Max.	Min.
2077	AF Mon	$6^h56^m50^s$	−6°40.′8	L	Max.	26055	285^d	11^m5	15^m7
2078	AG Mon	7 1 54	−2 8.7	L	Max.	25643.5	115.9	11.6	17:
2079	AH Mon	7 5 7	−1 37.8	L	Max.	30930	374	11	15
2080	AI Mon	7 5 28	−4 13.8	RRa	Max.	25645.465	0.4258078	14.4	15.5
2081	AK Mon	7 5 33	−2 48.9	L	Max.	25270	319.5	11.5	14.5
2082	AL Mon	7 5 43	−5 6.8	L	Max.	25610	243.5	12.5	[16.5
2083	AM Mon	7 5 47	−7 41.5	L	Max.	25648	432	12.1	16.5
2084	BQ Mon	6 57.6	−9 44	RWs	—	—	—	13.3	14.9
2085	BR Mon	7 0.0	−1 5	U	—	—	—	11.5	12.5
2086	BW Mon	7 4.1	−1 16	L	Max.	25556	155.5	11.7	13.4
2087	148.1931Mon	6 37.6	−5 7	L	Max.	25234	279	13.9	15.4
2088	81.1936Mon	6 37 59	−1 33.8	L	Max.	25324	345	13.9	14.9
2089	82.1936Mon	6 38 22	−8 54.3	RRa	Max.	25622.51	0.5836044	14.2	15.35
2090	83.1936Mon	6 38 23	−8 41.5	RRa	Max.	25246.50	0.413394	12.85	13.25
2091	149.1931Mon	6 40.3	−4 35	U	—	—	—	13.4	13.9
2092	84.1936Mon	6 40 35	−2 32.1	A	Min.	25969.49	3.56929	12.85	13.25
2093	150.1931Mon	6 40.6	−1 58	U	—	—	—	12.2	13.1
2094	85.1936Mon	6 41 50	−5 54.2	A	Min.	25299.22	8.6700	15.2	16.2
2095	151.1931Mon	6 42.7	−4 41	RW	—	—	—	13.9	15.9
2096	86.1936Mon	6 42 44	−4 53.2	Unv	—	—	—	10.1	—
2097	87.1936Mon	6 43 49	−7 48.7	RW	—	—	—	13.3	14.8
2098	88.1936Mon	6 43 51	−8 39.7	U	—	—	—	13.4	14.8
2099	116.1929Mon	6 44 54	−3 52.1	U	—	—	—	12.0	14.0
2100	152.1931Mon	6 45.2	−6 53	A	Min.	26039.402	3.634766	14.1	16.3
2101	153.1931Mon	6 45.3	−5 36	A	Min.	25328.31	0.910743	13.9	14.35
2102	154.1931Mon	6 45.5	−2 17	δ	Max.	25302.59	3.95773	11.6	12.0
2103	89.1936Mon	6 47 42	−6 29.4	U	—	—	—	12.2	13.4
2104	155.1931Mon	6 47.9	−7 51	L	Max.	25610	220.5	12.1	14.8
2105	90.1936Mon	6 48 33	−5 20.1	U	—	—	—	13.5	14.7
2106	91.1936Mon	6 48 46	−6 42.7	U	—	—	—	13.0	13.8
2107	92.1936Mon	6 50 44	−9 36.7	UG	Max.	25534.64	13.8645	13.4	16.0
2108	93.1936Mon	6 51 0	−7 51.9	L	Max.	25338	326	14.0	[16.5
2109	94.1936Mon	6 52 22	−7 46.3	A	—	—	—	13.8	14.9
2110	95.1936Mon	6 52 46	−7 13.4	A	Min.	25651.65	51.725	13.1	15.1
2111	96.1936Mon	6 53 51	−7 12.3	A	Min.	25619.311	4.343621	15.2	16.5
2112	97.1936Mon	6 54 13	−5 19.7	U	—	—	—	14.5	15.5
2113	98.1936Mon	6 54 41	−7 49.1	β	Min.	25299.52	1.239674	13.8	14.25
2114	156.1931Mon	6 55.0	−7 55	U	—	—	—	13.0	14.6
2115	99.1936Mon	6 55 25	−7 23.6	L	Max.	25974	285	14.4	[16.5
2116	158.1931Mon	6 58.3	−4 59	RRb	Max.	26308.49	0.376165	12.9	13.45
2117	159.1931Mon	6 59.4	−3 9	U	—	—	—	13.0	14.2
2118	100.1936Mon	7 0 7	−7 34.4	δ	Max.	25645.45	4.49659	13.5	14.75
2119	101.1936Mon	7 1 32	−2 18.5	A	Min.	25246.41	1.425083	13.65	15.5
2120	161.1931Mon	7 3.7	−6 54	δ	Max.	25324.34	3.287822	13.15	14.45
2121	163.1931Mon	7 4.3	−5 14	U	—	—	—	14.8	15.8
2122	102.1936Mon	7 4 54	−8 25.5	U	—	—	—	13.9	14.7
2123	103.1936Mon	7 5 24	−9 11.1	U	—	—	—	13.7	15.0
2124	104.1936Mon	7 6 50	−8 55.0	A	Min.	25653.44	1.454677	13.5	15.2

Nr.	Name	α 1855.0	δ 1855.0	Art	Phase	Epoche 24....	Periode	Max.	Min.
2125	105.1936Mon	$7^h\ 7^m 43^s$	$-5°14'.2$	Unv	—	—	—	$13^m.4$	—
2126	106.1936Mon	7 8 12	−5 58.0	U	—	—	—	12.1	$12^m.7$
2127	164.1931Mon	7 8.3	−9 43	A	Min.	25534.64	2.09850	13.3	16.3
2128	107.1936Mon	7 9 37	−6 41.6	L	—	—	—	15.5	[16.5
2129	108.1936Mon	7 9 50	−1 28.5	BV	—	—	—	12.0	12.4
2130	165.1931Mon	7 10.9	−9 24	U	—	—		13.4	14.8

Feld 62 Aquilae

P. Ahnert

1495. **775.1933 Aql** Mirastern; 13^m8—[16^m3.

$M = 242\,7280 + 221^d \cdot E$.

Max.	Gr.	E	$B-R$	Max.	Gr.	E	$B-R$
242 7282	14^m2	0	$+\ 2^d$	242 8814	13^m8	7	-13^d
7720	13.8	2	$-\ 2$	9495	13.9	10	$+\ 5$
8395	14.0	5	$+10$				

1496. **444.1936** Aql Mirastern; 14^m0—[16^m.

$M = 242\,6949 + 400^d \cdot E$.

Max.	Gr.	E	$B-R$	Max.	Gr.	E	$B-R$
242 6955	14^m1	0	$+6^d$	242 8140	14^m0	3	-9^d
7349	14.3	1	0	243 0150	14.2	8	$+1$

1497. **445.1936 Aql** Mirastern; 13^m7—15^m8.

$M = 242\,7273 + 375^d \cdot E$ (187^d5 ?).

Max.	Gr.	E	$B-R$	Max.	Gr.	E	$B-R$
241 7516:	—	-26	-7^d	242 8394	14^m3	3	-4^d
2 7280	14^m2	0	$+7$	8770	13.7	4	-3
2 7653	13.8	1	$+5$	9143	14.4	5	-5
2 8022	14.6	2	-1	9900	13.9	7	$+2$

Das erste Maximum (E -26) ist nach einer vermutlich auf dem aufsteigenden Ast liegenden Beobachtung (14^m6, Wolf-Palisa-Karte Bl. 117) angenommen. Nach der Form der Lichtkurve ist eine Halbierung der Periode ($P = 187^d5$) sehr wahrscheinlich.

1498. **776.1933 Aql** Mirastern; 11^m6—16^m.

$M = 242\,6930 + 320^d \cdot E$.

Max.	Gr.	E	$B-R$	Max.	Gr.	E	$B-R$
242 6930	12^m5	0	0^d	242 9170	12^m9:	7	0^d
7250	12.9:	1	0	9490	11.6	8	0
7570	12.2	2	0	9810	12.3:	9	0

E 0 bis 2 und 9 nur Abstieg, E 7 nur Aufstieg beobachtet. Lichtkurve α_2.

1499. **446.1936 Aql** RW Aurigae-ähnlich; 13^m7—15^m2.

Der gelbliche Stern (Farbzahl $+0^m3$) zeigt unregelmäßige Wellen der verschiedensten Länge (30^d bis $>100^d$) und Amplitude (0^m3 bis 1^m3), anscheinend kommen auch Stillstände — meist in geringen Helligkeiten — vor. Danach könnte der Veränderliche noch von μ Cep-Art sein, wenngleich die Änderungen in den kurzen Wellen dafür schon etwas zu rasch und groß sind. Nur mit RW Aur-Charakter vereinbar sind aber ein Abstieg von 1^m0 in 1^h und ein Aufstieg von 0^m9 in 2^h, die 243 0936 bzw. 937 auf Reihenplatten des 40 cm-Astrographen beobachtet worden sind.

1500. **447.1936 Aql** Mirastern; $13^m.8$—[16^m.

(I) $M = 242\,8038.5 + 308^d.5 \cdot E$

(II) $M = 242\,8073 \quad + 303 \quad \cdot E$

Max.	Gr.	E	$B-R_1$	$B-R_2$
242 7385	$14^m.0$	−2	$-36^d.5$	-82^d
7700	14.2	−1	−30	−70
8070	14.3	0	+31.5	− 3
8380	13.8	+1	+33	+ 4
9580:	14.0:	+5	− 1	− 8
9890	14.3	+6	+ 0.5	− 1
243 0200:	14.1:	+7	+ 2	+ 6

Die Elemente (I) stellen die Gesamtbeobachtungen am besten dar, wenn sie auch am Anfang der Reihe sehr große Abweichungen ergeben. Es ist aber auch möglich, daß vor *E* 0 ein Epochensprung von ungewöhnlichem Ausmaß, möglicherweise mit Periodenänderung, stattgefunden hat. Von *E* 0 an werden die Beobachtungen durch die Elemente (II) sehr gut dargestellt.

1501. **777.1933 Aql** RW Aurigae-Stern; $14^m.0$—$16^m.0$.
Im Sommer und Herbst 1932 schwankte die Helligkeit nur zwischen $15^m.0$ und $16^m.0$, 1933 nur zwischen $14^m.0$ und $15^m.0$, 1934 unregelmäßige Abnahme unter geringen Schwankungen von $14^m.0$ bis $15^m.0$, 1935 sehr geringe Amplitude um $15^m.0$, 1936 Schwankungen von $1^m.0$ um $15^m.0$. Auf Reihenaufnahmen schnelle Helligkeitsänderungen von $0^m.9$ in 2^h und $0^m.5$ in 1^h beobachtet.

1502. **778.1933 Aql** μ Cephei-Stern; $12^m.5$—$13^m.7$.
Der rötliche Stern (Farbzahl $+0^m.35$) zeigt Wellen von wechselnder, meist geringer Amplitude und verschiedener Länge (60^d bis weit über 100^d). Die Helligkeitsänderungen sind langsam und völlig regellos.

1503. **779.1933 Aql** Mirastern; $13^m.3$—[16^m.

$M = 242\,6939 + 282^d \cdot E.$

Max.	Gr.	E	B−R
242 6935	$14^m.1$	0	$-\ 4^d$
8070	13.3	4	+ 3
8360	13.6	5	+11
9185	14.1	8	−10
9475	13.9	9	− 2

1504. **V 423 Aql** Halbregelmäßig; $14^m.6$—$16^m.0$.
Der rötliche Veränderliche (Farbzahl $+0^m.4$) hält in seinem Lichtwechsel zwischen 242 6900 und 28000 die folgenden Elemente ein:

$M = 242\,6955.5 + 67^d.6 \cdot E.$

Max.	Gr.	E	B−R	Max.	Gr.	E	B−R
242 6958	$15^m.2$	0	$+\ 2^d.5$	242 8040	$14^m.6$	16	$+2^d.9$
7350	14.8	6	−11.1	(8778	14.9	27	−2.7)
7637	15.2	10	+ 5.5				

Später sind die Wellen erheblich länger ($> 100^d$) oder bleiben ganz aus (Stillstand 242 9020—29160). Die Übereinstimmung von *E* 27 mit den Elementen ist wahrscheinlich Zufall.

1505. **781.1933 Aql** RW Aurigae-ähnlich; 13^m1—13^m9.
Dieser schwierige Veränderliche zeigt im allgemeinen sehr langsame und ganz geringfügige (Amplitude 0^m3) Schwankungen um seine mittlere Helligkeit. Dieser ruhige Verlauf wird unterbrochen durch isolierte Beobachtungen, die ihn sowohl heller als auch schwächer (0^m3 bis 0^m4) zeigen können als zu den benachbarten Zeiten. Auch die in einstündiger Folge aufgenommenen Reihenaufnahmen zeigen Sprünge von 0^m25.

1506. **448.1936 Aql** Z Aquarii-Stern; 14^m0—15^m6.
$M = 242\,7014 + 125^d4 \cdot E.$

Max.	Gr.	*E*	*B–R*	Max.	Gr.	*E*	*B–R*
242 7020	14^m3	0	$+6^d$	242 8400	14^m2	11	$+7^d$
7390	14.0	3	0	9140	14.2	17	–6
7640	14.1	5	–1	9905	14.4	23	+7
8130	14.3	9	–13				

1507. **782.1933 Aql** Mirastern; 13^m5—[16^m.
$M = 242\,6913.5 + 243^d5 \cdot E.$

Max.	Gr.	*E*	*B–R*	Max.	Gr.	*E*	*B–R*
242 6920	13^m5	0	$+6^d5$	242 8375	14^m8	6	$+0^d5$
7395	13.7	2	–5.5	9100	14.1	9	–5
7640	14.0	3	–4	9840	14.0	12	+4.5
8135:	13.6	5	+4				

1508. **449.1936 Aql** Mirastern; 13^m6—[16^m.
$M = 242\,7627 + 201^d \cdot E.$

Max.	Gr.	*E*	*B–R*	Max.	Gr.	*E*	*B–R*
242 7627	14^m0	0	0^d	242 8430	13^m6	4	-1^d
8030	14.2	2	+1	9838	14.2	11	0

Die Elemente werden durch weitere vereinzelte Beobachtungen bestätigt, die den Epochen –3, –1, 6, 7 und 9 angehören.

1509. **450.1936 Aql** Mirastern; 12^m0—16^m5.
$M = 242\,7421 + 282^d \cdot E.$

Max.	Gr.	*E*	*B–R*	Max.	Gr.	*E*	*B–R*
242 7420	12^m0	0	-1^d	242 9120	12^m2	6	$+7^d$
7700	13.8	1	–3	243 0240	12.6	10	–1
7985	12.0	2	0				

1510. **783.1933 Aql** Z Aquarii-Stern; 14^m6—16^m0.
$M = 242\,6979 + 132^d \cdot E.$

Max.	Gr.	*E*	*B–R*	Max.	Gr.	*E*	*B–R*
242 6980	15^m0	0	$+1^d$	242 8300	—	10	$+1^d$
7260	14.6	2	+17	8700:	—	13	+5
7630	15.0	5	–9	9080:	—	16	–11
8030	15.0	8	–5	9490	15^m0	19	+3

1511. 451.1936 Aql RR Lyrae-Stern; 14^m15—15^m55.
$M = 243\ 0933.52 + 0^d.550 \cdot E$.

$M - m = 0^d.10$, Typus RRa.
Die Elemente sind nur aus den Reihenaufnahmen des 40 cm-Astrographen abgeleitet, da die Beobachtungen auf den Platten der 17 cm-Kamera keine genügend kleinen und sicheren Differenzen ergeben.

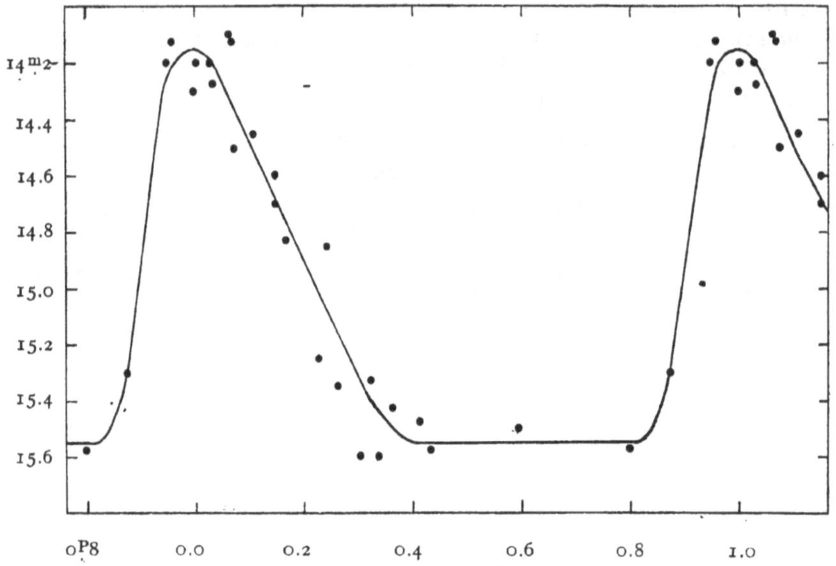

451.1936 Aquilae

1512. 784.1933 Aql μ Cephei-Stern; 14^m2—15^m3.
Der Lichtwechsel dieses Sternes verläuft durchweg in langen (> 150^d), flachen, unregelmäßigen Wellen. Die Farbe ist nicht wesentlich tiefer als die der Vergleichsterne.

1513. 452.1936 Aql μ Cephei-Stern; 12^m3—12^m8.
Der Stern ist jahrelang konstant in den Helligkeiten 12^m4 bis 12^m5; sichere, aber flache Minima (12^m8) wurden nur um 242 7696 und 9570 beobachtet. Die Farbzahl ist nur $+0^m1$.

1514. 453.1936 Aql Unregelmäßig; 14^m3—15^m4.
Der Veränderliche, der die gleiche Färbung wie die Vergleichsterne aufweist, zeigt lange Stillstände (> 100^d) in den Helligkeiten 14^m9—15^m1. Gelegentlich kommen flache Wellen vor (Amplitude 0^m2 bis 0^m3). Nur zwischen 242 7570 und 27710 wurde ein lebhafterer Lichtwechsel beobachtet:

242 7615	15^m1	Minimum
7633	14.3	spitzes Maximum
7660	15.2	Minimum
7680	14.6	Maximum
7710:	15.4	Minimum

1515. 454.1936 **Aql** μ Cephei-Stern; $13^{m}6$—$15^{m}7$.
Der rötliche Stern (Farbzahl $+0^{m}3$) zeigt meist einen kräftigen Lichtwechsel in langen Wellen ($>100^{d}$) mit Einzelamplituden bis $1^{m}5$, doch kommen auch Stillstände im mittleren Licht von $> 100^{d}$ Dauer vor.

1516. 455.1936 **Aql** μ Cephei-Stern; $14^{m}2$—$15^{m}3$.
Neben längeren Zeiten mit konstantem Licht oder sehr langsamen geringfügigen Helligkeitsänderungen wurden zuweilen auch kurze Wellen von $\sim 50^{d}$ Dauer und $0^{m}5$ Amplitude beobachtet.

1517. 785.1933 **Aql** Mirastern; $14^{m}2$—[16^{m}.

$$M = 242\,7334 + 238^{d}.5 \cdot E.$$

Max.	Gr.	E	$B-R$	Max.	Gr.	E	$B-R$
242 7334	$14^{m}2$	0	0^{d}	242 8765	$14^{m}7$	6	0^{d}
7580:	14.2	1	+ 8	9480:	15.0	9	0
8040	14.6	3	−10				

1518. 786.1933 **Aql** Mirastern; $10^{m}9$—[16^{m}.

$$M = 242\,6943 + 213^{d} \cdot E.$$

Max.	Gr.	E	$B-R$	Max.	Gr.	E	$B-R$
242 6945	$12^{m}6$	0	$+2^{d}$	242 8430	$12^{m}0$	7	-4^{d}
7371	10.9	2	+2	9925	12.0	14	0
7577	11.5	3	−5	243 0140	11.7	15	+2
8010	12.2	5	+2				

1519. 787.1933 **Aql** RR Lyrae-Stern; $12^{m}2$—$13^{m}6$.

$$M = 242\,7003.280 + 0^{d}.377\,2390 \cdot E.$$
$$M - m = 0^{d}.113, \text{ Typus RRb.}$$

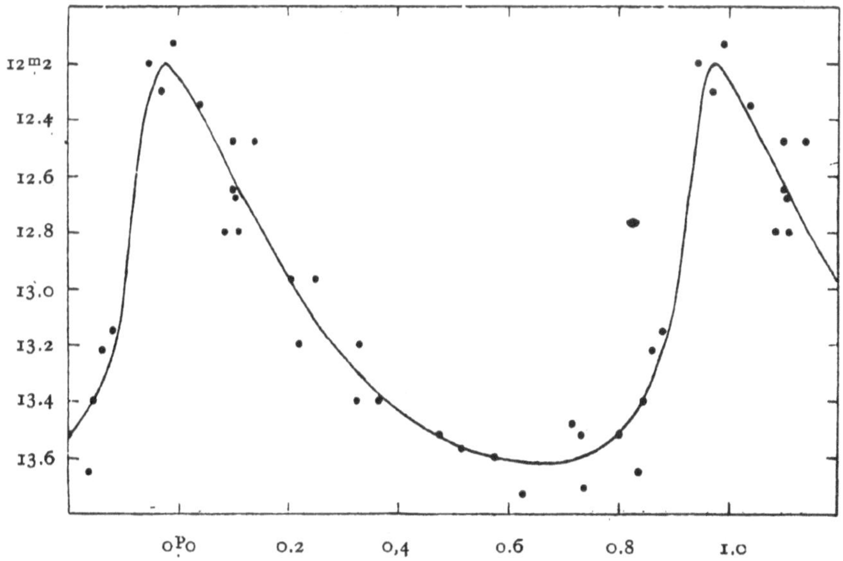

787.1933 Aquilae

Max.	E	$B-R$
242 7003.276	0	$-0^d.004$
7395.241	1039	+0.010
7412.224	1084	+0.017
7640.453	1689	+0.016
9107.498	5578	−0.021
243 0908.474	10352	+0.016
0931.454	10413	−0.016
0937.495	10429	−0.011
1673.495	12380	−0.004

1520. **788.1933 Aql** μ Cephei-Stern; $14^m.4$—$15^m.8$.
Der Stern ist nicht wesentlich röter als die Vergleichsterne, zeigt aber einen Lichtwechsel, der für einen roten Unregelmäßigen typisch ist: Unregelmäßige Wellen von etwa 200^d Dauer mit verschieden steilem Aufstieg, die aber keine Periodizität erkennen lassen. Sicher festgestellt sind zwei Maxima 242 7330 ($14^m.9$) und 28400 ($14^m.8$) und ein Minimum 27650 ($15^m.5$), ferner sind angedeutet ein Maximum nach 27700 ($14^m.4$) und zwei Minima, nach 27410 ($15^m.8$) und um 28030 ($15^m.4$). Da der Stern dicht am Plattenrand steht und auf einem Teil der Platten fehlt, reicht das Material zu einer endgültigen Entscheidung über eine mögliche Periodizität nicht aus.

1521. **456.1936 Aql** RR Lyrae-Stern; $13^m.7$—$14^m.9$.
$M = 243\ 0932.50 + 0^d.610 \cdot E.$
$M-m = 0^d.10$, Typus RRa.
Die Elemente sind nur aus 19 über 8^d verteilten Aufnahmen des 40 cm-Astrographen abgeleitet, die die hier mitgeteilte mittlere Lichtkurve geben. Der Anschluß an die Aufnahmen der 17 cm-Kamera gelang nicht, da die Maxima auf diesen Platten wegen der doppelt so langen Aufnahmezeit merklich schwächer und deshalb weniger scharf definiert sind.

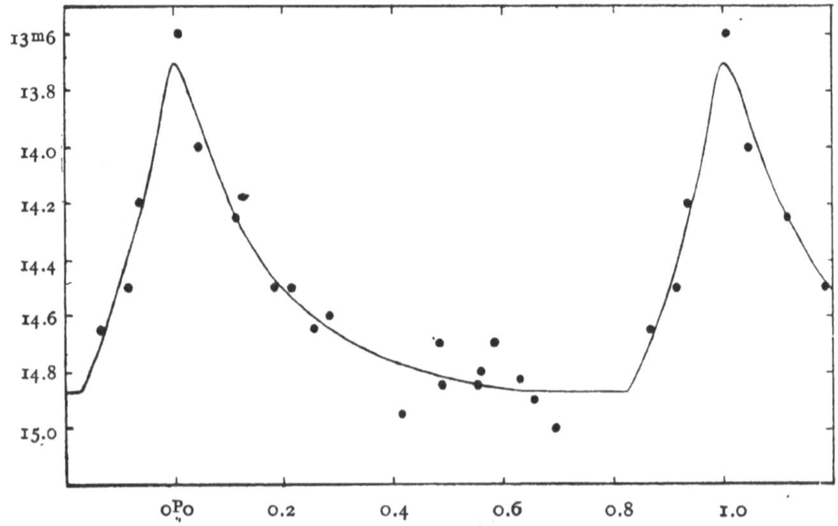

456.1936 Aquilae

1522. **789.1933 Aql** Mirastern; $13^m_.1$—[16^m.
M=242 7351+322^d · E.

Max.	Gr.	E	$B-R$	Max.	Gr.	E	$B-R$
242 7356	$14^m_.2$	0	+5^d	242 9927	$13^m_.1$	8	0^d
7666	14.4	1	−7	243 0250:	14.5	9	+1
7996	14.2	2	+1				

1523. **457.1936 Aql** Mirastern; $14^m_.0$—[$16^m_.5$.
M=242 7296+212^d · E.

Max.	Gr.	E	$B-R$	Max.	Gr.	E	$B-R$
242 7288	$14^m_.8$	0	− 8^d	242 9000:	$14^m_.2$	8	+ 8^d
7720	15.3	2	0	9828	14.8	12	−12
8360	14.0	5	+ 4	243 0260	14.5	14	− 4
8791	15.0	7	+11				

1524. **V 344 Aql** Mirastern; $11^m_.0$—[16^m.
M=242 6966+$282^d_.5$ · E.

Max.	Gr.	E	$B-R$	Max.	Gr.	E	$B-R$
242 6956	$11^m_.9$	0	−10^d	242 8374	$11^m_.8$	5	$-4^d_.5$
7260	11.7	1	+11.5	9517	12.0	9	+8.5
8088	11.0	4	− 8				

1525. **V 345 Aql** Mirastern; $11^m_.5$—[16^m.
M=242 7336+290^d · E.

Max.	Gr.	E	$B-R$	Max.	Gr.	E	$B-R$
242 7338	$11^m_.6$	0	+2^d	242 8780	$11^m_.7$	5	−6^d
7633	12.1	1	+7	9075	12.4	6	−1
8490	11.5	4	−6	243 0240	11.5	10	+4

1526. **458.1936 Aql** μ Cephei-Stern; $11^m_.7$—$12^m_.5$.
Der rötliche Stern (Farbzahl +$0^m_.4$) ist durchweg langsam, aber völlig regellos veränderlich. Neben kurzen Wellen von 50^d bis 60^d kommen lange von weit über 100^d und Zeiten fast völliger Konstanz vor. Die Einzelamplituden sind klein, $\leqq 0^m_.6$.

1527. **792.1936 Aql** μ Cephei-Stern; $13^m_.8$—$15^m_.2$.
Der Veränderliche ist ziemlich rot (Farbzahl +$0^m_.7$) und zeigt ein stark wechselndes Verhalten: Stillstände während ganzer Beobachtungsperioden (bis zu 140^d beobachtet) in verschiedenen Helligkeiten und in anderen Jahren ausgeprägte Maxima oder Minima mit kräftigen Größenänderungen ($1^m_.3$ in 70^d). Die beobachteten Wellen sind über 100^d lang.

1528. **459.1936 Aql** RW Aurigae-Stern; $13^m_.4$—$15^m_.6$.
Von diesem als Algolstern angezeigten Veränderlichen wurden folgende Minima beobachtet:

Min.	Gr.	E	$B-R$
242 6945.387	$15^m_.0$	0	$+0^d_.009$
7003.276	14.5	37	+0.010

Min.	Gr.	E	$B-R$
(7324.348	$14^m.6$	242	$+0^d.352$)
7333.336	15.0	248	−0.047
7627.467	15.0	436	−0.049
(7660.477	14.7	457	+0.106)
8070.320	15.5	719	+0.040
8367.520	14.6	909	−0.022
8422.347	15.1	944	+0.046
8480.244	14.8:	981	+0.055
8752.453	15.0	1155	+0.035
(8781.376	15.6	1173	+0.796)
9140.379	14.9	1403	−0.044
9162.336	15.2	1417	+0.009
9877.366	15.1:	1874	+0.046
(2430280.293	14.9	2132	−0.677)
(0933.59	15.5	2549	+0.21)
(0936.31	15.5	2551	−0.20)

Von diesen 18 Schwächungen können 12 durch die Elemente

$$m = 242\,6945.378 + 1^d.564537 \cdot E$$

mit Abweichungen $\pm 0^d.06$ dargestellt werden, während die Fehler der übrigen eingeklammerten unzulässig groß sind.

Es läßt sich keine Periode finden, die alle Minima darstellt, obgleich das zweimalige Auftreten der gleichen großen Differenz ($359^d.028$ und $359^d.053$) einen regelmäßigen Lichtwechsel erwarten läßt. Auch machen die durch Reihenaufnahmen belegten Teilkurven der beiden letzten Minima einen durchaus algolartigen Eindruck. Gegen die Algolnatur spricht aber außer der Unmöglichkeit, eine brauchbare Periode zu finden, noch die Tatsache, daß kein konstantes Maximallicht vorhanden ist. Die am häufigsten vorkommende Helligkeit von $13^m.8 \pm 0^m.1$ wird mehrmals überschritten (maximal um $0^m.4$). Auch ist der Stern auffallend häufig geschwächt. Es handelt sich daher mit großer Wahrscheinlichkeit nicht um einen Bedeckungsstern, sondern um einen RW Aurigae-Stern. Das Auftreten einer zeitweise wirksamen Periode der Schwächungen wurde auch bei anderen RW Aurigae-Sternen beobachtet (DG Aur, BO Del, BZ Vel).

1529. 793.1933 **Aql** Mirastern; $13^m.6$—[16^m.

$$M = 242\,7605 + 374^d \cdot E\ (187^d\ ?)$$

Max.	Gr.	E	$B-R$
242 7605	$14^m.1$	0	0^d
9475	14.1	5	0
9850	14.1	6	+1

Von den Maxima $E-1$, $+1$ bis $+4$ ist nur der absteigende Ast beobachtet worden, aber in guter Übereinstimmung mit den Elementen.

1530. 460.1936 Aql RR Lyrae-Stern; $14^{\mathrm{m}}0$—$14^{\mathrm{m}}7$.

$$M = 243\,0930.50 + 0^{\mathrm{d}}475 \cdot E$$

$M-m = 0^{\mathrm{d}}13$, Typus RRb.

Die Elemente sind nur aus den Reihenaufnahmen des 40 cm-Astrographen abgeleitet. Die Heranziehung der Aufnahmen der 17 cm-Kamera führte zu keiner schärferen Bestimmung, da die Maxima ziemlich breit und schlecht definiert sind und bei Beschränkung auf die sicheren hellsten Maxima die Zwischenzeiten zu lang werden.

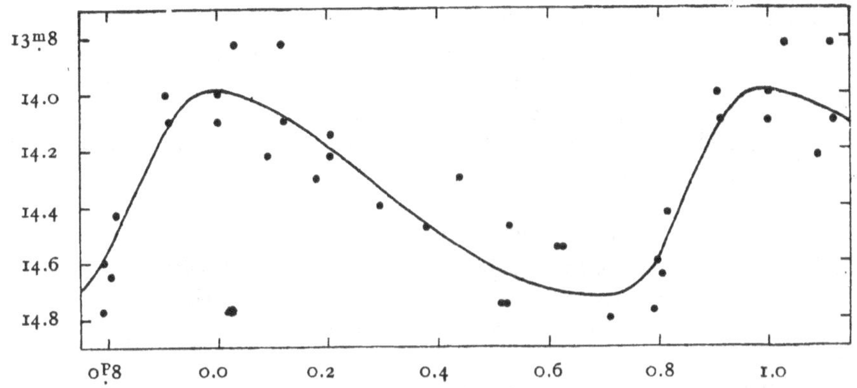

460.1936 Aquilae

1531. 794.1933 Aql μ Cephei-Stern; $13^{\mathrm{m}}8$—$15^{\mathrm{m}}1$.

Der Veränderliche ist nur wenig tiefer gefärbt als die Vergleichsterne (Farbzahl $+0^{\mathrm{m}}2$), verhält sich aber wie ein typischer μ Cephei-Stern. Ohne jede Regelmäßigkeit erscheinen flache und kräftige Wellen ($0^{\mathrm{m}}3$ bis $1^{\mathrm{m}}1$) der verschiedensten Länge (45^{d} bis $\sim 200^{\mathrm{d}}$). Stillstände kamen in der Beobachtungszeit nicht vor.

1532. 461.1936 Aql Mirastern; $13^{\mathrm{m}}2$—[$16^{\mathrm{m}}5$.

$$M = 242\,7400 + 357^{\mathrm{d}} \cdot E.$$

Max.	Gr.	E	$B-R$	Max.	Gr.	E	$B=R$
242 7398	$14^{\mathrm{m}}3$	0	-2^{d}	242 9185	$14^{\mathrm{m}}2$	5	0^{d}
8127	14.6	2	+13	9900	13.2	7	+1
8466	14.3	3	−5	243 0258	13.7	8	+2
8820	14.2	4	−8				

1533. 462.1936 Aql Unveränderlich; $14^{\mathrm{m}}4$.

Die Beobachtungen des 40 cm-Astrographen streuen zwischen $14^{\mathrm{m}}28$ und $14^{\mathrm{m}}50$; auf den Platten der 17 cm-Kamera ist die Streuung etwas größer ($0^{\mathrm{m}}3$), beruht aber mit großer Wahrscheinlichkeit auf Beobachtungsfehlern und rein photographischen Anomalien.

1534. 463.1936 Aql μ Cephei-Stern; $15^{\mathrm{m}}0$—$15^{\mathrm{m}}9$.

Die Helligkeit dieses Veränderlichen schwankt völlig regellos in Wellen der verschiedensten Länge und Amplitude. Längere Stillstände wurden nicht beobachtet.

1535. **465.1936 Aql** Mirastern; $14^{m}_{.}2$—[16^{m}.

M=242 6939+$208^{d}_{.}3$ · E.

Max.	Gr.	E	$B-R$	Max.	Gr.	E	$B-R$
242 6939	$14^{m}_{.}7$	0	0^{d}	242 8816	$14^{m}_{.}5$	9	+ 2^{d}
7348	14.7	2	− 8	9030	14.6	10	+ 8
7990	14.4	5	+10	9845	14.5	14	−10
8395	14.3	7	− 2	243 0272	14.4	16	0

1536. **464.1936 Aql** μ Cephei-Stern; $14^{m}_{.}3$—$15^{m}_{.}3$.

Der Lichtwechsel des rötlichen Sterns verläuft im allgemeinen sehr langsam und stetig in flachen Wellen von mehr als 100^{d} Dauer, die bis zu längeren Stillständen abflachen können. Nur einmal wurde ein rascher Anstieg ($0^{m}_{.}8$ in 12^{d}) beobachtet, dem ein Abstieg über das gleiche Helligkeitsintervall in 55^{d} folgt. Farbzahl $+0^{m}_{.}3$.

1537. **795.1933 Aql** μ Cephei-Stern; $12^{m}_{.}7$—$13^{m}_{.}6$.

Der Veränderliche ist nur wenig tiefer gefärbt als die Vergleichsterne. Seine Helligkeit ändert sich sehr langsam in unregelmäßigen, meist $> 100^{d}$ langen Wellen. Stillstände wurden nicht beobachtet.

1538. **796.1933 Aql** Unveränderlich; $11^{m}_{.}6$.

Die Anzeige dieses Sterns als Algolstern beruht auf einem einzigen Minimum, das aber offensichtlich durch einen Plattenfehler verursacht ist. Der Stern ist sonst nur auf den rotempfindlichen Platten etwas geschwächt, ist also blauer als die Vergleichsterne.

1539. **V 502 Aql** Mirastern; $12^{m}_{.}3$—[$16^{m}_{.}5$.

M=242 6975+$286^{d}_{.}5$ · E.

Max.	Gr.	E	$B-R$	Max.	Gr.	E	$B-R$
242 6972	$13^{m}_{.}9$	0	-3^{d}	242 8401	$13^{m}_{.}4$	5	$-6^{d}_{.}5$
7264	13.0	1	+2.5	9848	12.3	10	+8

1540. **466.1936 Aql** RR Lyrae-Stern; $14^{m}_{.}8$—$15^{m}_{.}6$.

Der Veränderliche erscheint auf allen Reihen, die von 243 0930 bis 0937 an 6 Tagen aufgenommen wurden, im Aufstieg und Maximum. Die Periode ist wahrscheinlich $1^{d}_{.}014/n$.

1541. **QW Aql** Mirastern; $13^{m}_{.}2$—[$16^{m}_{.}5$.

M=242 7004+$201^{d}_{.}5$ · E.

Max.	Gr.	E	$B-R$	Max.	Gr.	E	$B-R$
242 7005:	$13^{m}_{.}8$	0	$+1^{d}$	242 8818	$13^{m}_{.}2$	9	$+0^{d}_{.}5$
7406	13.2	2	−1	9020:	13.6	10	+1
7612	13.4	3	+3.5	9820:	13.6	14	−5
8016	13.3	5	+4.5	243 0227	13.3	16	−1
8410	13.2	7	−4.5				

1542. **798.1933 Aql** δ Cephei-Stern; $11^m_.08-11^m_.35$.
$M=242\,6945.7+11^d_.104\cdot E,\ M-m=3^d_.1$.

Max.	Gr.	E	$B-R$	Max.	Gr.	E	$B-R$
242 6945.4	$11^m_.0$	0	$-0^d_.3$	242 9024.6	$11^m_.1$	187	$+2^d_.5$
7277.4	11.0	30	−1.4	9102.5	11.05	194	+2.7
7633.4	11.1	62	−0.7	9158.4	11.05	199	+3.0
8034.4	11.1	98	+0.5	9923.3	11.1	268	+1.8
8070.3	11.05	101	+3.1	243 0932.0	11.1	359	0.0
8422.3	11.1	133	−0.2				

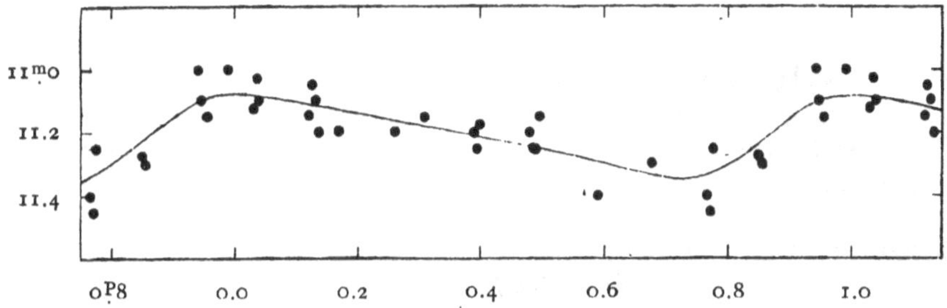

798.1933 Aquilae

Die Elemente und die mittlere Lichtkurve sind aus den Aufnahmen des 40 cm-Astrographen abgeleitet. Die Beobachtungen mit der 17 cm-Kamera sind zu wenig dicht und streuen zu stark, so daß bei der sehr kleinen Amplitude keine sichere Festlegung der Maxima und Minima möglich war. Die meisten der hellsten Beobachtungen passen allerdings gut zu den Elementen (siehe die vorstehende Reihe), doch kommen auch einzelne größere Differenzen vor, bei denen sich nicht entscheiden läßt, ob normale Streuung der beobachteten Größen oder tatsächliche Abweichungen die Ursache der schlechten Übereinstimmung sind.

1543. **467.1936 Aql** μ Cephei-Stern; $12^m_.3$—$14^m_.3$.
Der Lichtwechsel besteht meist aus Wellen von 80^d bis 150^d Dauer und $0^m_.5$ bis $2^m_.0$ Amplitude. Zwischen 242 9000 und 29600 war die Helligkeit konstant $13^m_.0$. Farbzahl $+0^m_.4$.

1544. **QX Aql** Mirastern; $13^m_.1$—[$16^m_.5$.
$M=242\,6960+222^d_.5\cdot E$.

Max.	Gr.	E	$B-R$	Max.	Gr.	E	$B-R$
242 6955	$13^m_.1$	0	-5^d	242 8740	$13^m_.5$	8	0^d
7410	13.1	2	+5	9851:	13.3	13	−1.5
7634	13.3	3	+6.5	243 0300:	13.2	15	+2.5
8067	13.2	5	−5.5				

1545. **468.1936 Aql** RR Lyrae-Stern; $14^m_.2$—$15^m_.7$.
Die Verteilung der Beobachtungen auf die verschiedenen Helligkeitsstufen ist nur mit RRa-Charakter zu vereinbaren. Die Beobachtungen sind aber so ungünstig auf die vorhandenen Reihenaufnahmen verteilt, und die hellen

Maxima sind in der Normalreihe so spärlich und mit so ungünstigen Differenzen vertreten, daß keine widerspruchsfreie Periode abgeleitet werden konnte. Die Reihenaufnahmen würden sich durch eine Periode von $0^{d}43$ mit sehr steilem Anstieg darstellen lassen.

1546. **469.1936 Aql** μ Cephei-Stern; $14^{m}1$—$14^{m}9$.
Die Helligkeit dieses Veränderlichen schwankt in unregelmäßigen Wellen von 60^{d} bis $>150^{d}$ Dauer, deren Amplituden alle Werte zwischen $0^{m}8$ und $0^{m}1$ annehmen können. Gelegentlich kommen auch Stillstände vor. Farbzahl $+0^{m}3$.

1547. **470.1936 Aql** μ Cephei-Stern; $14^{m}2$—$15^{m}5$.
Der Lichtwechsel zeigt unregelmäßige Wellen von 70^{d} bis $>150^{d}$ Dauer mit Amplituden von $0^{m}5$ bis $1^{m}3$. Stillstände wurden nicht beobachtet. Farbzahl $+0^{m}2$.

1548. **799.1933 Aql** Mirastern; $12^{m}5$—[16^{m}.
M=242 6937+138 2 · E.

Max.	Gr.	E	$B-R$	Max.	Gr.	E	$B-R$
242 6938	$13^{m}3$	0	$+1^{d}$	242 8730	$12^{m}7$	13	-4^{d}
7356	13.5	3	+4	9008	12.5	15	−2
7631	13.5	5	+3	9152	13.3	16	+4
8038	13.0	8	−5	9843	13.2	21	+4
8452	12.7	11	−5	243 0253	13.3	24	−1

1549. **800.1933 Aql** Mirastern; $14^{m}0$—[16^{m}.
M=242 7059+271^{d} · E.

Max.	Gr.	E	$B-R$	Max.	Gr.	E	$B-R$
242 7060	$14^{m}0$	0	$+1^{d}$	242 8140:	$14^{m}4$	4	-3^{d}
7330	14.0	1	0	8410	14.7	5	−4
7603	14.5	2	+2	9500	14.5	9	+2

1550. **801.1933 Aql** RR Lyrae-Stern; $13^{m}7$—$14^{m}2$.
Der Veränderliche ist vermutlich ein RRc-Stern. Auf den Reihenaufnahmen ist der Stern meist zwischen $13^{m}95$ und $14^{m}2$ beobachtet, nur einmal (243 0933.5) ist ein Aufstieg bis zum Maximum belegt. Das Material reicht nicht zur Bestimmung der Periode aus.

1551. **802.1933 Aql** Mirastern; $13^{m}5$—[$16^{m}5$.
M=242 6957+335^{d} · E.

Der Stern ist nur während zweier Erscheinungen (Max. 242 6960 $14^{m}5$ und 7288 $13^{m}3$) über dem Schwellenwert. Nimmt man an, daß auf das sehr helle Maximum 7288 ein ungewöhnlich schwaches $\sim 15^{m}5$ folgte, so wird auch die weitere Darstellung mit den hier gegebenen Elementen widerspruchsfrei. Die Maxima fallen dann bis zum Ende der Beobachtungszeit stets in die Winterlücke.

1552. **803.1933 Aql** Z Aquarii-Stern; $13^{m}.0$—$15^{m}.7$.

$M = 242\,7394 + 285^{d}.5 \cdot E.$

Max.	Gr.	E	$B-R$	Max.	Gr.	E	$B-R$
242 7376	$13^{m}.4$	0	-18^{d}	242 9135	$13^{m}.8$	6	$+28^{d}$
7666	13.1	1	−14	243 0230	13.8	10	−19
7990:	13.0	2	+25				

Von Epoche 6 an auffallend flacher Verlauf der Lichtkurve, daher dem Z Aquarii-Typus zugezählt.

1553. **804.1933 Aql** μ Cephei-Stern; $12^{m}.9$—$14^{m}.8$.
Der rötliche Stern (Farbzahl $+0^{m}.4$) zeigt einen lebhaften und kräftigen Lichtwechsel in glatten Wellen von etwas über 100^{d} Länge, deren Amplitude meist eine Größenklasse übersteigt. Es läßt sich aber keine Periode finden, die die einzelnen Maxima über längere Zeit hinweg darstellen könnte, so daß der Stern zu den Unregelmäßigen gezählt werden muß.

1554. **471.1936 Aql** RR Lyrae-Stern; $14^{m}.05$—$15^{m}.0$.

$M = 242\,6980.237 + 0^{d}.557\,5074 \cdot E.$

$M - m = 0^{d}.067$, Typus RRa.

Max.	E	$B-R$
242 6980.337	0	$+0^{d}.100$
7312.472	596	−0.039
7688.360	1270	+0.089
8425.340	2592	+0.044
8756.486	3186	+0.030
8784.357	3236	+0.026
8803.343	3270	+0.057
9110.445	3821	−0.028
243 0933.500	7091	−0.022
0937.400	7098	−0.025
1673.400	8418	+0.066

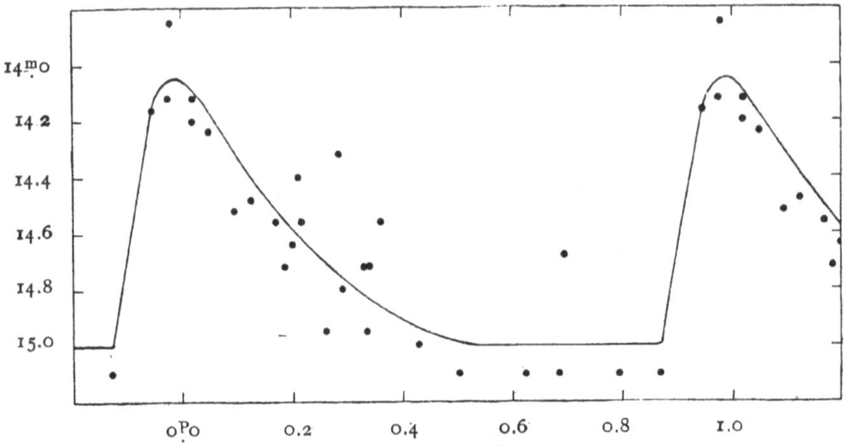

471.1936 Aquilae

Die starke Streuung der Größen zwischen den Phasen 0.2 und 0.7 ist reell. Das extrem helle Maximum 242 9110.445 ist durch zwei gleichzeitige Aufnahmen (40 cm-Astrograph und 17 cm-Kamera) belegt.

1555. **805.1933 Aql** μ Cephei-Stern; $14^{m}6$—$15^{m}4$.
Die Helligkeit wechselt in flachen, unregelmäßigen Wellen von rund 100^{d} Länge. Die Amplituden erreichen $0^{m}5$, sind aber in manchen Jahren unmerklich klein. Da der Veränderliche die gleiche Färbung wie die Vergleichsterne besitzt, könnte auch ein Fall von UV Bootis-Art vorliegen (Lichtwechsel μ Cephei-artig, aber frühes Spektrum ~ F).

1556. **806.1933 Aql** RW Aurigae-Stern; $13^{m}1$—$14^{m}4$.
Der Veränderliche ist nicht tiefer gefärbt als die Vergleichsterne. Um 242 7300 ist er im hellsten Licht nahezu konstant, während er von 7600 bis 7700 schroffe Schwankungen von $0^{m}5$ bis $1^{m}1$ Amplitude zeigt. Von 8000 bis 8100 und um 8800 ist der Lichtwechsel gering und langsam, um 7000 und 8400 bis 8500 anscheinend auch langsam, aber von größerer Amplitude (bis $0^{m}8$). Reihenaufnahmen des 40 cm-Astrographen 243 0930 bis 0937 zeigen ein unruhiges Flackern von geringem Umfang ($0^{m}6$ bis $0^{m}8$) mit Änderungen bis zu $0^{m}4$ in 3 Stunden.

1557. **807.1933 Aql** μ Cephei-Stern; $13^{m}7$—$14^{m}8$.
Der rote Stern (Farbzahl $+0^{m}5$) ändert seine Helligkeit in langen, unregelmäßigen Wellen von wechselnder Amplitude (Dauer $> 100^{d}$, Amplitude $0^{m}3$ bis $0^{m}9$).

1558. **808.1933 Aql** Z Aquarii-Stern; $14^{m}9$—$15^{m}9$.

$$M = 242\,6950 + 152^{d} \cdot E, \quad M - m = 73^{d}.$$

Max.	Gr.	E	$B-R$	Min.	Gr.	E	$B-R$
242 6950	$15^{m}3$	0	0^{d}	242 7340	$15^{m}7$	3	$+7^{d}$
7270	15.1	2	+16	7640	15.8	5	+3
7720	14.9	5	+10	8070	15.8	8	−23
8000	15.0	7	−14	8410	15.9	10	+13
9060	15.3	14	−18				
9840:	15.2	19	+2				

1559. **809.1933 Aql** Algolstern; $13^{m}9$—$15^{m}7$.

Min.	Gr.	Min.	Gr.
242 7279.493	$15^{m}6$:	242 9162.336	$14^{m}86$
7604.469	14.97	9877.366	15.5
8070.320	15.02	243 0930.410	15.7
8385.399	15.7	0932.540	15.7:
9110.430	15.53	1671.452	14.86
9110.461	14.30	1673.537	15.42

Die Periode ist nahe $2^{d}1/n$.

1560. **472.1936 Aql** Unveränderlich; $13^{m}5$.
Dieses als Algolstern angezeigte Objekt ist nur einmal (242 7279.493) um $0^{m}4$ geschwächt.

1561. 473.1936 Aql RR Lyrae-Stern; $14^m.75$—$15^m.6$.
M=242 7311.431+$0^d.586$ 2158 · E.
$M-m$=$0^d.088$, Typus RRa.

Max.	Gr.	E	$B-R$
242 7311.466	$14^m.95$	0	+0 035
7395.241	14.95	143	−0.019
8395.404	15.00	1849	+0.060
8422.347	14.93	1895	+0.037
8429.340	14.90	1907	−0.005
243 0932.502	14.76	6177	+0.016
1673.453	14.83	7441	−0.010

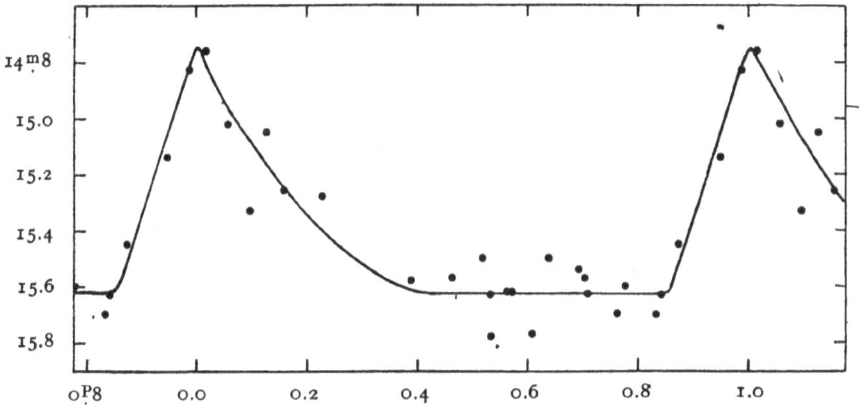

473.1936 Aquilae

1562. 810.1933 Aql Mirastern; $12^m.6$—[$16^m.5$.
M=242 7337+$265^d.7$ · E.

Max.	Gr.	E	$B-R$	Max.	Gr.	E	$B-R$
242 7326	$12^m.9$	0	-11^d	242 9450	$13^m.2$	8	-13^d
7607	13.9	1	+ 4	243 0272	12.9	11	+12
8406	12.6	4	+ 6				

1563. 811.1933 Aql ζ Geminorum-Stern; $12^m.2$—$12^m.5$.
Infolge der geringen Amplitude läßt sich der Charakter des Lichtwechsels auf den Platten der 17 cm-Kamera nicht sicher ermitteln. Die Reihenaufnahmen mit dem 40 cm-Astrographen lassen einen ζ Gem-Lichtwechsel mit einer Periode nahe $5^d.0$ vermuten.

1564. 474.1936 Aql Unveränderlich; $15^m.1$.
Die Reihenaufnahmen des 40 cm-Astrographen zeigen eine regellose Streuung von $0^m.2$. Einzelne Platten der 17 cm-Kamera geben eine stärkere Abweichung vom Mittel ($-0^m.15$ bis $+0^m.3$), doch reicht das nicht zum Nachweis der Veränderlichkeit, da der Stern auf vielen Platten ein schwieriges Objekt ist.

1565. **812.1933 Aql** RR Lyrae-Stern; $14\overset{m}{.}0$—$14\overset{m}{.}6$.

19 Reihenaufnahmen mit dem 40 cm-Astrographen von 243 0930 bis 0937 und mehrere wenig sicher bestimmbare Maxima auf 17 cm-Tripletplatten geben eine RRc-artige Lichtkurve und die Elemente

$$M = 243\ 0933.51 + 0\overset{d}{.}3444 \cdot E.$$

W UMa-Art ist nicht ausgeschlossen.

1566. **475.1936 Aql** Mirastern; $14\overset{m}{.}1$—[$16\overset{m}{.}5$.

$$M = 242\ 6945 + 371^{d} \cdot E \quad (P = 185\overset{d}{.}5\ ?)$$

Max.	Gr	E	$B-R$	Max.	Gr.	E	$B-R$
242 6945	$15\overset{m}{.}6$	0	0^{d}	242 9170	$14\overset{m}{.}6$	6	-1^{d}
7310	14.8	1	−6	9915	14.1	8	+2
7695	15.2	2	+8	243 0280	15.2	9	−4
8430	14.2	4	+1				

1567. **813.1933 Aql** S Vulpeculae-Stern; $14\overset{m}{.}2$—$15\overset{m}{.}8$.

$$M = 242\ 6958 + 82\overset{d}{.}8 \cdot E, \quad M - m = 47^{d}.$$

Max.	Gr.	E	$B-R$	Min.	Gr.	E	$B-R$
242 6966	$14\overset{m}{.}7$	0	$+ 8^{d}$	242 7332	$15\overset{m}{.}4$	5	$+ 7^{d}$
7291	14.2	4	+ 2	8051	15.0	14	−19
7373	14.4	5	+ 1	8382	15.3	18	−19
8016	14.5	13	−18	9090	15.3	26	+26
8100	14.6	14	−17	9896	15.1	36	+ 4
8465	14.3	18	+17				
8780	14.4	22	+ 0				
9129	14.4	26	+18				
9843	14.4	35	−13				

1568. **476.1936 Aql** μ Cephei-Stern; $13\overset{m}{.}9$—$15\overset{m}{.}9$.

Der Lichtwechsel dieses gegenüber den Vergleichsternen nicht merklich gefärbten Sterns verläuft langsam, aber mit stark wechselndem Charakter. Raschen Aufstiegen ($2\overset{m}{.}0$ in 60^{d}) und Abstiegen ($1\overset{m}{.}5$ in 50^{d}) stehen zu anderen Zeiten geringe und langsame Änderungen gegenüber. Stillstände wurden nicht beobachtet. Die Länge der Wellen ist anscheinend sehr verschieden, aber in keinem Falle unter 100^{d}.

1569. **814.1933 Aql** Unbekannt; $14\overset{m}{.}5$—$14\overset{m}{.}7$.

Auf den Platten des 40 cm-Astrographen scheint die Veränderlichkeit des Sterns in dem angegebenen geringen Umfang gesichert, doch läßt sich die Art des Lichtwechsels nicht feststellen. Die Aufnahmen der 17 cm-Kamera zeigen ebenfalls Lichtschwankungen, die aber wegen ihres geringen Umfangs kaum zu verbürgen sind. Der Stern hat die gleiche Farbe wie die Vergleichsterne.

1570. **477.1936 Aql** Algolstern; $14\overset{m}{.}9$—$15\overset{m}{.}9$.

$$m = 242\ 7272.47 + 4\overset{d}{.}56228 \cdot E.$$

$$D = 14^{h}, \quad d = 5^{h}\ ?$$

Min.	E	$B-R$
242 7272.47	0	$0^d.00$
7281.43	2	−0.17
7359.29	19	+0.14
7660.48	85	+0.22
8121.24	186	+0.19
8367.52	240	+0.10
8750.45	324	−0.20

Die Streuung der beobachteten Größen im Minimum ist wegen der geringen Helligkeit groß, so daß der Wert von d nicht verbürgt werden kann.

1571. 815.1933 Aql Mirastern; $14^m.2$—[$16^m.5$.
$M = 242\ 7347 + 268^d \cdot E$.

Max.	Gr	E	$B-R$	Max.	Gr.	E	$B-R$
242 7350	$14^m.4$	0	$+3^d$	242 8420	$14^m.9$	4	$+1^d$
7610	14.9	1	−5	9492	14.2	8	+1

1572. 478.1936 Aql μ Cephei-Stern; $14^m.4$—$15^m.5$.
Der Stern hat einen regellosen Lichtwechsel, meist in unperiodischen Wellen verschiedener Amplitude ($0^m.3$ bis $1^m.0$) und $> 100^d$ Dauer. Farbzahl $+0^m.6$.

1573. 816.1933 Aql Unveränderlich; $14^m.1$.
Die Beobachtungen streuen regellos zwischen $14^m.0$ und $14^m.25$.

1574. 817.1933 Aql RR Lyrae-Stern; $13^m.6$—$15^m.2$.
$M = 242\ 6931.488 + 0^d.484\ 9264 \cdot E$.
$M - m = 0^d.140$, Typus RRa.

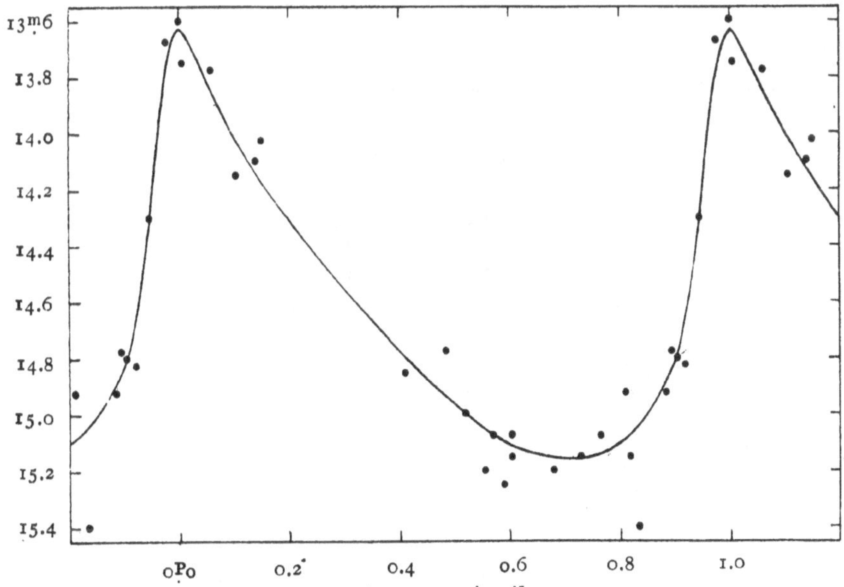

817.1933 Aquilae

Max.	Gr.	E	$B-R$
242 6931.488	$13^m.9$	0	$0^d.000$
6951.372	13.8	41	+0.002
7003.276	13.9	148	+0.019
7640.453	13.9	1462	+0.003
7709.294	13.9	1604	−0.016
8750.448	13.85	3751	+0.001
9140.379	13.9	4555	+0.051
9846.411	13.9	6011	−0.030
243 0232.383	13.6	6807	+0.001
0937.465	13.6	8261	0.000

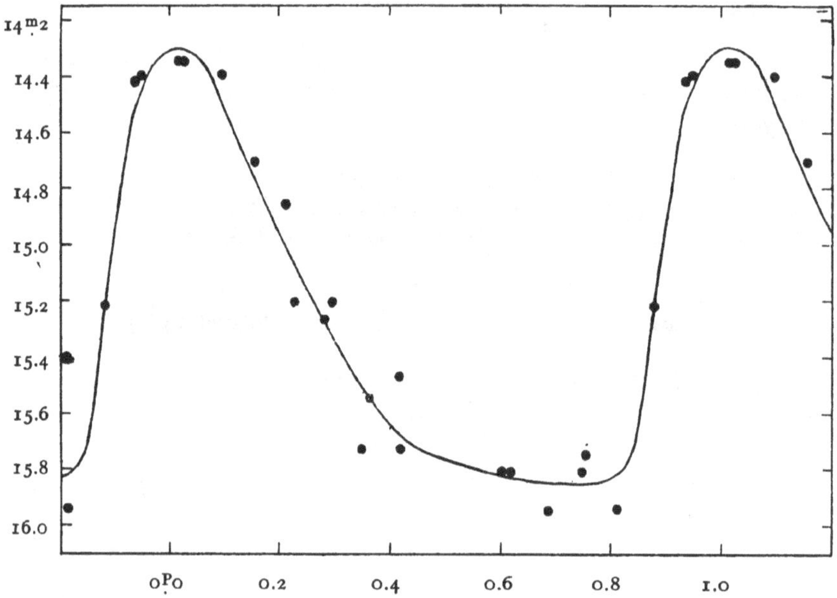

479.1936 Aquilae

1575. 479.1936 Aql RR Lyrae-Stern; $14^m.3$—$15^m.9$.
$M = 242\ 6951.38 + 0^d.625\ 1413 \cdot E$.
$M - m = 0^d.125$, Typus RRa.

Max.	E	$B-R$
242 6951.37	0	$-0^d.01$
7003.28	83	+0.01
7311.46	576	0.00
7395.24	710	+0.01
7633.44	1091	+0.03
8422.34	2353	0.00
9102.46	3441	−0.03
9107.49	3449	0.00
9846.41	4631	0.00
243 0258.34	5290	−0.04

Max.	E	$B-R$
243 0930.42	6365	$+0\overset{d}{.}02$
0933.53	6370	0.00

1576. **818.1933 Aql** μ Cephei-Stern; $13\overset{m}{.}5$—$14\overset{m}{.}5$.

Der Lichtwechsel erfolgt in unregelmäßigen Wellen — Dauer 75^d bis 150^d, Amplituden $0\overset{m}{.}3$ bis $0\overset{m}{.}9$ —, die in seltenen Fällen bis zu Stillständen abflachen. Farbzahl $+0\overset{m}{.}3$.

1577. **819.1933 Aql** Mirastern; $12\overset{m}{.}2$—17^m.
$M = 242\ 7387 + 253^d \cdot E$.
Form der Lichtkurve β_1.

Max.	Gr.	E	$B-R$	Max.	Gr.	E	$B-R$
242 7383	$12\overset{m}{.}4$	0	-4^d	242 9180	$12\overset{m}{.}4$	7	+22
7630	12.2	1	−10	9917	12.8	10	0
8140	12.2	3	−6	243 0160	13.0	11	−10
8404	12.3	4	+5				

1578. **820.1933 Aql** RW Aurigae-Stern; $13\overset{m}{.}0$—$15\overset{m}{.}3$.

Der Lichtwechsel ähnelt im Umfang dem von RW Aurigae selbst, doch scheint er etwas langsamer abzulaufen. Möglicherweise kommen auch Stillstände im hellen Licht vor, doch sind die Aufnahmen für eine sichere Aussage nicht dicht genug. Farbzahl vermutlich $0\overset{m}{.}0$. Siehe die beigegebene Lichtkurve.

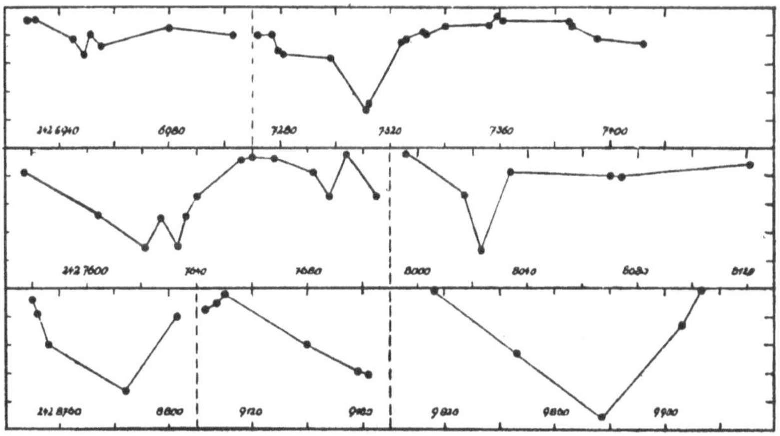

820.1933 Aquilae

1579. **480.1936 Aql** μ Cephei-Stern; $14\overset{m}{.}3$—$15\overset{m}{.}7$.

Der Lichtwechsel ist völlig regellos. Neben Stillständen im mittleren Licht und sehr langsamen Helligkeitsänderungen kommen ausgeprägte Wellen bis herab zu einer Dauer von 60^d mit Amplituden bis $0\overset{m}{.}8$ vor.

1580. **821.1933 Aql** μ Cephei-Stern; $14^{m}_{.}3$—$15^{m}_{.}5$.

Der rötliche Stern (Farbzahl $+0^{m}_{.}5$) zeigt zuweilen Wellen von 60^{d} bis 100^{d} Dauer, doch treten meist langsamere Helligkeitsänderungen mit Amplituden bis $0^{m}_{.}8$ auf, die zeitweise in Stillstände von $> 100^{d}$ Dauer übergehen.

1581. **481.1936 Aql** RR Lyrae-Stern; $15^{m}_{.}0$—$16^{m}_{.}3$.
$M = 242\,7577.521 + 0^{d}_{.}394\,1683 \cdot E$.
Typus RRa

Max.	E	$B-R$
242 7577.521	0	$0^{d}_{.}000$
7656.411	200	+0.056
7688.360	281	+0.078
8017.432	1116	+0.019
8034.375	1159	+0.013
8425.340	2151	−0.037
9110.430	3889	−0.012
9923.262	5951	+0.045
243 0933.470	8514	0.000

Der Stern ist wegen seiner Lichtschwäche auf vielen Platten nicht erkennbar, selbst die Beobachtungen auf den Reihenplatten des 40 cm-Astrographen sind vielfach unsicher. Die oben gegebenen Elemente stellen die sicher bestimmten Maxima und auch die Reihenbeobachtungen am besten dar.

1582. **822.1933 Aql** RR Lyrae-Stern; $15^{m}_{.}0$—$16^{m}_{.}0$.
$M = 243\,0936.456 + 0^{d}_{.}385 \cdot E$.
$M - m = 0^{d}_{.}16$, Typus RRb.

Elemente und mittlere Lichtkurve nur aus den Reihenaufnahmen des 40 cm-Astrographen abgeleitet.

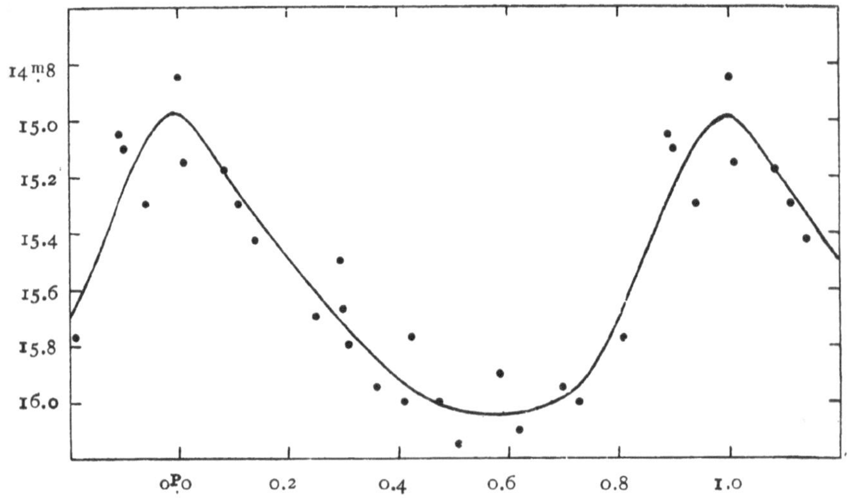

822.1933 Aquilae

1583. **823.1933 Aql** Mirastern; $15^m_.1$—[$16^m_.5$.

M=242 6945+$257^d_.5 \cdot E$.

Max.	Gr.	E	B—R	Max.	Gr.	E	B—R
242 6947	$15^m_.3$	0	0^d	242 8740:	$15^m_.5$	7	$-7^d_.5$
7980:	15.1:	4	+5	9520:	15.2	10	0

1584. **482.1936 Aql** RR Lyrae-Stern; $13^m_.3$—$14^m_.9$.

M=242 7356.520+$0^d_.428\ 819 \cdot E$.

$M-m$=$0^d_.085$, Typus RRA.

Max.	Gr.	E	B—R
242 7279.493	$13^m_.8$	−179	$+0^d_.002$
7356.300	13.9	0	+0.050
7359.293	14.0	7	+0.041
7386.252	14.0	70	−0.015
7577.521	13.8	516	0.000
7656.411	14.0	700	−0.012
7996.519	14.0	1493	+0.042
8121.244	13.7	1784	−0.019
9846.411	13.5	5807	+0.009
243 0232.383	13.55	6707	+0.044
0933.460	13.25	8342	+0.002
1671.452	13.4	10063	−0.004

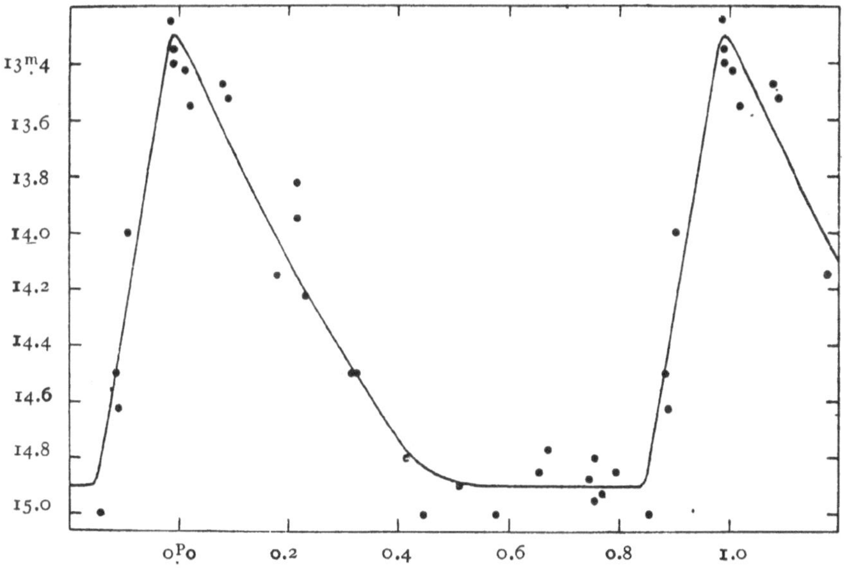

482.1936 Aquilae

1585. **483.1936 Aql** Mirastern; $13^m_.8$—[16^m.

M=242 7272+$243^d \cdot E$.

Max.	Gr.	E	B—R	Max.	Gr.	E	B—R
242 7275	$14^m_.7$	0	$+3^d$	242 8740	$14^m_.8$	6	$+10^d$
7995	13.9	3	−6	9460	13.8	9	+ 1
8480	14.4	5	−7				

1586. **484.1936 Aql** μ Cephei-Stern; $11^{m}9$—$12^{m}6$.
Neben jahrelangen Stillständen im kleinen Licht kommen flache Wellen mit Amplituden bis $0^{m}5$ und $\sim 70^{d}$ Dauer vor. Farbzahl $= +0^{m}3$.

1587. **485.1936 Aql** μ Cephei-Stern; $14^{m}5$—$15^{m}7$.
Die Helligkeit des rötlichen Sterns (Farbzahl $+0^{m}3$) ändert sich im allgemeinen sehr langsam. Zuweilen treten vereinzelte sekundäre Wellen mit einer Amplitude von wenigen Zehnteln einer Größenklasse und 40^{d} bis 60^{d} Länge auf. Ausgesprochene Stillstände wurden nicht beobachtet.

1588. **824.1933 Aql** Bedeckungsveränderlicher; $14^{m}5$—$15^{m}5$.
Beobachtete Minima:

242 6931.488	$15^{m}6$	242 8425.340	$15^{m}4$
6955.374	15.2	9140.379	15.0
7272.468	15.0	9491.472	15.3
7311.466	15.25	243 0932.34	15.5
7660.477	15.3	0933.38	15.5
8121.244	15.6	0935.47	15.5

Die beobachtete Differenz von $1^{d}04$ ist wahrscheinlich ein Vielfaches der Periode.

1589. **486.1936 Aql** Mirastern; $12^{m}5$—[$16^{m}5$.
$M = 242\ 7405 + 298^{d} \cdot E$.

Max.	Gr.	E	$B-R$	Max.	Gr.	E	$B-R$
242 7405	$13^{m}4$	0	0^{d}	242 9190	$13^{m}1$	6	-3^{d}
7702	12.5	1	-1	9487	12.9	7	-4
8008	13.8	2	$+7$	9790	13.0	8	$+1$

1590. **Ross 267** Mirastern; $12^{m}5$—[17^{m}
$M = 242\ 7639 + 216^{d}5 \cdot E$.

Max.	Gr.	E	$B-R$	Max.	Gr.	E	$B-R$
242 6992	$12^{m}5$	-3	$+2^{d}5$	242 8720:	$12^{m}7$	5	$-1^{d}5$
7640	12.5	0	$+1$	9160	13.1	7	$+5.5$
8068	13.5	$+2$	-4	9800	12.7	10	-4

1591. **825.1933 Aql** RR Lyrae-Stern; $13^{m}6$—$14^{m}1$.
$M = 242\ 7340.383 + 0^{d}63021 \cdot E$.
$M - m = 0^{d}19$, Typus RRb.

Max.	Gr.	E	$B-R$
242 7340.354	$13^{m}65$	0	$-0^{d}029$
7395.241	13.65	87	$+0.030$
7412.224	13.6	114	-0.003
7604.469	13.65	419	$+0.028$
7621.438	13.55	446	-0.018
7633.443	13.55	465	$+0.013$
8121.244	13.65	1239	$+0.031$
8395.404	13.65	1674	$+0.050$

Max.	Gr.	*E*	*B–R*
8756.486	$13^m_.65$	2247	$+0^d_.021$
9102.468	13.5	2796	+0.018
9107.498	13.5	2804	+0.006
9162.336	13.5	2891	+0.016
9816.468	13.6	3929	−0.010
243 0280.293	13.65	4665	−0.019

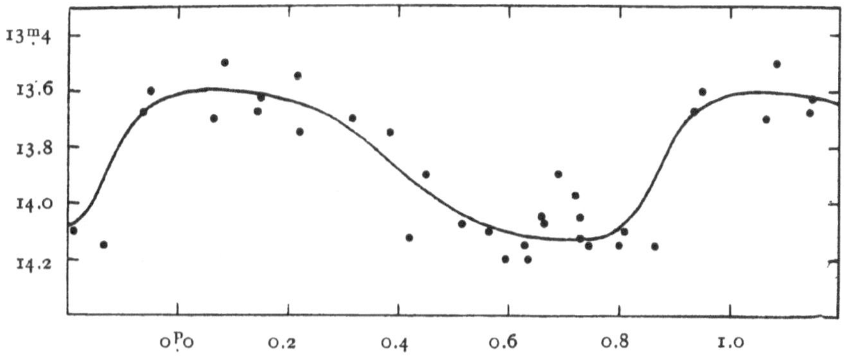

825.1933 Aquilae

1592. **487.1936 Aql** Halbregelmäßig; $13^m_.0$—$14^m_.0$.

Der Veränderliche zeigt von Beginn der Beobachtungsreihe (242 6900) bis 8100 kurze Wellen mit einer Periode von $56^d_.6$. Später sind die Wellen erheblich länger und unperiodisch und bis zu Stillständen abgeflacht. Elemente für 242 6900 bis 8100:

$$M = 242\,6979 + 56^d_.6 \cdot E.$$

Max.	Gr.	*E*	*B–R*	Max.	Gr.	*E*	*B–R*
242 6974	$13^m_.2$	0	-5^d	242 7664	$13^m_.1$	12	$+6^d$
7318	13.3	6	−1	7720:	13.0	13	+5
7378	13.1	7	+3	8050	13.1	19	−4
7600	13.1	11	−2				

1593. **488.1936 Aql** RW Aurigae-ähnlich; $13^m_.0$—$13^m_.6$.

Der Stern zeigt meist ganz geringe, langsame Schwankungen um eine mittlere Größe von $13^m_.2$, die einige Male von 0^m3 bis $0^m_.5$ tiefen Minima von kurzer Dauer — 8^d bis 15^d — unterbrochen werden. Vereinzelt kommen auch flache Maxima bis $13^m_.0$ vor. Auf den mit dem 40 cm-Astrographen aufgenommenen Reihenplatten streuen die Beobachtungen regellos zwischen $13^m_.35$ und $13^m_.65$. Der Stern ist etwas tiefer gefärbt als die Vergleichsterne. Trotz der geringen Amplitude sprechen außer der Verteilung der Beobachtungen auf die verschiedenen Helligkeiten auch die völlige Regellosigkeit der teilweise raschen Lichtänderungen und die Farbe für RW Aurigae-Charakter.

1594. **826.1933 Aql** μ Cephei-Stern; $13^m_.1$—$14^m_.1$.

Der rötliche Veränderliche (Farbzahl $+0^m_.5$) zeigt einen völlig unregelmäßigen, meist sehr trägen Lichtwechsel von wenigen Zehnteln einer

Größenklasse. Nur zweimal wurde ein einigermaßen ausgeprägter Aufstieg (0^m6 in etwa 50^d) beobachtet.

1595. **489.1936 Aql** Mirastern; 13^m2—[16^m5.

M=242 7420+$285^d \cdot E$.

Max.	Gr.	E	$B-R$	Max.	Gr.	E	$B-R$
242 7420:	14^m2	0	0^d	242 9118	13^m2	6	-12^d
7706	13.6	1	+1	243 0280	14.4	10	+10
7990:	13.7	2	0				

1596. **827.1933 Aql** Z Aquarii-Stern; 13^m9—15^m5.

M=242 6989+$174^d5 \cdot E$.

$M-m$=75^d5, $M-m/P$=0.43.

Max.	Gr.	E	$B-R$	Max.	Gr.	E	$B-R$
242 6984	14^m3	0	-5^d	242 8389	13^m9	8	$+4^d$
7360	14.4	2	+22	8740:	14 4	10	+6
7670	14.0	4	−17	9080:	14.3	12	−3
8030	14.0	6	−6				

1597. **828.1933 Aql** Halbregelmäßig; 13^m3—15^m3.

Der Stern ist nur wenig tiefer gefärbt als die Vergleichsterne (Farbzahl $+0^m1$). Er zeigt ausgeprägte Maxima in einem mittleren Abstand von 370^d, doch macht die Form der Lichtkurve eine Halbierung dieser Periode auf 185^d wahrscheinlich. Die Abweichungen sind aber so groß, und der Kurvenverlauf ist so unregelmäßig, daß der Veränderliche zu den Halbregelmäßigen gezählt werden muß.

1598. **490.1936 Aql** μ Cephei-Stern; 10^m7—12^m1.

Der Lichtwechsel des rötlichen Sterns (Farbzahl $+0^m3$) zeigt in den Sommermonaten 1933 und 1934 lange Wellen (>150^d) mit einer Amplitude von 1^m0 und gut ausgeprägten Maxima. Sonst waren die Wellen flacher, in den Jahren 1936, 1937 und 1939 blieb die Helligkeit konstant 11^m0.

1599. **491.1936 Aql** Mirastern; 14^m5—[16^m5.

M=242 7393+$161^d \cdot E$.

Max.	Gr.	E	$B-R$	Max.	Gr.	E	$B-R$
242 7393	14^m5	0	0	242 9481	15^m5	13	-5^d
8034	15.0	4	−3	9810	14.9	15	+2
9170	14.7	11	+6	243 0292	14.7	18	+1

1600. **829.1933 Aql** Mirastern; 13^m0—16^m0.

M=242 6963+$291^d \cdot E$.

$M-m$=185^d, $M-m/P$=0.64, Lichtkurve β_3.

Max.	Gr.	E	$B-R$	Min	Gr.	E	$B-R$
242 6963	14^m0	0	0^d	242 7340	15^m5	2	-20^d
7545	13.0	2	0	7653	15.3	3	+ 2
9582	14.2	9	0	9125	15.9	8	+19
9874	13.6	10	+1				

1601. **830.1933 Aql** RR Lyrae-Stern; $14^m.5$—$15^m.0$.

$M=2430937.495+0^d.258 \cdot E$.

$M-m=0^d.116$, Typus RRc.

Der Stern steht dicht bei δ Aql. Elemente und mittlere Lichtkurve nur aus den Reihenaufnahmen des 40 cm-Astrographen.

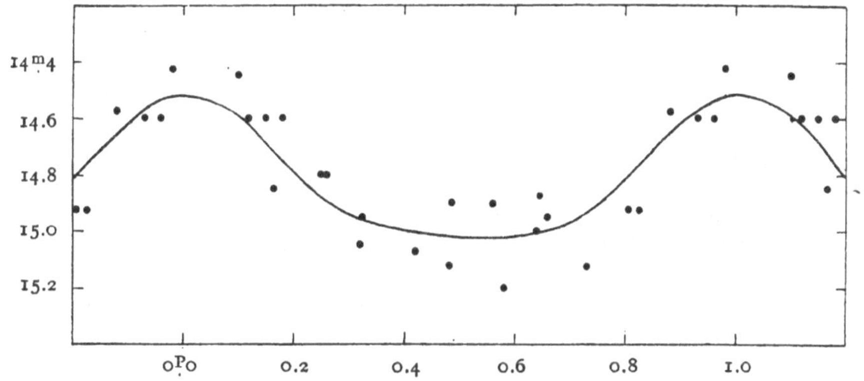

830.1933 Aquilae

1602. **831.1933 Aql** Mirastern; $13^m.2$—$15^m.4$.

$M=242\,7338+165^d \cdot E$.

$M-m=86^d$

*M*ax.	Gr.	*E*	*B–R*	Min.	Gr.	*E*	*B–R*
242 7338	$13^m.4$	0	0^d	242 8079	$14^m.7$	5	$+2^d$
7664	13.4	2	+4	9075:	14.5	11	+8
8004	13.4	4	+6	9888	15.4	16	−4
9152	13.2	11	−1	243 0216	14.9	18	−6
9482	13.4	13	−1				

1603. **832.1933 Aql** μ Cephei-Stern; $14^m.7$—$15^m.9$.

Der Veränderliche ist rötlich (Farbzahl $+0^m.4$), der Lichtwechsel verläuft in langsamen, sehr flachen Wellen von mehr als 150^d Dauer. Dazwischen kommen Stillstände vor.

1604. **492.1936 Aql** μ Cephei-Stern; $14^m.9$—$15^m.8$.

Neben Stillständen und äußerst langsamen, stetigen Helligkeitsänderungen kommen auch mittellange bis kurze (150^d bis 50^d) Wellen von verschiedener Amplitude vor ($0^m.4$ bis $0^m.9$).

1605. **833.1933 Aql** Mirastern; $12^m.7$—[$16^m.5$.

$M=242\,7330+305^d \cdot E$.

Max.	Gr.	*E*	*B–R*	Max.	Gr.	*E*	*B–R*
242 7015:	$12^m.7$	−1	-10^d:[1])	242 9160	$13^m.7$	6	0^d
7331	14.4	0	+ 1	9465	14.3	7	0
7634	14.8	1	− 1				

[1]) Nur Aufstieg bis 7003 beobachtet.

1606. **834.1933 Aql** Mirastern; $12^m\!.7$—[$16^m\!.5$.

M=242 6900+350^d · E.

Maxima 242 6900, 7250 und 7600. Elemente genähert, da der Stern nur in 3 Erscheinungen und stets nur im absteigenden Ast beobachtet worden ist.

1607. **835.1933 Aql** RR Lyrae-Stern; $13^m\!.0$—$14^m\!.3$.

M=242 6928.398+$0^d\!.4064188$ · E.

$M-m$=$0^d\!.061$, Typus RRa.

Max.	E	$B-R$	Max.	E	$B-R$
242 6928.422	0	+$0^d\!.024$	242 8367.520	3541	−$0^d\!.007$
7312.472	945	+0.008	8756.486	4498	+0.016
7332.355	994	−0.023	9110.430	5369	−0.030
7688.360	1870	−0.041	9462.436	6235	+0.017
7996.519	2628	+0.053	243 0176.471	7992	−0.026
8121.244	2935	+0.007	0932.440	9852	+0.004

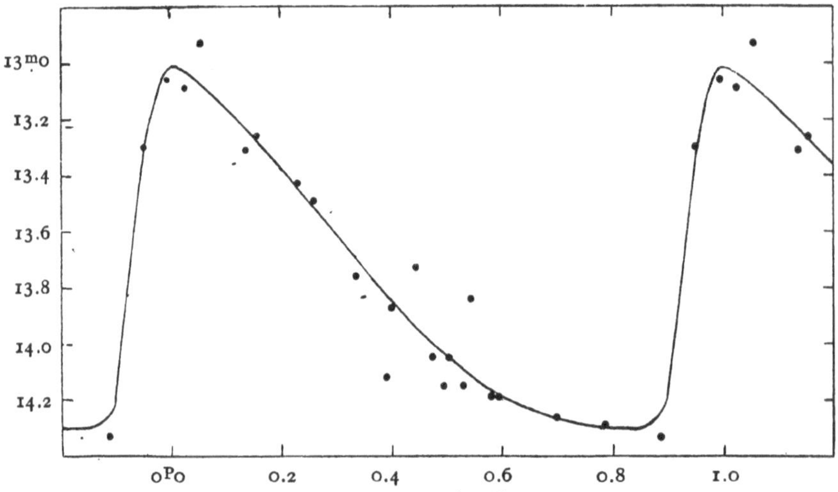

835.1933 Aquilae

1608. **836.1933 Aql** RW Aurigae-ähnlich; $13^m\!.9$—$15^m\!.1$.

Dieser anscheinend gelbliche Stern zeigt einen völlig regellosen Lichtwechsel. Es kommen Wellen von etwa 60^d Dauer und $0^m\!.6$ bis $0^m\!.7$ Amplitude, langsame, stetige Änderungen (z. B. Anstieg 29050 bis 29160 von $15^m\!.0$ bis $14^m\!.0$) und Stillstände (beobachtet bis zu 100^d Dauer) vor. Daneben treten aber Sprünge von $0^m\!.5$ auf, die sich von einer Nacht bis zur nächsten vollziehen können. Vereinzelt wurden auch kurze, spitze Maxima von etwa $0^m\!.5$ Amplitude beobachtet. Diese raschen Lichtänderungen treten besonders 1933 und 1934 auf, sind abgeschwächt 1935 und vielleicht noch 1937 zu bemerken und fehlen in den übrigen Jahren.

1609. **493.1936 Aql** RR Lyrae-Stern; $14^m\!.3$—$15^m\!.5$.

M=242 7395.246+$0^d\!.5855120$ · E.

$M-m$=$0^d\!.152$, Typus RRb.

Max.	Gr.	E	B-R
242 7395.241	14^m6	0	-0^d005
7412.224	14.55	29	-0.002
7636.508	14.5	412	+0.031
7656.411	14.4	446	+0.027
8429.340	14.55	1766	+0.080
8480.244	14.5	1853	+0.044
8752.453	14.55	2318	-0.010
9162.336	14.5	3018	+0.015
243 0933.500	14.3	6043	+0.005
1672.406	14.3	7305	-0.005

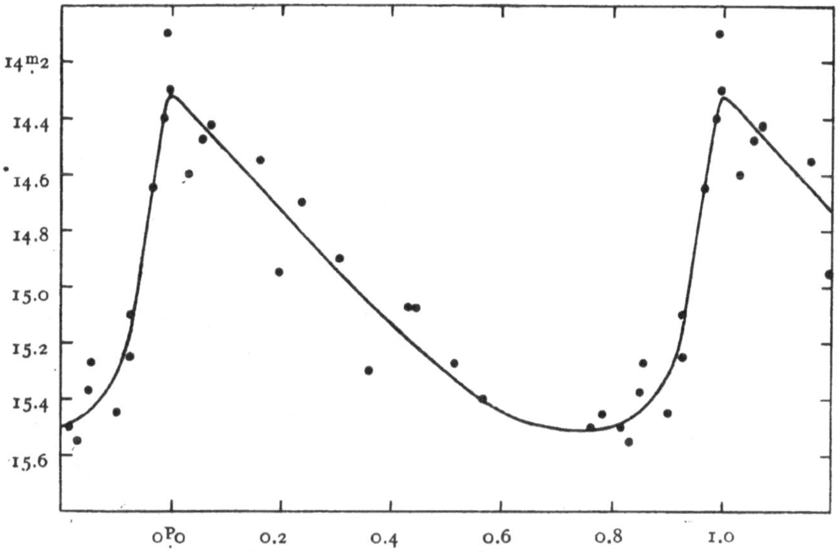

493.1936 Aquilae

1610. **494.1936 Aql** μ Cephei-Stern; 14^m1—15^m6.
Der Lichtwechsel des rötlichen Sterns (Farbzahl $+0^m3$) ist stark wechselnd. Zuzeiten treten kräftige Wellen von anscheinend mehr als 150^d Dauer mit Amplituden bis 1^m5 auf, wobei Änderungen von 1^m0 in 40^d bis 50^d vorkommen, zu anderen Zeiten erscheinen die Wellen kürzer und flacher; einmal wurde ein mehrmonatiger Stillstand beobachtet. Die Wellen sind unperiodisch.

1611. **495.1936 Aql** μ Cephei-Stern; 13^m2—14^m2.
Der rötliche Stern (Farbzahl $+0^m3$) zeigt Wellen von sehr kleiner Amplitude (Maximum für die einzelne Welle 0^m6), die zwischen 242 7000 und 8000 durch die Elemente M=242 6990+$62^d \cdot E$ darstellbar sind, wogegen sie später länger ($\sim 100^d$) und sehr flach werden.

Max.	Gr.	E	B-R	Max.	Gr.	E	B-R
242 6992	13^m6	0	$+2^d$	242 7600	13^m2	10	-10^d
7296	13.8	5	-4	7682	13.4	11	+10
7360	13.9	6	-2	8050	13.7	17	+ 6

1612. **496.1936 Aql** RR Lyrae-Stern; $12^{m}55$—$13^{m}1$.
$M = 243\,0930.42 + 0^{d}398 \cdot E$.
$M - m = 0^{d}16$, Typus RRc.

Die Elemente sind nur aus den Reihenbeobachtungen des 40 cm-Astrographen abgeleitet.

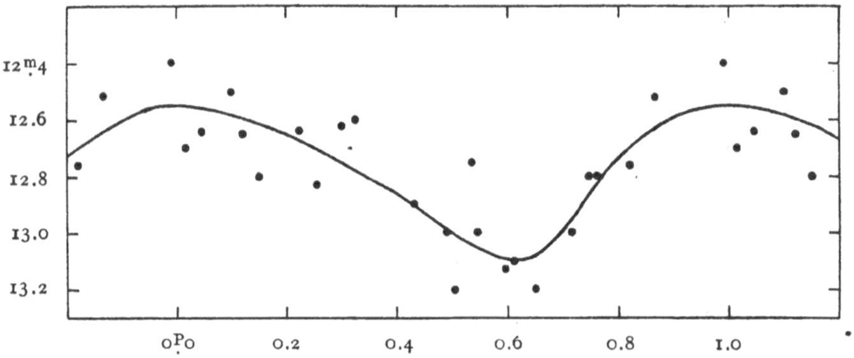

496.1936 Aquilae

1613. **837.1933 Aql** Algol-ähnlich; $14^{m}7$—$16^{m}4$.

Von diesem Stern sind 7 tiefe Minima beobachtet worden, die sich durch vier verschiedene Perioden darstellen lassen, davon durch II und IV recht gut. Sämtliche Perioden finden aber Widerspruch durch Beobachtungen, die auf gerechnete Minima fallen und den Stern hell zeigen. Auffallend und ein prinzipielles Hindernis für die Anwendbarkeit aller aus den angeführten Minima abgeleiteten Elemente ist die Tatsache, daß auf 242 7279.49 (=7332.36−$52^{d}87$) eine gesicherte helle Beobachtung fällt. Die Differenz $52^{d}9$ kommt aber zweimal als erste und das Doppelte davon ($105^{d}8$) einmal als zweite Differenz vor. An diesem Hindernis scheitern auch zwei weitere Perioden: $6^{d}6133$ ($52^{d}91$: 8) und $7^{d}5412$ ($52^{d}91$: 7), die bei Nichtberücksichtigung der beiden letzten Minima eine gute Darstellung der ersten fünf geben. Dabei kommt der Wert $6^{d}61$ ebenfalls als zweite Differenz vor ($376^{d}99 - 7 \cdot 52^{d}91$ und $271^{d}11 - 5 : 52^{d}91 = 6^{d}5$ bzw. $6^{d}6$). Alle angegebenen Perioden scheitern aber auch noch an mindestens einer anderen Stelle.

Eigenartig ist auch die Verteilung der Minima: Die ersten fünf drängen sich auf einen Zeitraum von etwa 750^{d} zusammen, während 45 weitere Platten, die sich über 3000^{d} verteilen, kein einziges Minimum zeigen. Erst 9 Jahre nach den ersten fünf treten wieder zwei Minima dicht hintereinander auf.

		$P = 5^{d}8898$ (I)		$P = 5^{d}30817$ (II)		$P = 4^{d}8375$ (III)	
Min.	Gr.	E	$B-R$	E	$B-R$	E	$B-R$
242 6955.37	[$16^{m}0$	0	$-0^{d}03$	0	$-0^{d}11$	0	$+0^{d}37$
7332.36	16.3	64	+0.01	71	0.00	78	+0.03
7385.30	16.05	73	−0.06	81	−0.14	89	−0.24
7656.41	15.65	119	+0.12	132	+0.25	145	−0.02
7709.29	16.4	128	0.00	142	+0.05	156	−0.36

		$P=5^{d}.8898$ (I)		$P=5^{d}.30817$ (II)		$P=4^{d}.8375$ (III)	
243 0931.30(.39)[1]	—	675	$+0^{d}.28$	749	$0^{d}.00$	822	$-0^{d}.04$
0936.61(.52)[1]	—	676	−0.29	750	0.00	823	+0.26

		$P=1^{d}.70571$ (IV)		$P=6^{d}.6133$ (V)		$P=7^{d}.5412$ (VI)	
Min.	Gr.	*E*	*B−R*	*E*	*B−R*	*E*	*B−R*
242 6955.37	$[16^{m}.0$	0	$-0^{d}.02$	0	$-0^{d}.01$	0	$+0^{d}.10$
7332.36	16.3	221	0.00	57	+0.01	50	+0.02
7385.30	16.05	252	+0.07	65	+0.05	57	+0.18
7656.41	15.65	411	−0.03	106	+0.01	93	−0.19
7709.29	16.4	442	−0.03	114	−0.01	100	−0.10
243 0931.30(.39)	—	2331	−0.01	—	—	—	—
0936.61(.52)	—	2334	0.00	—	—	—	—

1614. 838.1933 Aql Z Aquarii-Stern; $12^{m}.1-13^{m}.9$.
$M=242\ 6966+166^{d}\cdot E,\ M-m=86^{d}$.

Max.	Gr.	*E*	*B−R*	Max.	Gr.	*E*	*B−R*
242 6960	$12^{m}.7$	0	-6^{d}	242 9120	$13^{m}.1$	13	$+4^{d}$
7285	12.5	2	−13	9485	12.7	15	+29
7630	12.5	4	−0	Min.	Gr.	*E*	*B−R*
8015	12.1	6	+53	242 7355	13.9	3	−23
8425	12.6	9	−35	7680	13.3	5	−30
8770	13.1	11	−22	8080	13.6	7	−38
				8390	13.7	9	+16

Der Lichtwechsel dieses Langperiodischen zeigt erhebliche Unregelmäßigkeiten. Die Kurvenform ist stark veränderlich, und die Differenz zwischen beobachteten und berechneten Maxima erreicht 30% der Periodenlänge.

1615. 497.1936 Aql Unveränderlich; $15^{m}.9$.
Der Stern wurde als kurzperiodisch angezeigt. Die Streuung von $\pm 0^{m}.3$ scheint aber durch die Schwierigkeit der Beobachtung dieses schwachen Objekts bedingt. Auch die Reihenaufnahmen zeigen keine Andeutung einer Periodizität.

1616. 498.1936 Aql RV Tauri-Stern; $13^{m}.1-14^{m}.8$.
$m=242\ 6975+117^{d}.2\cdot E,\ M-m=28^{d}$.

Min.	Gr.	*E*	*B−R*	Min.	Gr.	*E*	*B−R*
242 6970	$14^{m}.0$	0 n	$-5^{d}.0$	242 9024	$14^{m}.0$	35 n	$-2^{d}.0$
7329	14.2	6 n	+2.4	9085	14.7	36 h	+0.4
7383	14.8	7 h	−2.2	9147	13.8	37 n	+3.8
7621	14.3	11 n	+1.4	9495	14.1	43 n	+0.2
7677	14.6	12 h	−1.2	9845	14.8	49 h	−1.4
8030	13.8	18 n	+0.2	9906	14.2	50 n	+1.0
8384	14.6	24 h	+2.6	243 0197	13.9	55 n	−1.0
8440	13.6	25 n	0.0	0258	14.0	56 n	+1.4

[1]) 2 bzw. 3 Reihenaufnahmen zeigen nur je einen Ast des Minimums. Die beiden eingeklammerten Werte geben die äußersten Möglichkeiten für die Annahme der Minimumzeit.

Die Epochen in der Tabelle der Minima sind mit der **halben** Periode gerechnet. Ein h bzw. ein n hinter der Epochenzahl bedeutet Haupt- bezw. Nebenminimum. Zwischen den Epochen 7 und 11 sowie 43 und 49 findet eine Vertauschung von Haupt- und Nebenminimum statt. Eine weitere Vertauschung scheint sich am Schluß der Reihe vorzubereiten, wo zwei Minima von der Tiefe der Nebenminima unmittelbar aufeinander folgen.

Die mittlere Helligkeit der Maxima beträgt 13^m25, die der Hauptminima 14^m7, die der Nebenminima 14^m0. Die Farbe ist gelb bis rötlich, Farbzahl $+0^m3$.

1617. **499.1936 Aql** μ Cephei-Stern; 15^m0—[16^m.

Der Stern ist zwischen 242 7000 und 8000 meist unsichtbar (hellste Erscheinung 15^m7), nach 8000 zeigt er lange ($>100^d$) und sehr flache Wellen zwischen 15^m0 und 16^m0. Eine Periodizität ist nicht zu erkennen.

1618. **500.1936 Aql** Mirastern; 13^m3—[16^m5.

$$M = 242\ 7004 + 199^d \cdot E.$$

Max.	Gr.	E	$B-R$	Max.	Gr.	E	$B-R$
242 7003	13^m5	0	-1^d	242 8396	13^m4	7	-1^d
7402	13.3	2	0	8794	13.3	9	−1
7604	13.8	3	+3	9790	13.9	14	0
7997	13.5	5	−2	243 0190	13.5	16	+2

1619. **839.1933 Aql** RR Lyrae-Stern; 13^m6—15^m4.

$$M = 242\ 6945.385 + 0^d5403242 \cdot E.$$

$M-m = 0^d189$, Typus RRb.

Max.	Gr.	E	$B-R$
242 6945.387	13^m90	0	$+0^d002$
7333.336	13.95	718	−0.002
7340.354	13.63	731	−0.008
7688.360	13.90	1375	+0.029
9024.558	13.76	3848	+0.005
9110.461	13.49	4007	−0.003
9162.336	13.90	4103	+0.001
243 0169.470	13.95	5967	−0.030*
0280.293	13.76	6172	+0.027
0933.520	13.4	7381	+0.002

1620. **840.1933 Aql** Halbregelmäßig; 13^m4—14^m8.

Die Maxima dieses Veränderlichen lassen sich von 1933 bis 1936 durch die Elemente

$$M = 242\ 7343 + 82^d \cdot E$$

darstellen. Später sind die Wellen länger und flacher mit unregelmäßigen Abständen zwischen den schlecht definierten Maxima. Der Stern ist nicht tiefer gefärbt als die Vergleichsterne.

Max.	Gr.	E	$B-R$	Max.	Gr.	E	$B-R$
242 7334	$13^{\mathrm{m}}9$	0	-9^{d}	242 8012	$14^{\mathrm{m}}0$	8	$+13^{\mathrm{d}}$
7417	13.4	1	− 8	8088	13.8	9	+ 7
7604	13.8	3	+15	8395	13.8	13	−14
7675	14.3	4	+ 4	8480	13.8	14	−11

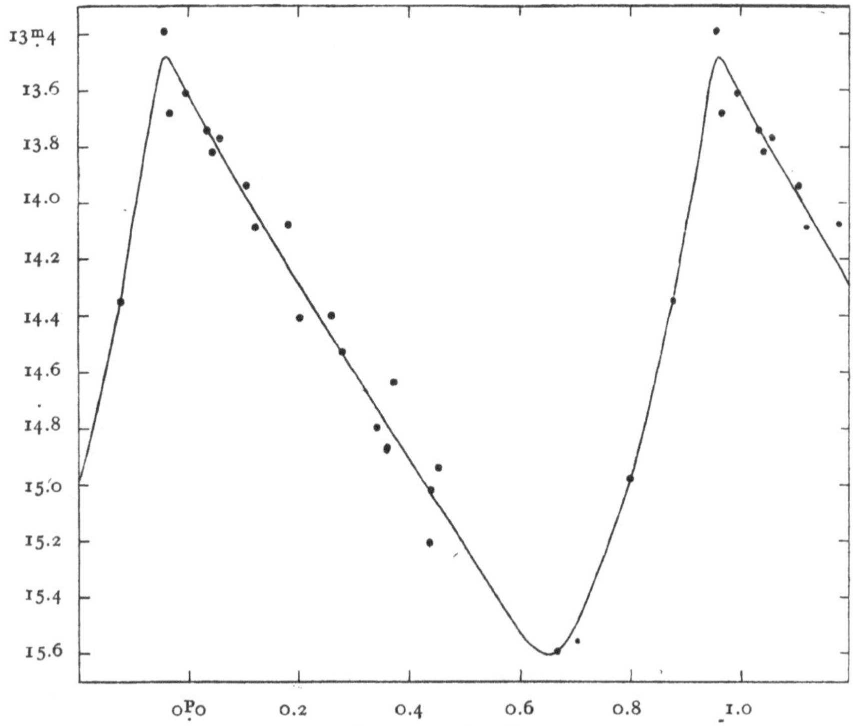

839.1933 Aquilae

1621. 841.1933 Aql μ Cephei-Stern; $14^{\mathrm{m}}3$—$15^{\mathrm{m}}1$.

Der Lichtwechsel ist unregelmäßig und meist sehr träge. Vielfach kommen Stillstände vor (bis zu mehr als 100^{d} beobachtet), die sich nach einem kurzen An- oder Abstieg von etwa $0^{\mathrm{m}}5$ auf dem neuen Niveau fortsetzen.

1622. 501.1936 Aql Mira-Stern; $13^{\mathrm{m}}4$—$16^{\mathrm{m}}0$.

$M = 242\,6988 + 197^{\mathrm{d}} \cdot E$,

$M-m = 82^{\mathrm{d}}$, $M-m/P = 0.42$. Lichtkurve α_4.

Max.	Gr.	E	$B-R$	Min.	Gr.	E	$B-R$
242 6980	$13^{\mathrm{m}}5$	0	-8^{d}	242 7320	$15^{\mathrm{m}}6$	2	$+20^{\mathrm{d}}$
7375	13.6	2	− 7	7678	15.7	4	−16
7590	13.5	3	+11	8079	16.0	6	− 9
8782	13.4	9	+21	8475	15.7	8	− 7
9136	13.8	11	−19	9090	15.9	11	+17
				9858:	15.6	15	− 3

Farbzahl $+0^{\mathrm{m}}6$.

1623. 502.1936 Aql μ Cephei-Stern; $14^m.0$—$15^m.6$.

Die Helligkeit des rötlichen Sterns (Farbzahl $+0^m3$) ändert sich in unperiodischen Wellen von sehr verschiedener Länge (60^d bis $>150^d$) und stark wechselnder Amplitude ($0^m.3$ bis $1^m.2$). Stillstände der Lichtänderungen wurden nicht beobachtet.

1624. 842.1933 Aql RR Lyrae-Stern; $12^m.5$—$13^m.7$.

$M = 242\,6928.432 + 0^d.515686 \cdot E$.

$M - m = 0^d.134$, Typus RRb.

Max.	Gr.	E	$B-R$
242 6928.422	$12^m.7$	0	$-0^d.010$
6931.488	12.8	6	−0.038
7604.469	12.45	1311	−0.027
7636.508	12.55	1373	+0.039
7682.363	12.4	1462	−0.002
8422.347	12.8	2897	−0.027
8752.453	12.8	3537	+0.040
9159.338	12.4	4326	+0.048
9492.451	12.4	4972	+0.028
243 0937.350	12.35	7774	−0.025

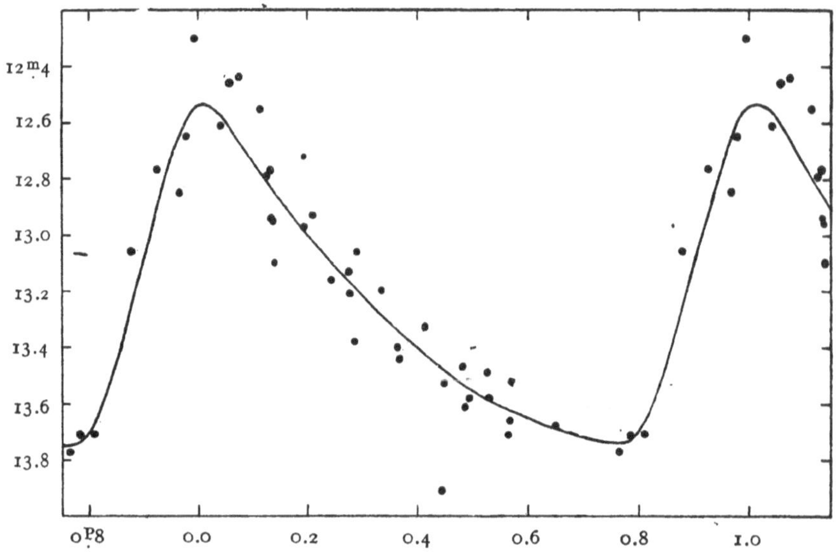

842.1933 Aquilae

1625. 503.1936 Aql μ Cephei-Stern; $14^m.1$—$15^m.1$.

Der Lichtwechsel des rötlichen Sterns (Farbzahl $+0^m3$) zeigt zeitweilig recht kurze Wellen (bis zu 40^d Dauer herab), zu anderen Zeiten verläuft er ruhiger (Wellen $>100^d$) oder setzt vorübergehend ganz aus. Die Amplituden der Einzelwellen sind durchweg klein ($\leq 0^m.5$).

1626. V 335 **Aql** Mirastern; 11^m6—[16^m.

M=2426996+353^d · E (176^d5).

Max.	Gr.	E	$B-R$
242 6997	13^m0	0	$+1^d$
7349	12.0	1	0
7700	11.7	2	−2
8055	11.9	3	0
8407	12.5	4	−1
8760	11.7	5	−1
9115	11.6	6	+1
9467	Mit den Elementen gerechnet, bestätigt durch sporadische Beobachtungen.		
9820			
243 0173			

Die in KE 1943 gegebene Periode ist zu kurz. Nach der Kurvenform ist die Halbierung der Periode wahrscheinlich.

1627. 843.1933 **Aql** Mirastern; 12^m5—[16^m.

M=242 7022+241^d3 · E.

Max.	Gr.	E	$B-R$	Max.	Gr.	E	$B-R$
242 7020:	12^m6:	0	-2^d	242 8467	12^m6	6	-3^d
7263	12.5	1	0	9440:	12.6:	10	+5
7717	12.5	3	−29	9913	12.6	12	−5
7992	12.5	4	+ 5	243 0157	12.5	13	−2

Maximum E 3 wurde bei der Ableitung der Elemente nicht berücksichtigt (nur Aufstieg beobachtet).

1628. 844.1933 **Aql** S Vulpeculae-Stern; 14^m9—16^m7:.

M=242 6917+96^d3 · E.

Max.	Gr.	E	$B-R$	Max.	Gr.	E	$B-R$
242 6910	15^m0	0	-7^d	242 7990	15^m0	11	$+14^d$
7298	14.9	4	− 4	8352:	15.0	15	−10
7415:	15.4	5	+16	8755	15.4	19	+ 8
7581	15.4	7	−10	9030	15.3	22	+ 4
7684	15.3	8	− 3	9125	15.0	23	− 7

Der Stern ist stark rötlich.

Feld γ Aquilae

E. Rohlfs

1629. 285.1943 **Aql** Unveränderlich; 16^m0.

Über den Lichtwechsel dieses am Rande der Platten des 40 cm-Astrographen stehenden Sterns lassen sich infolge dieser Randstellung und der Lichtschwäche keine anderen Aussagen machen, als daß die Helligkeit mit einer Amplitude $<0^m3$ um die 16. Größe schwankt.

1630. 286.1943 Aql RR Lyrae-Stern; $14^{m}.9$—$15^{m}.9$.
M=242 9163.316+$0^{d}.347$ 280 · E.
$M-m$=$0^{d}.087$ Typus RRb.

Max.	Gr.	E	$B-R$
242 9163.316	$15^{m}04$	0	$0^{d}000$
9195.276	15.17	92	+0.010
9488.391	15.11	936	+0.021
9491.483	15.21	945	-0.013
9496.383	15.06:	959	+0.026
243 0147.494	14.90	2834	-0.014
0260.328	14.78	3159	-0.046
0496.510	15.17	3839	-0.014
0900.461	15.07	5002	+0.050
0976.473	14.66	5221	+0.008
0998.331	14.78	5284	-0.012
1322.379	14.90	6217	+0.023
1323.377	14.68	6220	-0.021
1371.304	14.98	6358	-0.018

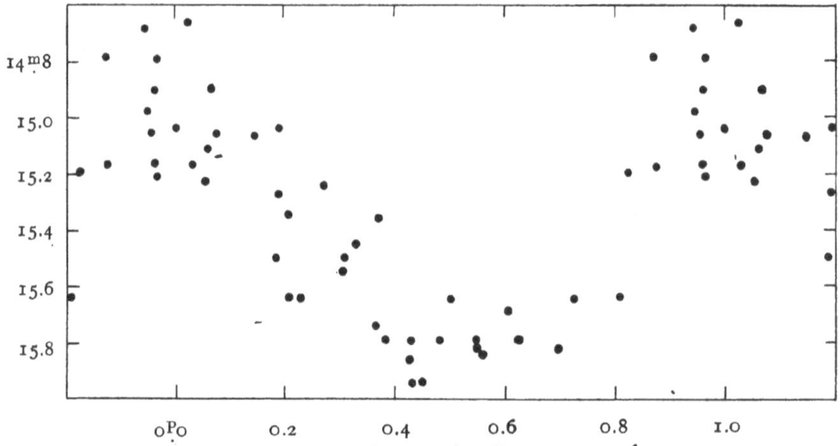

286.1943 Aquilae

1631. 287.1943 Aql Algol-Stern; $14^{m}.25$—$15^{m}.3$.
m=242 9163.246+$5^{d}.42883$ · E.
D=$9^{h}.1$ d=$0^{h}.0$.

Min.	Gr.	E	$B-R$
242 9163.316	$14^{m}72$	0	$+0^{d}070$
9961.227	14.81	147	-0.057
243 0900.461	14.83	320	-0.011
0976.473	15.31	334	-0.002

1632. 288.1943 Aql Algol-Stern? $15^{m}.5$—[$16^{m}.2$.

Dieser Stern zeigt nur auf der Entdeckungsplatte eine Schwächung ([$16^{m}.2$). Auf allen anderen Platten ist seine Helligkeit $15^{m}.5$.

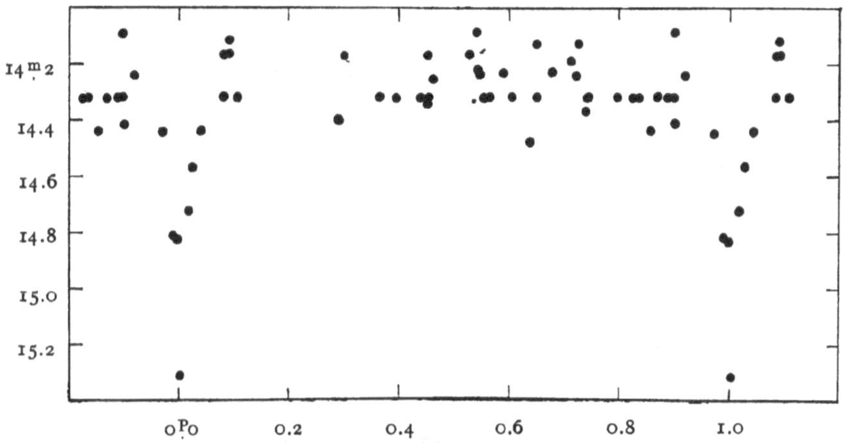

287.1943 Aquilae

1633. 56.1940 Aql μ Cephei-Stern; 14^{m}4—15^{m}2.

Dieser sehr rote Stern (er ist auf Triplet-Platten [Kranz Ultra] 0^{m}7—1^{m}0 heller als auf Blauplatten) ändert seine Helligkeit in völlig regelloser Weise. Stillstände über längere Zeit hinweg wurden nicht beobachtet.

1634. V 448 Aql Z Aquarii-Stern? 15^{m}5—[16^{m}4.

Dieser Stern, der nach Ross eine Entdeckungshelligkeit von 13^m hatte, kommt auf den zur Verfügung stehenden Platten nicht über 15^{m}5. Wegen seiner Lichtschwäche und randnahen Stellung war es nicht möglich, mit dem vorhandenen Material eine Periode zu bestimmen, doch lassen die vorliegenden Beobachtungen einen Lichtwechsel mit einer Periode von 110 als wahrscheinlicher erscheinen als unregelmäßige Veränderlichkeit.

1635. 289.1943 Aql Z Aquarii-Stern; 15^{m}3—[16^{m}3.

Infolge der geringen Zahl der Beobachtungen — der Stern gehört dem erweiterten Felderplan an und ist auf Triplet-Platten nicht beobachtbar — ist eine genaue Angabe der Elemente nicht möglich. Doch stellt die Formel M=243 1020+150^d · E die Beobachtungen widerspruchsfrei dar.

1636. 57.1940 Aql Mira-Stern; 14^{m}6—[16^{m}3.

M=242 8025+207^d · E.

Max.	Gr.	E	$B-R$	Max.	Gr.	E	$B-R$
242 8025	—	0	0^d	243 0090	—	10	−5
8435	14^{m}6	2	− 4	0515	14^{m}6	12	+6
9060	14.9	5	0	0920	—	14	−3
9485	—	7	+11	1335	15.0	16	−2
9885	14.7	9	− 3				

Weitere Einzelbeobachtungen bestätigen die angegebenen Elemente.

1637. **58.1940 Aql** Langperiodisch; 15^m3—[16^m2.

$M = 242\,8046 + 364^d \cdot E$.

Die angegebene Maximalhelligkeit beruht auf nur einer Beobachtung (Entdeckungsplatte), sonst kommt der Stern auch im Maximum nur wenig über 16^m, weshalb eine sichere Bestimmung der Elemente nicht möglich war. Einer Halbierung der angegebenen Periode widersprechen die Beobachtungen nicht.

1638. **V 449 Aql** μ Cephei-Stern; 14^m3—15^m6.

Der Lichtwechsel verläuft völlig unregelmäßig, teils in kürzeren, teils in längeren Wellen. Von 242 9020—242 9165 zeigt der Stern ziemlich unveränderlich die Helligkeit 14^m6.

1639. **290.1943 Aql** Algol-Stern? 14^m1—15^m0.

$m = 242\,8332.448 + 1^d.69058 \cdot E$.

$D = 4^h.1 \quad d = 1^h.6$.

Min.	Gr.	*E*	*B–R*
242 8332.448	15^m05	0	0^d000
8337.471	14.94	3	−0.049
9108.413	14.73	459	−0.011
9546.281	15.05	718	−0.003
0545.447	14.87	1309	+0.030
0883.474	15.05	1509	−0.059
243 0900.461	14.77	1519	+0.022
1321.379	14.66	1768	−0.014

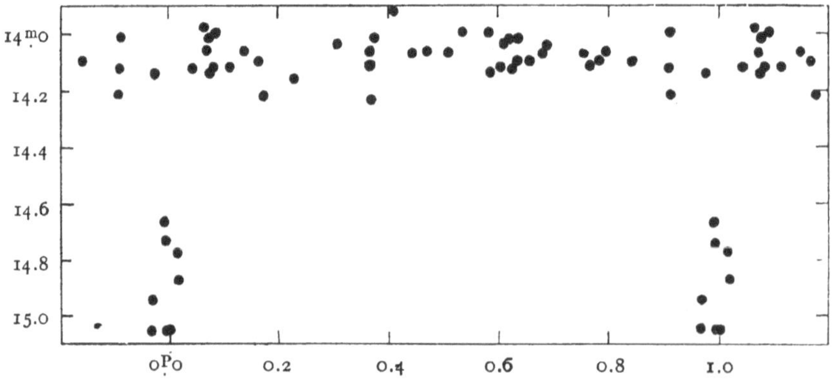

290.1943 Aquilae

Die angegebenen Elemente stellen die Beobachtungen nicht widerspruchsfrei dar; und zwar ist der Stern 243 0976.473 (Phase: 0.975) im Normallicht, während er 0883.474 (Phase: 0.965) die geringste beobachtete Helligkeit (15^m05) zeigt. Das Bild des Sterns ist auf den beiden betreffenden Platten völlig einwandfrei.

Doch liefert die angegebene Periode von allen Perioden, die mit den zur Verfügung stehenden Differenzen in Einklang zu bringen sind, die weitaus beste

Darstellung. Eine Prüfung, ob der Stern eventuell Algol-ähnlich ist, wäre wünschenswert.

1640. **291.1943 Aql** Mira-Stern; $14^m_.5$—[$16^m_.2$.
M=242 9990+$310^d \cdot E$.

Der Stern läßt sich von 242 9990—243 1230 (Ende der Beobachtungszeit) mit einer Periode von 310^d darstellen und erreicht im Maximum $14^m_.5$. Vor 242 9990 sind auf dem zur Verfügung stehenden Plattenmaterial keine Helligkeiten [$15^m_.9$ gesichert. Gilt die Periode von 310^d auch für die Zeit von 242 8000—242 9990, so müssen die Maxima E= −4, −3, −2 schwächer als 16^m gewesen sein.

Max.	Gr.	E	$B-R$
242 9990	—	0	0^d
243 0300	—	1	0
0600	$14^m_.5$	2	−10
1235	14.7	4	+ 5

1641. **292.1943 Aql** Mira-Stern; $15^m_.2$—[$17^m_.0$.
M=242 9070+$386^d \cdot E$.

Max.	Gr.	E	$B-R$
242 9070	$15^m_.2$	0	0^d
9460	15.2	1	+ 4
243 0260	15.6	3	+32
1000	15.2	5	0

Dieser Stern des erweiterten Felderplanes ist meist schwächer als $16^m_.2$ und wegen eines dicht folgenden Nachbarsterns schwierig zu schätzen, so daß für die Lichtkurve lediglich die Platten des 40 cm-Astrographen zur Verfügung standen, die nur 4 Zeiten einer Erhellung zeigen, wodurch die angegebenen Elemente etwas unsicher bleiben. Eine Halbierung der Periode ist möglich.

1642. **293.1943 Aql** Mira-Stern; $13^m_.9$—[$16^m_.3$.
M=242 9195+$354^d \cdot E$.

Max.	Gr.	E	$B-R$
242 9195	$14^m_.6$	0	0^d
243 0260	13.9	3	+3
0960	15.1	5	−5
1320	14.3	6	+1

Form und Höhe der Maxima weichen stark voneinander ab. Die Erhellung bis zu $13^m_.9$ beim Maximum E=3 ist durch 3 Beobachtungen gesichert. Eine Halbierung der Periode ist unwahrscheinlich.

1643. **143.1943 Aql** Mira-Stern; $14^m_.0$—[$16^m_.2$.
M=242 8830+$300^d \cdot E$.

Max.	Gr.	E	$B-R$
242 8825	—	0	-5^d
9120	$14^m_.5$	1	−10

Max.	Gr.	E	$B-R$
242 9435	$14^m_.0$	2	$+ 5^d$
243 0935	14.2	7	+ 5
1225	14.3	8	− 5

Weitere vereinzelte Beobachtungen bestätigen die Elemente.

1644. **59.1940 Aql** Z Aquarii-Stern; $12^m_.3$—$13^m_.4$.
M=242 9561+147^d · E.

Max.	Gr.	E	$B-R$
242 9560	$12^m_.3$	0	$- 1^d$
9860	12.2	2	+ 5
243 0160	12.6	4	+11
0455	12.6	6	+12
0585	12.4	7	− 5
0875	12.3	9	− 9
1025	12.6	10	− 6
1315	12.3	12	−10

Die oben angegebene Formel ist erst ab 242 9560 anwendbar. Die Beobachtungen in der Zeit von 8000—9500 zeigen völlig regellosen Lichtwechsel: zwei Stillstände von mehr als 120^d bei $13^m_.2$ und einen rascheren Anstieg $0^m_.6$ in 3^d.

1645. **60.1940 Aql** Mira-Stern; $13^m_.3$—[$16^m_.0$.
M=242 8785+287^d · E.

Max.	Gr.	E	$B-R$
242 8785	$13^m_.3$	0	0^d
9075	13.7	1	+3
9930	13.3	4	−3
243 0225	13.3	5	+5
0500	13.9	6	−7
1370	13.5	9	+2

1646. **61.1940 Aql** Langperiodisch; $15^m_.1$—[$16^m_.2$.
M=242 8055+253^d · E.

Max.	Gr.	E	$B-R$
242 8065	—	0	$+10^d$
8310	$15^m_.1$	1	+ 2
9065	15.1	4	− 2
243 0085	15.2	8	+ 6
0565	—	10	−20
1350	—	13	+ 6

1647. **62.1940 Aql** RW Aurigae-Stern; $12^m_.3$—$13^m_.9$.
Stillstände sind nicht beobachtet. Die Helligkeit des Sterns schwankt mit Sprüngen, die innerhalb weniger Tage mehr als eine halbe Größenklasse ausmachen, um eine Mittellage, die am Anfang der Beobachtungsreihe (242 8000 bis 9000) bei $12^m_.7$ liegt, von 29000—30700 bei $13^m_.0$ und am Ende der Reihe 30700—31300 bei $13^m_.3$.

1648. 63.1940 Aql Mira-Stern; $12^m\!.6$—[$16^m\!.2$.
M=242 8826+286^d · E.

Max.	Gr.	E	$B-R$
242 8825	$13^m\!.1$	0	−1
9115	12.6	1	+3
9395	—	2	−3
9965	12.6	4	−5
243 0260	12.9	5	+4
0540	12.9	6	−2
0820	12.8	7	−8

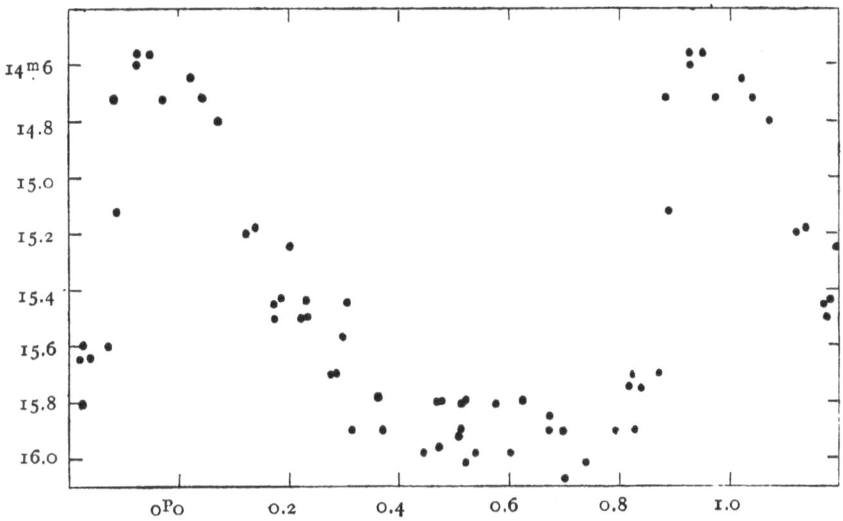

64.1940 Aquilae

1649. 64.1940 Aql RR Lyrae-Stern; $14^m\!.6$—$15^m\!.9$.
M=242 8423.310+0$^d\!.$425 692 · E.
$M-m$=0$^d\!.$085, Typus RRa.

Max.	Gr.	E	$B-R$
242 8423.343	$14^m\!57$	0	+0$^d\!.$033
8746.422	14.60	759	+0.012
9023.556	14.72	1410	+0.020
9488.391	14.60	2502	0.000
9546.281	14.60	2638	−0.004
243 0088.599	14.72	3912	−0.018
0499.492	14.72:	4877	+0.082
0545.447	14.80	4985	+0.062
0900.461	14.72	5819	+0.049
0909.469	14.76	5840	+0.118
0969.428	14.60	5981	+0.054
0998.331	14.57	6049	+0.010
1229.510	14.60	6592	+0.038

Max.	Gr.	E	B-R
243 1292.468	$14^m.72$	6740	$-0^d.006$
1321.421	14.56	6808	0.000
1321.463	14.65	6808	+0.042
1327.409	14.72	6822	+0.028

1650. 65.1940 Aql Mira-Stern; $13^m.8$—[$16^m.2$.

$M=242\,8070+142^d \cdot E.$

Max.	Gr.	E	B-R	Max.	Gr.	E	B-R
242 8070	$14^m.0$	0	0^d	242 9915	—	13	-1^d
8355	—	2	+1	243 0200	$13^m.8$	15	0
8780	13.8	5	0	0485	14.0	17	+1
9065	—	7	+1	0910	14.1	20	0
9490	14.1	10	0	1335	—	23	-1
9775	—	12	+1				

1651. 66.1940 Aql μ Cephei-Stern; $13^m.5$—$14^m.5$.

Dieser Stern zeigt meist Wellen von 30—70^d Dauer und $0^m.5$—$1^m.0$ Amplitude. Von 242 9020—9180 beträgt die Helligkeit unveränderlich $14^m.2$.

1652. 67.1940 Aql Mira-Stern; $14^m.2$—[$16^m.2$.

$M=242\,8405+154^d \cdot E.$

Max.	Gr.	E	B-R	Max.	Gr.	E	B-R
242 8405	$14^m.4$	0	0^d	242 9785	$14^m.5$	9	-6^d
8715	—	2	+2	243 0260	14.2	12	+7
9020	14.2	4	-1	0570	14.4	14	+9
9175	—	5	0	1025	14.4	17	+2
9490	14.4	7	+7	1330	14.7	19	-1

1653. 294.1943 Aql RR Lyrae-Stern; $14^m.8$—$16^m.1$.

$M=242\,9483.400+0^d.368012 \cdot E.$

$M-m=0^d.064$, Typus RRa.

Max.	Gr.	E	B-R
242 9483.390	$14^m.87$	0	$-0^d.010$
9491.483	15.09	22	-0.013
243 0177.490	15.14	1886	+0.019
0260.328	14.96	2111	+0.055
0545.447	14.77	2886	-0.036
0965.370	15.20	4027	-0.014
1239.512	14.98	4772	-0.041
1322.379	15.22	4997	+0.023
1322.421	15.47	4997	+0.065
1323.470	14.87	5000	+0.010

1654. 144.1943 Aql Algol-Stern; $14^m.3$—$16^m.0$.

$m=242\,8045.337+3^d.22203 \cdot E.$

$D=7^h.2 \quad d=0^h.0.$

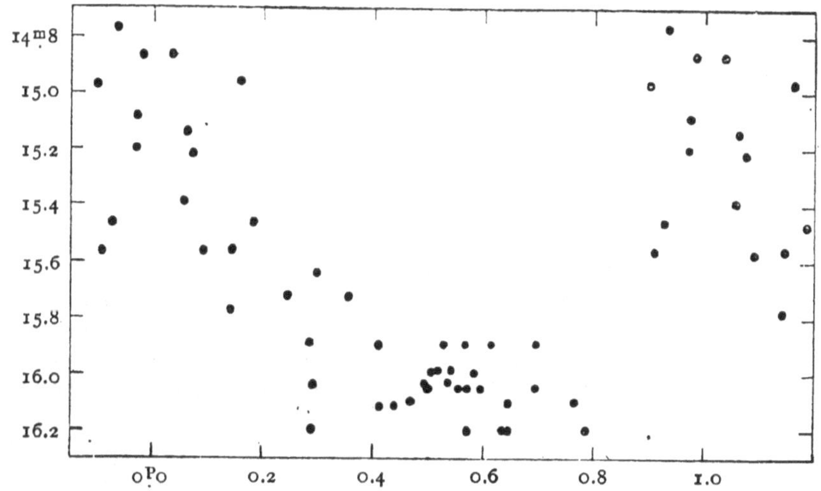

294.1943 Aquilae

Min.	Gr.	E	$B-R$
242 8045.367	$15^m.82$	0	$+0^d.030$
8364.439	[14.95	99	+0.121
8367.439	15.04	100	−0.101
9163.316	15.05	347	−0.065
9424.456	15.82	428	+0.090
9453.429	16.02	437	+0.065
9456.466	15.25	438	−0.120
9788.462	[15.40	541	+0.007
9817.477	15.70:	550	+0.023

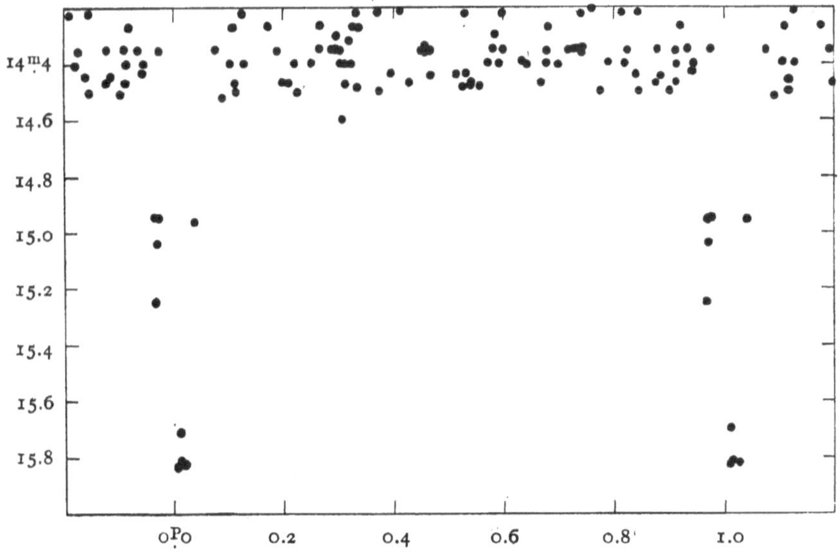

144.1943 Aquilae

Min.	Gr.	E	$B-R$
243 0445.623	14^m95:	745	-0^d126
0819.597	[15.40	861	+0.092
1238.495	14.95	991	+0.126
1325.400	15.82:	1018	+0.036

1655. **V 451 Aql** Unregelmäßig; 14^m6—[16^m3.

Zwischen den beobachteten Maxima liegen Intervalle von 270, 420, 270, 175, 255, 450, 675, 245, 210 und 270^d. Die Dauer des Anstiegs um 1^m liegt zwischen 25^d und 75^d. Gegen Mira-, μ Cephei- und Z Aquarii-Typus spricht die Tatsache, daß der Stern auf einigen Blauplatten ungefähr 0^m5 heller ist als auf Kranzplatten zur nahezu gleichen Zeit, während im allgemeinen die Helligkeiten auf beiden Plattensorten gleich sind und sonst nichts für rasche Helligkeitsänderungen spricht.

1656. **68.1940 Aql** Algol-Stern; 13^m5—14^m9.

$m = 242\,9163.326 + 1^d155125 \cdot E$.

$D = 2^h1 \quad d = 0^h0$.

Min.	Gr.	E	$B-R$
242 9163.316	14^m87	0	-0^d010
9492.513	14.71	285	−0.024
243 0088.599	14.76	801	+0.018
0147.494	14.91	852	+0.001
0199.445	14.76	897	−0.028
0608.364	14.76	1251	−0.023
0958.379	14.76	1554	−0.011

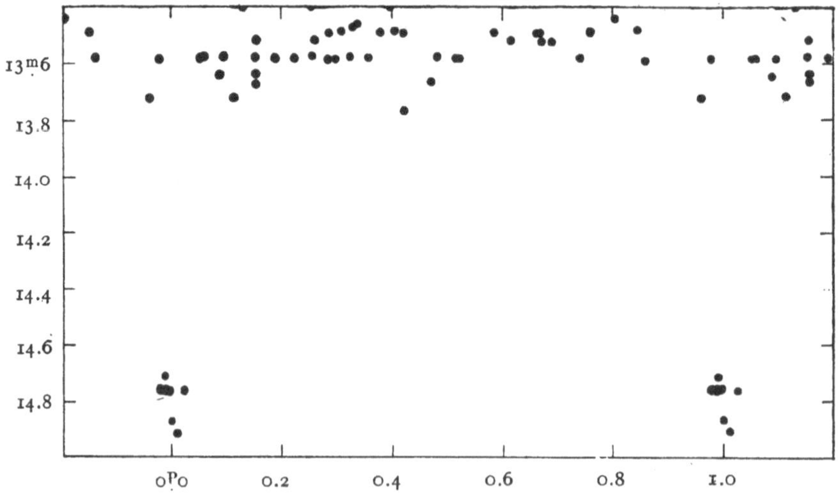

68.1940 Aquilae

1657. 69.1940 Aql Z Aquarii-Stern; $15^m_{\cdot}2$—[$16^m_{\cdot}3$.
M=242 8080+168^d · E.

Max.	Gr.	E	$B-R$	Max.	Gr.	E	$B-R$
242 8060	$15^m_{\cdot}2$	0	-20^d	243 0460	—	14	$+28^d$
8250	—	1	+ 2	0600	—	15	0
9790	15.6	10	+30	0925	$15^m_{\cdot}7$	17	−11
				1260	15.5	19	−12

Die angegebenen Elemente sind wegen der Lichtschwäche des Sterns unsicher.

1658. 295.1943 Aql Algol-Stern; $14^m_{\cdot}85$—$16^m_{\cdot}20$.
m=243 0147.644+$7^d_{\cdot}496$ · E.
D=$13^h_{\cdot}5$; d=$0^h_{\cdot}0$.

Min.	Gr.	E	$B-R$
243 0147.494	$15^m_{\cdot}83$	0	$-0^d_{\cdot}150$
0177.490	16.15	4	−0.138
0260.328	15.77	15	+0.244
1324.506	16.20	157	−0.010

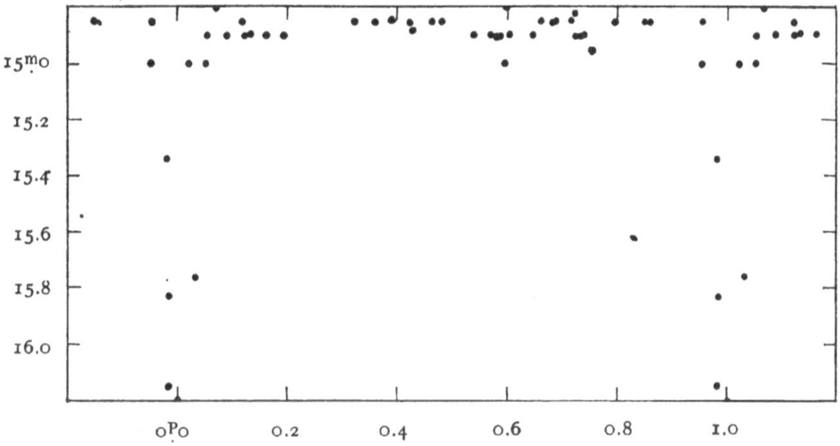

295.1943 Aquilae

1659. 296.1943 Aql Mira-Stern; $14^m_{\cdot}9$—[$16^m_{\cdot}3$.
M=242 9108+312^d · E (?)

Der Stern liegt außerhalb des eigentlichen Feldes, ganz am Rand der Platten des 40 cm-Astrographen. Das Material reicht infolgedessen nicht aus, eine sichere Periode abzuleiten. Es sind nur 2 Maxima bei 242 9420 und 243 0985 beobachtet. Von einem dritten bei 243 1290 liegen nur zwei Beobachtungen zu Beginn des Aufstiegs vor.

1660. 70.1940 Aql Mira-Stern; $14^m_{\cdot}3$—[$16^m_{\cdot}4$.
M=242 8070+166^d · E.

Max.	Gr.	E	$B-R$	Max.	Gr.	E	$B-R$
242 8070	$14^m_{\cdot}4$	0	0^d	242 8735	—	4	+ 1
8400	14.3	2	− 2	9065	—	6	− 1

Max.	Gr.	E	$B-R$	Max.	Gr.	E	$B-R$
242 9400	—	8	$+2^d$	0915	—	17	$+23^d$
9730	—	10	0	1225	$14^m.3$	19	+1
243 0545	$14^m.4$	15	−15				

1661. 297.1943 Aql Langperiodisch; $15^m.4$—[$16^m.5$.
M=242 8000+$363^d \cdot E$.

Max.	Gr.	E	$B-R$	Max.	Gr.	E	$B-R$
242 8025	—	0	$+25^d$	242 9810	$15^m.5$	5	-5^d
8360	$15^m.8$	1	−3	243 0165	15.4	6	−13
9080	15.9	3	−9	0925	15.7	8	+21
9440	16.0	4	−12				

Die angegebenen Elemente sind infolge der geringen Helligkeit und randnahen Lage des Sterns unsicher. Eine Halbierung der Periode ist jedoch unwahrscheinlich.

1662. 71.1940 Aql Mira-Stern; $13^m.4$—[$15^m.7$.
M=242 8335+$369^d \cdot E$.

Max.	Gr.	E	$B-R$	Max.	Gr.	E	$B-R$
242 8340	—	0	$+5^d$	243 0180	$13^m.8$	5	0^d
9068	$13^m.4$	2	−5	0545	—	6	−4
9440	—	3	−2	0920	—	7	+2
9810	—	4	−1	1290	13.4	8	+3

Die Periode ist eventuell zu halbieren.

1663. 298.1943 Aql RR Lyrae-Stern; $15^m.0$—$16^m.2$.
M=242 9161.352+$0^d.554564 \cdot E$.
$M-m$=$0^d.11$; Typus RRa.

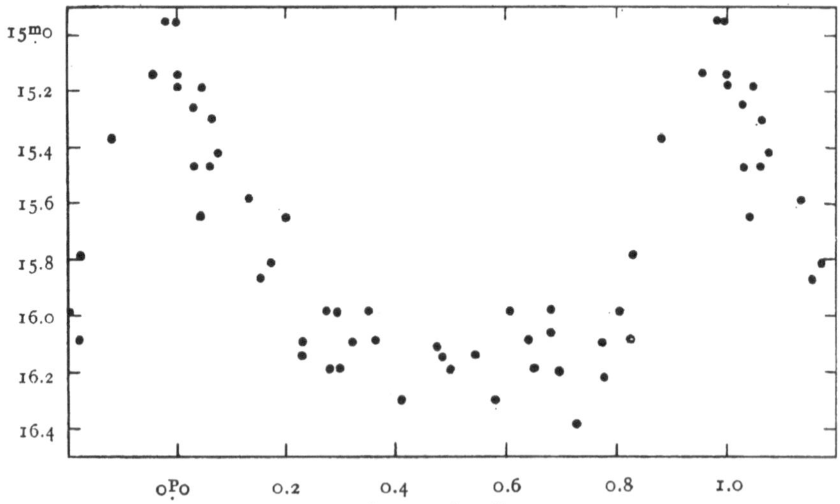

298.1943 Aquilae

Max.	Gr.	E	$B-R$
242 9161.352	15^m14	0	0^d000
243 0900.461	14.95	3136	−0.004
0976.473	15.47	3273	+0.033
1000.321	15.30	3316	+0.035
1321.379	15.18	3895	0.000
1321.421	15.42	3895	+0.042
1322.421	15.37	3897	−0.067
1322.462	15.14	3897	−0.026
1322.509	15.25	3897	+0.021
1326.397	15.18	3904	+0.027
1647.452	14.95	4483	−0.010

1664. **48.1905 Aql** Mira-Stern; 13^m9—[16^m1.

$M = 242\,8060 + 110^d \cdot E$.

Max.	Gr.	E	$B-R$	Max.	Gr.	E	$B-R$
242 8060	—	0	0^d	243 0150	—	19	0^d
8390	—	3	0	0485	—	22	+ 5
8720	—	6	0	0705	14^m0	24	+ 5
9050	14^m8	9	0	0920	14.0	26	0
9160	14.1	10	0	1240	13.9	29	−10
9380	—	12	0	1360	—	30	0
9490	14.7	13	0				

Form und Höhe der Maxima weichen stark voneinander ab, die Periode wird aber von 242 8000 bis 243 1400 streng eingehalten.

1665. **72.1940 Aql** Mira-Stern; 14^m8—[16^m4.

$M = 242\,8425 + 289^d \cdot E$.

Max.	Gr.	E	$B-R$	Max.	Gr.	E	$B-R$
242 8415	14^m8	0	-10^d	243 0160	14^m8	6	$+ 1^d$
9030	14.9	2	+27	0450	—	7	+ 2
9880	14.8	5	+10	1305	14.8	10	−10

Die Maxima sind spitz. Eventuell ist die Periode zu halbieren.

1666. **V 453 Aql** Mira-Stern; 14^m3—[16^m6.

$M = 242\,8065 + 319^d \cdot E$.

Max.	Gr.	E	$B-R$	Max.	Gr.	E	$B-R$
242 8065	14^m3	0	0^d	242 9025	14^m5	3	$+3^d$
8380	14.5	1	−4	243 0935	14.5	9	−1
8700	14.4	2	−3	1255	14.7	10	0

Weitere Einzelbeobachtungen des Aufstiegs von E 6, 7, 8 bestätigen die angegebenen Elemente.

1667. **73.1940 Aql** Mira-Stern; 14^m2—[16^m1.

$M = 242\,8440 + 248^d \cdot E$.

Max.	Gr.	E	$B-R$	Max.	Gr.	E	$B-R$
242 8440	—	0	0^d	243 0165	14^m2	7	-11^d
9180	14^m4	3	− 4	0920	—	10	0
9435	—	4	+ 3				

1668. **145.1943 Aql** RW Aurigae-ähnlich; Blau-Platten: $12^{m}6$—$13^{m}8$; Kranz-Platten: $13^{m}0$—$13^{m}9$.

Die Helligkeiten des Sterns auf den Kranz-Platten liegen im allgemeinen ungefähr $0^{m}4$ unter den Helligkeiten der Blauplatten und zeigen keine großen Abweichungen von $13^{m}5$, während im kurzwelligen Gebiet rasche Helligkeitsänderungen vorhanden sind.

In einem Fall wurde ein Abstieg von $0^{m}7$ in 8 Tagen beobachtet. Der längste beobachtete Stillstand dauert 120 Tage und liegt bei $13^{m}6$. Der Wechsel zwischen Stillstand und Aktivität ist gut belegt.

1669. **74.1940 Aql** μ Cephei-Stern; $13^{m}4$—$14^{m}5$.

Ausgeprägte Maxima von $0^{m}8$ bis $1^{m}0$ Amplitude, die in einigen Fällen eine Doppelwelle (200^{d}) von RV Tauri-Charakter zeigen, werden in unregelmäßigen Abständen durch 150^{d} bis 200^{d} dauernde Stillstände unterbrochen.

1670. **V 454 Aql** Mira-Stern; $14^{m}2$—[$16^{m}5$.

$M = 242\,8420 + 231^{d} \cdot E.$

Max.	Gr.	E	$B-R$	Max.	Gr.	E	$B-R$
242 8420	$14^{m}2$	0	0	243 0270	$14^{m}2$	8	$+2^{d}$
9113	14.4	3	0	0500	15.1	9	+1
9808	14.5	6	+2	0960	14.9	11	−1

1671. **75.1940 Aql** μ Cephei-Stern; $14^{m}0$—$14^{m}6$.

Langsame, flache Wellen. Von 242 9020 bis 29200 und von 30450 bis 30610 Stillstände bei $14^{m}4$ bzw. $14^{m}3$.

1672. **299.1943 Aql** Kurzperiodischer Stern? $15^{m}0$—$15^{m}6$.

Infolge der geringen Amplitude und der zeitlich ungünstigen Lage der Reihenaufnahmen ließ sich mit dem vorhandenen Plattenmaterial keine Periode dieses Sterns bestimmen.

Die Reihenaufnahmen und die Verteilung der Helligkeiten sprechen für W Ursae Maioris- oder RRc-Art mit Extremwerten von $15^{m}0$ und $15^{m}6$. Doch zeigt der Stern bei 243 0976.473 eine Helligkeit von $14^{m}6$ und 243 0147.494 eine Helligkeit von $16^{m}0$, was mit kurzperiodischen Schwankungen zwischen $15^{m}0$ und $15^{m}6$ nicht vereinbar ist.

1673. **300.1943 Aql** Algol-Stern; $14^{m}8$—$16^{m}2$.

$m = 243\,0545.411 + 3^{d}.71583 \cdot E.$

Min.	Gr.	E	$B-R$
243 0545.447	$16^{m}10$	0	$+0^{d}.036$
0883.474	15.70	91	−0.077
0976.473	16.18	116	+0.026

Es konnten nur drei Minima beobachtet werden, doch stellen die angegebenen Elemente die vorhandenen Beobachtungen (48 Platten) einwandfrei dar. Eine Periode von $8^{d}45$, die auch den beiden Differenzen von $338^{d}.027$ und $92^{d}.999$ genügen würde, stößt dagegen auf Widersprüche.

1674. 76.1940 Aql Mira-Stern; $14^m.0$--[$16^m.1$.

$M = 242\,8040 + 263^d \cdot E.$

Max.	Gr.	E	B-R	Max.	Gr.	E	B-R
242 8040	$14^m.1$	0	0^d	243 0140	—	8	-4^d
9095	14.1	4	+3	0935	$14^m.0$	11	+2
9870	—	7	-11				

1675. 77.1940 Aql Z Aquarii-Stern; $13^m.3$—$14^m.2$

$M = 242\,8237 + 152^d \cdot E.$

Max.	Gr.	E	B-R	Max.	Gr.	E	B-R
242 8245	$13^m.3$	0	$+8^d$	243 0210	$13^m.4$	13	-3^d
8690	13.4	3	-3	0515	13.3	15	-2
9120	13.5	6	-29	0820	13.4	17	-1
9765	13.4	10	+8	1295	13.4	20	+18
9915	13.3	11	+6				

Der Lichtwechsel zeigt größere Unregelmäßigkeiten. Die Maxima sind zwar symmetrisch, aber die Minima verschieden tief. Die Amplitude schwankt zwischen $0^m.4$ und $0^m.8$. Die Minima sind spitzer als die Maxima.

1676. 301.1943 Aql Mira-Stern; $15^m.2$—[$16^m.5$.

$M = 242\,9190 + 188^d \cdot E.$

Max.	Gr.	E	B-R	Max.	Gr.	E	B-R
242 9180	$15^m.5$	0	-10^d	243 0885	$15^m.2$	9	$+3^d$
243 0145	15.3	5	+15	1245	15.3	11	-13
0510	15.3	7	+4				

1677. 112.1904 Aql RW Aurigae-Stern; $13^m.8$—$15^m.3$.

Während in der Zeit von 242 8040 bis 29200 kaum Helligkeitsänderungen beobachtet werden konnten (Normallicht $15^m.2$), ist der Stern von 29460 bis 31260 recht unruhig. Um 29491—96 sinkt die Helligkeit in weniger als 13^d um $0^m.6$ und kehrt nach weiteren 2^d wieder zur Ausgangshelligkeit zurück. Um 29790 wurde ein Anstieg um $0^m.9$ in weniger als 3^d beobachtet; 29960 ein Abstieg um $0^m.9$ in weniger als 5^d; 30545 ein Abstieg um $0^m.7$ in weniger als 2^d und 31230 ein Abstieg um $0^m.7$ in weniger als 2^d.

1678. 78.1940 Aql Algol-Stern; $14^m.70$—$15^m.55$.

$m = 242\,8067.302 + 3^d.3990 \cdot E.$

$D = 13^h.3;\ d = 0^h.0.$

Min.	Gr.	E	B-R
242 8067.327	$15^m.61$	0	$+0^d.025$
8308.510	15.38	71	-0.121
8332.448	15.68:	78	+0.024
8658.502	15.27	174	-0.226
9056.554	15.49	291	+0.143
9457.517	15.38	409	+0.024
9491.483	15.55	419	0.000

Min.	Gr.	E	$B-R$
242 9824.613	15^m25	517	$+0^d028$
9906.311	15.38	541	+0.150
243 0147.444	15.46	612	−0.046
0164.463	15.50	617	−0.022
0463.552	15.17	705	−0.045
1262.471	15.38	940	+0.109

Da die Platten des 40 cm-Astrographen nur 3 Minima zeigen, wurden der mittleren Lichtkurve Triplet-Beobachtungen zugrunde gelegt. Durch die Nähe des Schwellenwertes vergrößert sich die Streuung der Beobachtungen im schwachen Licht. Schwaches Nebenminimum.

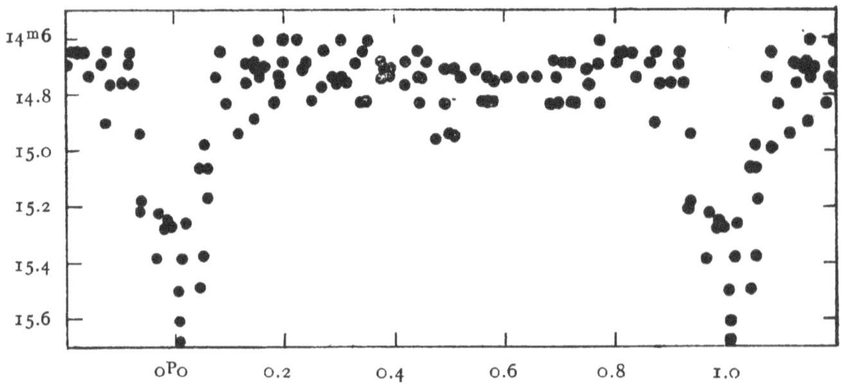

78.1940 Aquilae

1679. **79.1940 Aql** μ Cephei-Stern; 12^m2—13^m6.

Ein roter Stern, der unregelmäßige Helligkeitsschwankungen zeigt. Häufig haben die Wellen Längen von 50^d bis 80^d und Amplituden von 0^m5 bis 1^m0. Die Maximalhelligkeit von 12^m2 wurde nur bei zwei Maxima beobachtet. Stillstände wurden nicht gefunden.

1680. **80.1940 Aql** Z Aquarii-Stern; 13^m3—15^m0.

$M = 242\ 8265 + 138^d \cdot E$.

Max.	Gr.	E	$B-R$	Max.	Gr.	E	$B-R$
242 8250	13^m3	0	-15^d	242 9500	13^m6	9	-7^d
8405	13.7	1	+ 2	243 0195	13.9	14	− 2
8710	13.5	3	+31	0455	14.0	16	−18
9115	14.0	6	+22	0595	14.1	17	−16

Die Maxima E 0, 1, 3, 4, 9 erreichen nahezu die Maximalhelligkeit und zeigen Sinuskurvenform. Die Maxima E 6, 11, 12, 14, 16, 17, 19, 20, 22 zeigen starke Unregelmäßigkeiten, sind teils nur schwach angedeutet und gehen kaum über 14^m. Zur Zeit der Maxima 2, 5, 7, 8, 10, 13, 15, 18, 21 liegen keine Beobachtungen vor.

1681. 302.1943 **Aql** RR Lyrae-Stern (?); $14^m_.6$—$15^m_.0$.

Die Helligkeit dieses Sterns schwankt im allgemeinen zwischen $14^m_.7$ und $15^m_.0$. Die Maximalhelligkeit von $14^m_.6$ wird nur in 2 Fällen erreicht. Wegen dieser geringen Amplitude ist eine Periode nicht zu bestimmen. Die Reihenaufnahmen sprechen für einen RR Lyrae-Stern. Da der Stern außerhalb des Feldes der Kranz-Platten liegt, ist auch über seine Farbe nichts auszusagen.

1682. 303.1943 **Aql** RR Lyrae-Stern; $14^m_.5$—$16^m_.3$.

Es wurden auf den Platten des 40 cm-Astrographen nur 6 Maxima beobachtet:

	243 0088.599	$14^m_.84$	243 0883.474	$15^m_.05$
	0260.328	15.06	1322.379	14.52
	0578.415	14.92	1323.470	14.97

Auf den Triplet-Platten wurde kein einziges sicheres Maximum beobachtet Wegen der großen Zwischenzeiten der Maxima war es nicht möglich, eine genaue Periode zu bestimmen. Die genäherte Periode beträgt vermutlich $0^d_.56$ ($= 1^d_.12 : 2$). Eine Periode von ungefähr $0^d_.373$ ($= 1^d_.12 : 3$) ist weniger wahrscheinlich.

1683. V 455 **Aql** Mira-Stern; $13^m_.4$—[$16^m_.3$.

$M = 242\,8425 + 350^d \cdot E.$

Max.	Gr.	E	B–R	Max.	Gr.	E	B–R
242 8425	$14^m_.3$.	0	0^d	243 0180	—	5	$+5^d$
9125	—	2	0	0515	—	6	–10
9475	13.7	3	0	1225	—	8	0
9825	14.1	4	0				

1684. 304.1943 **Aql** Mira-Stern; $14^m_.9$—[$16^m_.4$.

$M = 242\,9090 + 309^d \cdot E.$

Max.	Gr.	E	B–R	Max.	Gr.	E	B–R
242 9100	$15^m_.0$	0	$+10^d$	243 0950	$15^m_.0$	6	$+6^d$
9960	14.9	3	–57	1260	14.9	7	+ 7

1685. 305.1943 **Aql** Mira-Stern; $14^m_.7$—[$16^m_.5$.

$M = 242\,9100 + 447^d \cdot E.$

Max.	Gr.	E	B–R	Max.	Gr.	E	B–R
242 9100	$15^m_.0$	0	0^d	243 0440	$14^m_.8$	3	-1^d
9520	14.7	1	–27	0890	14.8	4	+ 2
9995	14.7	2	+ 1	1335	14.7	5	0

Die Maxima erreichen alle fast gleiche Höhe, sind jedoch in der Form sehr verschieden. Während die Maxima *E* 0 und *E* 5 spitz sind (An- und Abstieg um $1^m_.0$ innerhalb von je 25^d bis 40^d), sind die Maxima *E* 1 und *E* 2 ziemlich breit (An- und Abstieg um $1^m_.0$ in je 90^d bis 125^d). Die Form der Maxima *E* 3 und *E* 4 liegt dazwischen. Eine Halbierung der Periode kommt nicht in Betracht.

1686. V 456 Aql Mira-Stern; $13^m.1$—$16^m.4$.

$M = 242\,9190 + 350^d \cdot E$.

Max.	Gr.	E	$B-R$	Max.	Gr.	E	$B-R$
242 9190	$13^m.5$	0	0^d	243 0575	$13^m.4$	4	-15^d
9535	—	1	−5	0945	13.9	5	+ 5
9890	13.1	2	0	0290	13.4	6	0
243 0240	—	3	0				

1687. 306.1943 Aql μ Cephei-Stern; $14^m.5$—$15^m.0$.

Dieser rötliche Stern ändert seine Helligkeit nur in langsamen, flachen, unregelmäßigen Wellen.

1688. 307.1943 Aql Mira-Stern; $14^m.5$—[$16^m.5$.

$M = 242\,9158 + 307^d \cdot E$.

Max.	Gr.	E	$B-R$	Max.	Gr.	E	$B-R$
242 9158	$14^m.6$	0	0^d	243 0090	$14^m.5$	3	$+11^d$
9460	14.9	1	− 5	1995	14.9	6	− 5

Die angegebenen Elemente stimmen wahrscheinlich, obgleich nur 4 Maxima zur Berechnung der Periode zur Verfügung standen.

1689. 308.1943 Aql Mira-Stern; $14^m.4$—[$16^m.7$.

$M = 242\,9105 + 310^d \cdot E$.

Max.	Gr.	E	$B-R$	Max.	Gr.	E	$B-R$
242 9105	$14^m.4$	0	0^d	243 0965	$14^m.4$	6	0^d
9415	14.5	1	0	1275	14.6	7	0

1690. 309.1943 Aql Z Aquarii-Stern; $15^m.2$—[$16^m.2$.

Eine genaue Bestimmung der Elemente ist nicht möglich, da der Stern außerhalb des eigentlichen Feldes liegt und nur auf den Platten des 40 cm-Astrographen beobachtbar ist. Die Beobachtungen lassen sich widerspruchslos durch $M = 242\,9110 + 374^d \cdot E$ darstellen. Eine Halbierung dieser Periode ist möglich.

1691. 310.1943 Aql Mira-Stern; $14^m.7$—[$16^m.2$.

Für diesen Stern gilt das gleiche wie für 309.1943. Die Beobachtungen lassen sich widerspruchslos durch $M = 242\,9070 + 256^d \cdot E$ darstellen. Es liegen Beobachtungen vom Abstieg E 0; Anstieg E 5; Abstieg E 7; Anstieg E 9 vor.

1692. 81.1940 Aql μ Cephei-Stern; $13^m.8$—$15^m.0$.

Unregelmäßige Wellen mit einer Amplitude von ungefähr $0^m.5$ und über 100^d Dauer, denen in einigen Fällen raschere Erhellungen um $0^m.7$ innerhalb von 20^d—40^d Dauer überlagert sind. Der Stern ist vermutlich rötlich. Er ist auf den Triplet-Platten schwer zu schätzen, da er ganz am Plattenrand liegt. Stillstände von mehr als 100^d Dauer wurden nicht beobachtet.

1693. **311.1943 Aql** Mira-Stern; 15^m1—[16^m2.

$M = 242\,9000 + 226^d \cdot E.$

Max.	Gr.	*E*	*B–R*	Max.	Gr.	*E*	*B–R*
242 9000	—	0	0^d	243 0585	—	7	$+ 3^d$
9470	15^m3	2	+18	1035	15^m3	9	+ 1
243 0130	15.2	5	0	1260	15.1	10	0

1694. **312.1943 Aql** Mira-Stern; 14^m3—[16^m3.

$M = 242\,8025 + 337^d \cdot E.$

Max.	Gr.	*E*	*B–R*	Max.	Gr.	*E*	*B–R*
242 8025	14^m3	0	0^d	242 9025	14^m5	3	-11^d
8370	14.4	1	+ 8	243 1395	—	10	0

1695. **313.1943 Aql** μ Cephei-Stern; 13^m7—14^m3.

Da der Stern außerhalb des Feldes der Triplet-Platten steht, ist das Beobachtungsmaterial etwas spärlich. Der Lichtwechsel vollzieht sich in flachen Wellen bei einer Länge von 100^d bis 200^d. In einem Fall wurde ein Auf- und Abstieg um 0^m5 innerhalb von 40^d beobachtet.

1696. **314.1943 Aql** Mira-Stern; 14^m2—[16^m2.

$M = 242\,9475 + 389^d \cdot E.$

Außerhalb des normalen Feldes liegend. Es sind nur vier Maxima beobachtet, das letzte davon ist nur durch eine Einzelbeobachtung belegt. Die Intervalle betragen 778, 778 und 400^d. Halbierung der Periode nicht ausgeschlossen.

1697. **315.1943 Aql** Z Aquarii-Stern; 14^m5—15^m6.

$M = 242\,9025 + 149^d \cdot E.$

Max.	Gr.	*E*	*B–R*	Max.	Gr.	*E*	*B–R*
242 9025	14^m6	0	0^d	243 0965	14^m7	13	$+ 3^d$
9485	14.6	3	+13	1260	14.5	15	0

Weitere Einzelbeobachtungen bestätigen die angegebenen Elemente. Die allerdings etwas spärlichen Beobachtungen zeigen keine nennenswerten Unregelmäßigkeiten in Kurvenform und Periode.

1698. **82.1940 Aql** Mira-Stern; 14^m3—15^m8.

$M = 242\,8065 + 305^d \cdot E.$

Max.	Gr.	*E*	*B–R*	Max.	Gr.	*E*	*B–R*
242 8065	—	0	0^d	242 9895	—	6	0^d
8370	—	1	0	243 0200	—	7	0

Die angegebenen Helligkeiten sind die Gesamthelligkeiten des Veränderlichen und eines vorausgehenden Sterns 16^m5. Die Maxima sind spitz. Halbierung der Periode ist nicht möglich.

1699. **146.1943 Aql** μ Cephei-Stern; 12^m6—13^m4.

Die Helligkeit dieses roten Sterns ändert sich meist in flachen Wellen. In zwei Fällen sind raschere Änderungen (0^m5 in 3^d und 0^m8 in 6^d) beobachtet, doch zeigen alle übrigen Beobachtungen sowie die Reihenaufnahmen den Stern als langsamen Unregelmäßigen.

1700. **316.1943 Aql** RR Lyrae-Stern; $14^{m}.6$—$15^{m}.6$.
$M=242\ 9158.341+0^{d}.389\ 160 \cdot E$.
$M-m=0^{d}.13$, Typus RRb.

Max.	Gr.	*E*	*B−R*
242 9158.316	$14^{m}.50$	0	$-0^{d}.025$
9488.391	14.56	848	+0.042
9491.483	14.52	856	+0.021
9961.227	14.56	2063	+0.049
243 0147.494	15.00	2542	−0.092
0177.490	15.00	2619	−0.061
0578.415	14.88	3649	+0.029
0883.474	14.76	4433	−0.013
0998.331	14.84	4728	+0.042
1028.283	14.79	4805	+0.028
1239.512	14.68	5348	−0.057
1262.471	14.74	5407	−0.058
1317.399	14.68	5548	−0.002
1322.421	14.90	5561	−0.039
1322.462	14.56	5561	+0.002
1322.504	14.68	5561	+0.044
1322.546	14.84	5561	+0.086
1324.379	14.68	5566	−0.027
1370.292	14.59	5684	−0.034
1374.280	14.94	5694	+0.062
1647.452	14.94	6396	+0.044
1650.457	14.45	6404	−0.065
1652.462	14.68	6409	−0.005

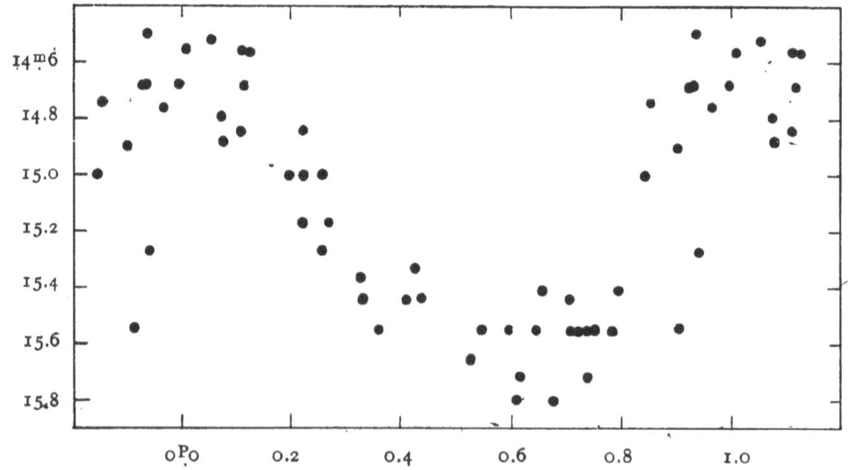

316.1943 Aquilae

1701. **83.1940 Aql** Mira-Stern; $15^m_.1$—[$16^m_.6$.

$M=242\,8055+396^d \cdot E.$

Die Erhellungen dieses Sterns lassen sich widerspruchslos, aber mit ziemlicher Unsicherheit, da immer nur Teile des auf- bzw. absteigenden Astes beobachtet wurden, durch obige Formel darstellen. Eine Halbierung der Periode ist nicht möglich.

1702. **317.1943 Aql** μ Cephei-Stern; $13^m_.6$—$14^m_.3$.

Der gegenüber den Vergleichsternen nicht stark rötliche Stern zeigt Wellen von 30^d bis 100^d Dauer, die von Stillständen von 150^d bis 200^d Dauer unterbrochen werden. Mehrfach wurden RV Tauri-artige Doppelwellen beobachtet.

1703. **704.1933 Aql** RR Lyrae-Stern; $12^m_.55$—$13^m_.5$.

$M=242\,8364.439+0^d_.346\,331 \cdot E.$

$M-m=0^d_.07$ Typus RRa.

Max.	Gr.	E	$B-R$
242 8364.439	$12^m_.70$	0	$0^d_.000$
8433.342	12.70	199	−0.017
8658.502	12.50	849	+0.028
8729.465	12.70	1054	−0.007
8746.422	12.60	1103	−0.020
9108.413	12.69	2148	+0.055
9135.360	12.70	2226	−0.012
9161.352	12.57	2301	+0.005
9195.276	12.63	2399	−0.011
243 0168.467	12.40	5209	−0.010
0177.490	12.49	5235	+0.008
0254.335	12.60	5457	−0.032
0463.552	12.70	6061	+0.001
0496.510	12.71	6156	+0.057
0704.239	12.70	6756	−0.012
0931.445	12.60	7412	+0.001

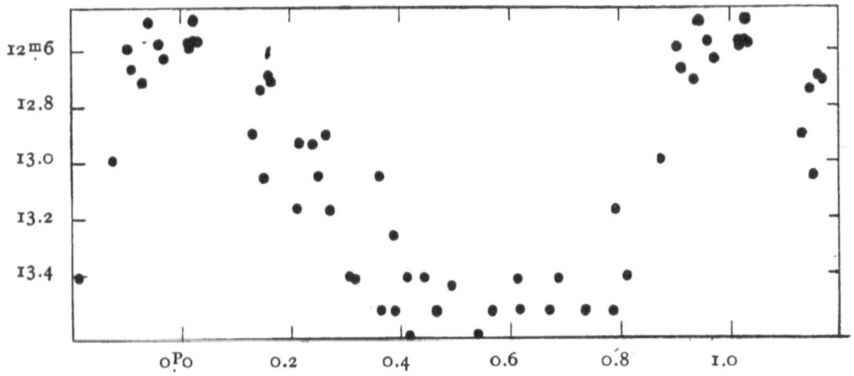

704.1933 Aquilae

Max.	Gr.	E	B–R
243 0965.370	12^{m}57	7510	–0^{d}015
0976.473	12.58	7542	+0.006
1312.397	12.57	8512	–0.011
1321.379	12.59	8538	–0.034
1321.421	12.57	8538	+0.008
1322.421	12.67	8541	–0.031
1322.462	12.57	8541	+0.010
1323.470	12.50	8544	–0.021

1704. 318.1943 **Aql** Algol-Stern (?) 13^{m}96—14^{m}34.

Die angegebenen Extremwerte der Helligkeit wurden nur in je einem Fall beobachtet. Im allgemeinen liegt die Helligkeit des Sterns bei 14^{m}05 bis 14^{m}10. Die vermutete Veränderlichkeit scheint jedoch reell zu sein. Doch ist es infolge der geringen Amplitude nicht möglich, mit dem vorhandenen Beobachtungsmaterial den Charakter des Sterns näher zu bestimmen. Vermutlich Algol-Stern.

1705. V 457 **Aql** Mira-Stern; 14^{m}8—[16^{m}2.

M=242 8042+274^d · E.

Max.	Gr.	E	B–R	Max.	Gr.	E	B–R
242 8040	14^{m}8	0	–2^d	243 0235	14^{m}9	8	+1^d
9135	14.8	4	–3	0510	15.1	9	+2
9410	15.1	5	–2	1330	15.1	12	0

Weitere Einzelbeobachtungen bestätigen die Elemente.

1706. 84.1940 **Aql** μ Cephei-Stern; 14^{m}1—15^{m}0.

Der rötliche Stern zeigt ausgeprägte Maxima von 50 bis 100^d Dauer und 0^{m}6 bis 0^{m}9 Amplitude, die von Zeiten ganz geringer Lichtschwankungen unterbrochen werden.

1707. 319.1943 **Aql** Mira-Stern; 15^{m}5—[17^{m}0.

Dieser Stern, dessen Helligkeit meist unter dem Schwellenwert der Platten liegt — die angegebene Maximalhelligkeit 15^{m}5 wird nur in einem Fall erreicht — scheint die genäherten Elemente M=243 0000+300^d · E zu haben.

1708. 85.1940 **Aql** Unbekannt; 15^{m}0—15^{m}7.

Über den Lichtwechsel dieses Sterns läßt sich auf Grund des vorhandenen Materials nichts Bestimmtes aussagen. Seine Helligkeit schwankt mit geringer Amplitude auf den 50 Platten des 40 cm-Astrographen um 15^{m}35. Als Extremwerte treten dreimal der Wert 15^{m}15 und einmal der Wert 15^{m}55 auf. Die Reihenaufnahmen geben keinen Hinweis auf kurzperiodische Veränderlichkeit. Auf Kranz-Platten ist der Stern etwas schwächer als auf Blau-Platten. Es treten auf etwa 100 Platten als Extremwerte einmal 15^{m}02 und fünfmal Werte von 15^{m}15 und einige Male Werte von 15^{m}7 auf. Die Durchschnittshelligkeit beträgt 15^{m}5. Dieser Wert liegt jedoch bei allen nicht ganz erstklassigen Platten schon dem Schwellenwert so nahe, daß die Schätzungen sehr unsicher sind. Aus der zeitlichen Verteilung der Helligkeiten läßt sich nichts schließen.

1709. 147.1943 **Aql** UV Bootis-Stern; 14^m3—14^m7.

Unregelmäßige Wellen von 100^d bis 150^d Dauer und 0^m3 Amplitude werden in einigen Fällen von Stillständen von 150^d bis 200^d Dauer unterbrochen. Auf den Blau-Platten 0^m2 bis 0^m3 heller als auf Kranz-Platten.

1710. 320.1943 **Aql** W Ursae Maioris-Stern; 14^m25—14^m78.

$M = 242\,9453.469 + 0^d575476 \cdot E$.

Min.	Gr.	*E*	*B–R*
242 9453.429	14^m79	0	-0^d040
9491.483	14.58	66	+0.033
9496.383	14.58	74.5	+0.041
243 0496.510	14.72	1812.5	−0.009
0976.473	14.72	2646.5	+0.007
1321.463	14.79	3246	−0.001
1323.470	14.72	3249.5	−0.008

Die Beobachtungsgenauigkeit leidet durch einen Nachbarstern 15^m5, der dicht folgt.

1711. 86.1940 **Aql** Z Aquarii-Stern; 14^m2—[15^m4.

$M = 242\,8081 + 167^d \cdot E$.

Max.	Gr.	*E*	*B–R*	Max.	Gr.	*E*	*B–R*
242 8060	14^m2	0	-21^d	242 9900	14^m6	11	-18^d
8380	14.5	2	−35	243 0085	14.7	12	0
8760	14.5	4	+11	0230	14.6	13	−22
9105	14.5	6	+22	1290	14.4	19	+36
9460	14.7	8	+43				

Die Maxima *E* 0, 1, 2, 4, 6, 8, 11, 12, 13, 19 sind gut ausgeprägt und haben nahezu symmetrische Form. Die Maxima *E* 15 und 17 fallen aus. Der Stern zeigt am berechneten Max. *E* 14—15 und zur Zeit des Max. 17 einen Stillstand oder Schwankungen mit einer Amplitude von weniger als 0^m3 um 15^m0. Zurzeit der Maxima *E* 3, 5, 7, 9, 16, 18 liegen keine Beobachtungen vor.

1712. V 458 **Aql** Z Aquarii-Stern; 13^m7—15^m3.

$M = 242\,8305 + 144^d \cdot E$.

Max.	Gr.	*E*	*B–R*	Max.	Gr.	*E*	*B–R*
242 8320	13^m6	0	$+15^d$	242 9725	13^m8	10	-20^d
8750	14.0	3	+13	9890	13.9	11	+ 1
9030	13.7	5	+ 5	243 0165	14.1	13	−12
9180	13.7	6	+11	0915	13.7	18	+17
9455	14.0	8	− 2	1345	13.7	21	+16

Die Maxima sind etwas runder als die Minima. Die Lichtkurve ist sehr regelmäßig, nur zwischen Max. *E* 15 und *E* 16 treten leichte Unregelmäßigkeiten auf.

1713. **321.1943 Aql** Langsam veränderlicher Stern; $14^{m}_{\cdot}3$—$15^{m}_{\cdot}9$.

Der Stern ist schwierig zu schätzen, da er ganz am Rande der Platten des 40 cm-Astrographen liegt. Wahrscheinlich μ Cephei-Typus. Möglicherweise besteht auch eine Periode von ungefähr 220^{d}.

1714. **322.1943 Aql** Z Aquarii-Stern; $13^{m}_{\cdot}8$—$15^{m}_{\cdot}4$.

$M = 242\ 9153 + 193^{d} \cdot E.$

Max.	Gr.	*E*	*B–R*	Max.	Gr.	*E*	*B–R*
242 9145	$14^{m}_{\cdot}0$	0	-8^{d}	243 0520	$14^{m}_{\cdot}0$	7	$+16^{d}$
9495	14.0	2	−44	0920	13.8	9	+30
243 0125	14.1	5	+ 7	1260	14.0	11	−16

1715. **87.1940 Aql** μ Cephei-Stern; $12^{m}_{\cdot}9$—$13^{m}_{\cdot}6$.

Lichtwechsel meist in Form flacher, unregelmäßiger Wellen. Gelegentlich etwas stärker ausgeprägte Maxima von 40^{d} bis 100^{d} Dauer und $0^{m}_{\cdot}4$—$0^{m}_{\cdot}6$ Amplitude. Auf Kranz-Platten $0^{m}_{\cdot}3$ bis $0^{m}_{\cdot}4$ heller als auf Blau-Platten.

1716. **323.1943 Aql** μ Cephei-Stern; $13^{m}_{\cdot}5$—$15^{m}_{\cdot}0$.

Da der Stern nur auf Platten des 40 cm-Astrographen zu beobachten ist, ist das Material etwas dürftig. Der Stern zeigt einen Abstieg um $0^{m}_{\cdot}7$ in 175^{d}, einen 85 tägigen Stillstand im kleinsten Licht, eine Welle mit $0^{m}_{\cdot}9$ Amplitude in 40 und einen Aufstieg von $1^{m}_{\cdot}2$ in 30^{d}.

1717. V 459 **Aql** Mira-Stern; $13^{m}_{\cdot}7$—$15^{m}_{\cdot}8$.

$M = 242\ 8393 + 315^{d} \cdot E.$

Max.	Gr.	*E*	*B–R*	Max.	Gr.	*E*	*B–R*
242 8400	$13^{m}_{\cdot}8$	0	$+7^{d}$	243 0595	$13^{m}_{\cdot}7$	7	-3^{d}
8708	—	1	0	0915	14.0	8	+2
9022	13.7	2	−1	1225	13.6	9	−3

Die Helligkeitsangaben beziehen sich auf das Gesamtlicht des Veränderlichen und eines Sterns 16^{m}, der dicht südlich vorangeht.

1718. **88.1940 Aql** μ Cephei-Stern; $12^{m}_{\cdot}7$—$13^{m}_{\cdot}7$.

Flache Wellen von 100^{d} bis 200^{d} Dauer und $0^{m}_{\cdot}3$ bis $0^{m}_{\cdot}5$ Amplitude werden in unregelmäßigen Abständen von rascherem Lichtwechsel, $0^{m}_{\cdot}8$ bis $1^{m}_{\cdot}0$ Amplitude, Aufstieg und Abstieg je 20^{d} bis 40^{d}, unterbrochen. Der Stern ist rötlich. Die Maxima sind spitzer als die Minima. Stillstände wurden nicht beobachtet.

1719. V 447 **Aql** Mira-Stern; $13^{m}_{\cdot}2$—[$16^{m}_{\cdot}2$.

$M = 242\ 8062 + 254^{d} \cdot E.$

Max.	Gr.	*E*	*B–R*	Max.	Gr.	*E*	*B–R*
242 8058	$13^{m}_{\cdot}3$	0	-4^{d}	243 0090	—	8	-4^{d}
8320	13.2	1	+ 4	0595	$13^{m}_{\cdot}4$	10	− 7
9080	13.4	4	+ 2	1335	13.4	13	−29
9840	14.0	7	0				

Maximum 7 ist breiter und flacher als die übrigen beobachteten Maxima. Weitere Einzelbeobachtungen bestätigen die angegebenen Elemente. ZINNER gibt in Astron. Nachr. **268.43** folgende Maxima 242 6957, 7332, 8069, 9108 und leitet aus ihnen in Verbindung mit den von WOLF in Astron. Nachr. **169.407** mitgeteilten Maxima 241 6382, 241 7103 eine Periode von 365^d ab, die jedoch mit der sehr gut belegten Sonneberger Beobachtungsreihe, die sich von 242 8000 bis 243 1370 erstreckt, nicht vereinbar ist. Dagegen stellen die Elemente M=242 8062+$254^d \cdot E$ auch die WOLFschen und ZINNERschen Beobachtungen dar mit Ausnahme der allerdings auch mit Fragezeichen versehenen ersten ZINNERschen Beobachtung von 242 6957.

Max.	Gr.	E	$B-R$	Max.	Gr.	E	$B-R$
241 6382	—	−46	+ 4^d	242 7332	$13^m_{.}0$	−3	+32^d
7107	—	−43	−33	8069	12.6	0	+ 7
242 6957	$13^m_{.}4$	− 4	−89	9108	13.4	4	+30

1720. 89.1940 Aql Mira-Stern; $14^m_{.}4$—[$16^m_{.}2$.

M=242 9500+$306^d \cdot E$.

Die angegebenen Elemente sind unsicher, da der Stern auf den meisten Platten unsichtbar ist und die wenigen Beobachtungen ihn nur auf dem unteren Teil des an- oder absteigenden Astes zeigen. Einzig das Maximum E 0 ist etwas besser definiert. Das wirkliche Helligkeitsmaximum wird über der größten beobachteten Helligkeit ($14^m_{.}4$) liegen.

1721. 148.1943 Aql μ Cephei-Stern; $14^m_{.}1$—$15^m_{.}2$.

Der Lichtwechsel verläuft in Wellen von $0^m_{.}7$ bis $1^m_{.}0$ Amplitude und 30^d bis 200^d Länge.

1722. 90.1940 Aql μ Cephei-Stern; $14^m_{.}0$—$14^m_{.}9$.

Längere flache Wellen von über 100^d Dauer und ungefähr $0^m_{.}4$ Amplitude werden in unregelmäßigen Abständen von 3 bis 4 hintereinanderfolgenden Wellen von je 50^d bis 60^d Dauer und gleicher Amplitude wie die langen Wellen unterbrochen. Die angegebenen Grenzgrößen werden nur in wenigen Fällen erreicht.

1723. 91.1940 Aql Mira-Stern; $13^m_{.}2$—[$16^m_{.}3$.

M=242 8336+$256^d \cdot E$.

Max.	Gr.	E	$B-R$	Max.	Gr.	E	$B-R$
242 8335	$13^m_{.}4$	0	-1^d	242 9865	$13^m_{.}2$	6	-7^d
9105	13.7	3	+1	243 0895	—	10	−1

Weitere Einzelbeobachtungen bestätigen die angegebenen Elemente.

1724. 324.1943 Aql Algol-Stern; $15^m_{.}1$—$15^m_{.}7$.

m=242 8045.397+$1^d_{.}42225 \cdot E$.

Min.	Gr.	E	$B-R$
242 8045.367	$15^m_{.}90$	0	$-0^d_{.}030$
8308.510	15.90	185	−0.003
9106.436	15.90	746	+0.040

Min.	Gr.	E	B−R
242 9163.316	$15^m.60$	786	$+0^d.030$
9453.429	15.76	990	+0.005
243 0147.494	15.62	1478	+0.011
0568.415	15.72	1774	−0.054

1725. 92.1940 Aql Algol-Stern; $12^m.4$—$12^m.9$.

$m = 242\ 8782.334 + 0^d.450175 \cdot E.$

$D = 2^h.9;\ d = 1^h.4.$

Min.	Gr.	E	B−R
242 8782.357	$12^m.91$	0	$+0^d.023$
8809.332	12.80	60	−0.012
9106.436	12.97	720	−0.024
9111.422	13.07	731	+0.010
9166.320	12.91	853	−0.013
9463.448	13.05	1513	−0.001
9546.281	13.05	1697	−0.000
9783.476	12.67	2224	−0.047
9824.513	12.80	2315	+0.024
9879.443	12.96	2437	+0.033
243 0199.445	12.95	3148	−0.040
0446.623	13.01	3697	−0.008
0496.510	12.99	3808	−0.090
0547.475	12.80	3921	+0.005
0904.469	12.80	4714	+0.010
0931.445	13.01	4774	−0.024
0940.430	12.80	4794	−0.043
1028.283	13.10	4989	+0.026
1229.510	12.67	5436	+0.025
1238.495	12.72	5456	+0.006
1292.468	12.80	5576	−0.042
1324.506	13.10	5647	+0.034
1325.400	12.90	5649	+0.028
1343.366	13.10	5689	−0.013
1352.341	12.80	5709	−0.042

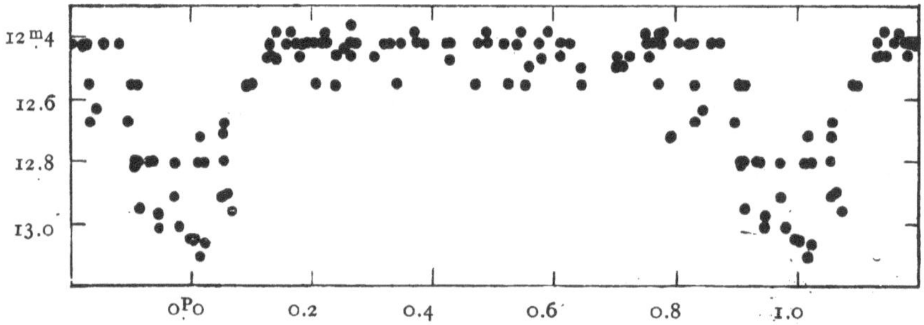

92.1940 Aquilae

1726. **93.1940 Aql** Kurzperiodisch (?); $13^m_.9$—$14^m_.9$.

Dieser als langperiodisch angezeigte Stern ist zweifellos rasch veränderlich. Die Reihenbeobachtungen sprechen für einen δ Cephei-Stern mit einer Periode von ungefähr 2^d. Doch war es trotz zahlreicher Beobachtungen nicht möglich, eine genaue Periode abzuleiten.

Es wurden folgende Maxima beobachtet:

Max.	Gr.	Max.	Gr.
242 8428.395	$13^m_.92$	243 0519.464	$13^m_.95$
9023.556	14.17	0545.447	14.17
9071.461	13.71	0568.415	14.17
9106.436	14.08	0883.474	14.17
9161.352	14.10	0931.445	14.02
9163.316	14.10	1317.399	14.17
243 0168.467	13.95	1321.505	14.02
0260.328	14.17		

1727. **325.1943 Aql** Z Aquarii-Stern; $15^m_.0$—[$16^m_.5$.

$M = 242\ 9142 + 164^d \cdot E.$

Max.	Gr.	E	$B-R$	Max.	Gr.	E	$B-R$
242 9161	$15^m_.4$	0	$+19^d$	243 0580	$15^m_.2$	9	-38^d
9961	15.0	5	− 1	0965	14.9	11	+19
243 0270	15.4	7	−20	1290	14.9	13	+16

Durch Heranziehung von Platten des Feldes γ Sagittae gelang es, wenigstens ein ungefähres Bild des Lichtwechsels dieses auf den Triplet-Platten nicht beobachtbaren Sterns zu erhalten. Da die Beobachtungen jedoch meist nur Teile der Maxima geben, bleiben die angegebenen Elemente etwas unsicher.

1728. **326.1943 Aql** Z Aquarii-Stern; $14^m_.9$—$16^m_.1$.

$M = 242\ 9470 + 253^d \cdot E.$

Max.	Gr.	E	$B-R$	Max.	Gr.	E	$B-R$
242 9480	$15^m_.0$	0	$+10^d$	243 1240	$14^m_.9$	7	-1^d
243 0980	14.9	6	− 8				

Weitere Einzelbeobachtungen bestätigen die angegebenen Elemente, die jedoch infolge der geringen Zahl der Beobachtungen immer noch etwas unsicher bleiben. Anscheinend konstante Phase von ungefähr 120^d Dauer im Minimum.

1729. **94.1940 Aql** W Ursae maioris-Stern; $14^m_.0$—$14^m_.6$.

Eine genaue Periode läßt sich nicht angeben, da nur zwei gute Minima (243 1321.379 $14^m_.52$ bzw. 1321.463 $14^m_.58$ und 1324.506 $14^m_.39$) zur Verfügung stehen. Im übrigen bleiben die Beobachtungen innerhalb des Streubereiches des Normallichts. Die Reihenaufnahmen sprechen stark für W Ursae maioris-Typus mit einer Periode von $0^d_.616$. Auch möglich, aber weniger wahrscheinlich ist eine Periode von $0^d_.407$.

1730. 95.1940 **Aql** Mira-Stern; $13^{m}9$—$16^{m}3$.

$M = 242\ 8050 + 397^{d}_{.} \cdot E$.

Max.	Gr.	E	$B-R$	Max.	Gr.	E	$B-R$
242 8055	$14^{m}2$	0	$+ 5^{d}$	243 0055	—	5	$+20^{d}$
8435	13.8	1	−12	0435	$14^{m}3$	6	+ 3
8850	—	2	+ 6	0820	14.1	7	− 9
9235	—	3	− 6	1230	13.9	8	+ 4

1731. 96.1940 **Aql** μ Cephei-Stern; $13^{m}6$—$14^{m}8$.

Regellose Wellen von 50^{d} bis 200^{d} Dauer und $0^{m}3$ bis $0^{m}9$ Amplitude ohne Stillstände und ohne raschere Änderungen. Der Stern ist rötlich.

1732. 97.1940 **Aql** μ Cephei-Stern; $11^{m}0$—$12^{m}2$.

Die Helligkeitsänderungen dieses roten Sterns erfolgen gänzlich regellos in Wellen von 50^{d} bis 200^{d}, die von Stillständen unterbrochen werden. Von 242 9725 bis 242 9965 wurden kaum Abweichungen von der Helligkeit $11^{m}5$ beobachtet.

1733. 98.1940 **Aql** RW Aurigae-ähnlich; $14^{m}2$—$15^{m}3$.

Der Stern zeigt im allgemeinen langsamen Lichtwechsel: gut ausgebildete Wellen von 100^{d} bis 300^{d} Dauer, zum Teil mit Aufstiegen von nahezu 1^{m} innerhalb von 20^{d} bis 50^{d}. Stellenweise kommen jedoch — zweifellos reelle — rasche Helligkeitsänderungen geringerer Amplitude vor (Auf- und Abstiege von $0^{m}5$ bis $0^{m}7$ innerhalb von 2^{d} bis 3^{d}), die an RW Aurigae-artigen Lichtwechsel erinnern.

1734. 99.1940 **Aql** μ Cephei-Stern; $14^{m}6$—$15^{m}2$.

Der Stern zeigt gänzlich regellosen Lichtwechsel: Wellen von ungefähr 50^{d} und $0^{m}4$ bis $0^{m}6$ Amplitude, lange, flache Wellen, und von 243 0440 bis 243 0610 einen Stillstand bei $15^{m}1$.

1735. 100.1940 **Aql** Mira-Stern; $12^{m}2$—$15^{m}8$.

$M = 242\ 8055 + 281^{d} \cdot E$.

Max.	Gr.	E	$B-R$	Max.	Gr.	E	$B-R$
242 8055	$14^{m}1$	0	0^{d}	242 9740	—	6	$- 1^{d}$
8345	—	1	+ 9	243 0580	—	9	− 4
9180	—	4	+ 1	0865	—	10	0
9460	12.2	5	0				

Die Maxima sind spitzer als die Minima. Die Angabe des Maximallichtes ist unsicher, da außer beim Maximum E 5 nur An- bzw. Abstiegsbeobachtungen vorliegen.

1736. 149.1943 **Aql** Mira-Stern; $14^{m}3$—[$16^{m}3$.

$M = 242\ 8340 + 366^{d} \cdot E$.

Max.	Gr.	E	$B-R$	Max.	Gr.	E	$B-R$
242 8340	$14^{m}5$	0	0^{d}	242 9810	$14^{m}3$	4	$+6^{d}$
9435	14.3	3	−3	243 0900	14.6	7	−2

Bei Epoche 1, 2, 5, 6 und 8 sind Erhellungen vorhanden, aber die Maximalhelligkeit scheint bei $15^m.4$ zu liegen, während bei Epoche 0, 3, 4, 7 die Helligkeit auf 14^m3 bis $14^m.6$ ansteigt.

1737. **327.1943 Aql** Unbekannt; $12^m.1$—$12^m.5$.
Die Helligkeit dieses Sterns schwankt auf den Kranz-Platten zwischen $12^m.1$ und $12^m.5$, auf den Blau Platten zwischen $12^m.2$ und $12^m.6$.
Infolge der geringen Amplitude lassen sich keine bestimmten Aussagen über die Art des Lichtwechsels machen, doch scheint die Veränderlichkeit reell zu sein.

1738. **328.1943 Aql** Z Aquarii-Stern; $15^m.3$—$16^m.2$.

$$M = 242\,9100 + 210^d \cdot E.$$

Max.	Gr.	E	$B-R$	Max.	Gr.	E	$B-R$
242 9110	$15^m.3$	0	$+10^d$	243 0545	$15^m.4$	7	-25^d
243 0145	15.2	5	− 5	0995	15.3	9	+ 5

Infolge der geringen Zahl der Beobachtungen (das Maximum E 5 beruht nur auf einer, das Maximum E 7 auf zwei Beobachtungen) sind die angegebenen Elemente unsicher.

1739. **82.1903 Aql** Algol-Stern; $15^m.0$—$16^m.1$.

$$m = 242\,9071.511 + 2^d.487117 \cdot E.$$
$$D = 6^h.0, \quad d = 0^h.0.$$

Min.	Gr.	E	$B-R$
242 9071.461	$15^m.98$	0	$-0^d.050$
9106.436	15.98	14	+0.105
9494.397	15.79	170	+0.076
243 0260.328	16.06	478	−0.025
0909.469	15.60	739	−0.021
1292.468	15.60	893	−0.038
1317.399	15.90	903	+0.021
1322.379	15.91	905	+0.027

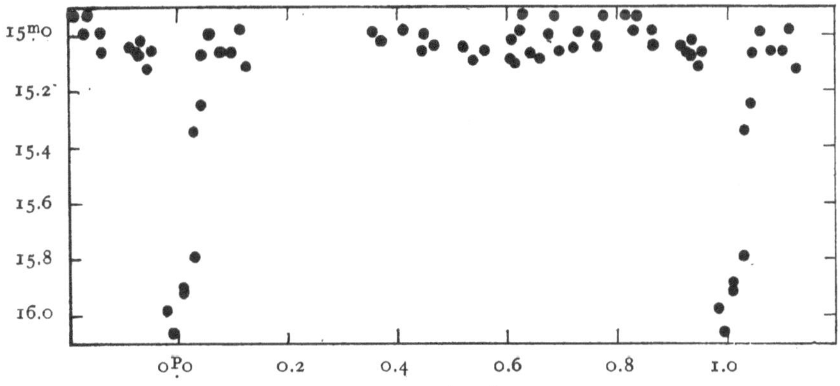

82.1903 Aquilae

1740. V 460 Aql Z Aquarii-Stern; $13^m.4$—$14^m.4$.

$M = 242\,8400 + 161^d \cdot E$.

Max.	Gr.	E	$B-R$	Max.	Gr.	E	$B-R$
242 8400	$13^m.3$	0	0^d	242 9370	$13^m.4$	6	$+4^d$
8715	13.5	2	−7	9525	13.4	7	−2
9035	13.4	4	−9	243 0170	13.6	11	−1
9205	13.4	5	0	1300	13.5	18	+2

Weitere Einzelbeobachtungen bestätigen die angegebenen Elemente. Kurvenform und Periode zeigen kaum Unregelmäßigkeiten. Die Minima sind spitz, die Maxima rund. Gegenüber den Vergleichsternen nur geringfügige Rötung.

1741. 101.1940 Aql Algol-Stern; $14^m.6$—$15^m.0$.

Der Stern zeigt auf den Blau-Platten eine Durchschnittshelligkeit von $14^m.4$ und vier Schwächungen bis zu $14^m.7$ bzw. $14^m.8$. Auf den Kranz-Platten beträgt die Durchschnittshelligkeit $14^m.6$; Schwächungen bis $15^m.0$.

Zur Ableitung einer Periode (Näherungswerte: $1^d.005/n$; $n = 1, 2, 3, 4$) reicht das zur Verfügung stehende Material nicht aus.

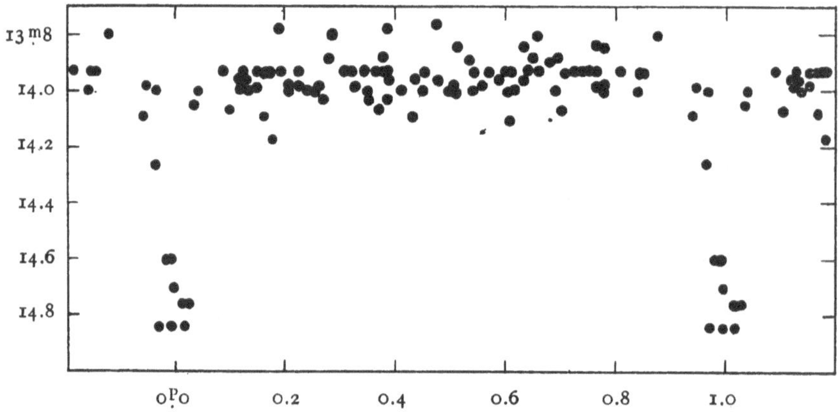

329.1943 Aquilae

1742. 329.1943 Aql Algol-Stern; $13^m.94$—$14^m.80$.

$m = 242\,8045.367 + 3^d.05985 \cdot E$.

$D = 5^h.9$, $d = 3^h.8$.

Min.	Gr.	E	$B-R$
242 8045.367	$14^m.60$	0	$0^d.000$
8308.510	14.60	86	−0.004
8403.394	14.84	117	+0.025
9783.476	14.84	568	+0.114
243 0499.492	14.76	802	+0.125
0603.364	14.84	836	−0.038
0909.469	14.76	936	+0.082

1743. 85.1903 **Aql** Mira-Stern; $13^{m}8$—[$16^{m}2$.

$M = 242\,8350 + 224^{d} \cdot E$.

Max.	Gr.	E	$B-R$	Max.	Gr.	E	$B-R$
242 8350	—	0	0^{d}	243 0140	—	8	-2^{d}
9020	$14^{m}5$	3	−2	1265	$14^{m}6$	13	+3
9465	13.8	5	−5				

Weitere Einzelbeobachtungen bestätigen die angegebenen Elemente.

1744. 102.1940 **Aql** μ Cephei-Stern; $14^{m}1$—$15^{m}1$.

Der gegenüber den Vergleichsternen nicht merklich gerötete Stern zeigt unregelmäßigen Lichtwechsel. Häufig treten Wellen von 40^{d} bis 80^{d} auf.

1745. 330.1943 **Aql** Langsam veränderlicher Stern; $14^{m}0$—$15^{m}0$.

Wegen der geringen Zahl der Beobachtungen und Störungen durch Nachbarsterne läßt sich nicht entscheiden, ob der Stern langperiodisch oder unregelmäßig veränderlich ist.

1746. 150.1943 **Aql** Algol-Stern; $12^{m}2$—$14^{m}0$.

$m = 242\,8753.477 + 6^{d}.751715 \cdot E$.

$D = 6^{h}5$; $d = 0^{h}0$.

Min.	Gr.	E	$B-R$
242 8753.463	$13^{m}14$	0	$-0^{d}.014$
9023.556	13.30	40	+0.010
9050.506	13.31	44	−0.046
9077.458	13.10	48	−0.101
9111.422	13.97	53	+0.104
243 0164.463	13.40	209	−0.122
0603.351	13.85	274	−0.096
0819.597	12.80	306	+0.095
0900.461	13.60	318	−0.061
1312.397	12.80	379	+0.020

1747. 331.1943 **Aql** RR Lyrae-Stern; $14^{m}95$—$15^{m}30$.

Die Periode des Sterns beträgt wahrscheinlich $0^{d}.24$. Eine Periode von $0^{d}.32$ wäre auch möglich, aber weniger wahrscheinlich. Vermutlich Typus RRc.

1748. 103.1940 **Aql** Mira-Stern; $12^{m}9$—[$16^{m}3$.

$M = 242\,8285 + 294^{d} \cdot E$.

Max.	Gr.	E	$B-R$	Max.	Gr.	E	$B-R$
242 8285	—	0	0^{d}	242 9760	—	5	$+5^{d}$
9165	$12^{m}8$	3	−2	243 0945	$12^{m}9$	9	+14
9460	13.0	4	−1	1225	12.9	10	0

1749. **V 461 Aql** Mira-Stern; $13^m_.5$—$15^m_.4$.

$M=242\,8040+262^d\cdot E.$

Max.	Gr.	*E*	*B–R*	Max.	Gr.	*E*	*B–R*
242 8035	$14^m_.0$	0	-5^d	242 9880	$13^m_.5$	7	$+6^d$
8300	14.1	1	−2	243 0140	13.9	8	+4
9090	14.2	4	+2	0915	13.9	11	−7

Die Helligkeitsangaben beziehen sich auf das Gesamtlicht des Veränderlichen und eines dicht vorausgehenden Sterns $15^m_.5$.

1750. **104.1940 Aql** Mira-Stern; $13^m_.3$—[$16^m_.2$.

$M=242\,9157+337^d\cdot E.$

Max.	Gr.	*E*	*B–R*	Max.	Gr.	*E*	*B–R*
242 9160	$13^m_.9$	0	$+3^d$	243 0175	$14^m_.0$	3	$+7^d$
9485	13.7	1	−9	0505	14.1	4	0
9835	13.9	2	+4	0835	13.3	5	−7

Weitere Einzelbeobachtungen bestätigen diese Elemente.

1751. **105.1940 Aql** U Geminorum-Stern; $13^m_.7$—$16^m_.2$.

Es wurden nur 3 Erhellungen beobachtet:

242 8040—48	:	$13^m_.7$
9429	:	14.4
243 0704	:	14.3

Die Zwischenzeiten betragen also 1387^d und 1275^d.
Bei der ersten Erhellung erfolgt ein Aufstieg um mindestens $1^m_.9$ innerhalb von höchstens 2^d und der Abstieg um mindestens $2^m_.4$ in höchstens 22^d. Bei der zweiten Erhellung erfolgt der Aufstieg um mindestens $1^m_.2$ innerhalb von höchstens 5^d und der Abstieg um mindestens $1^m_.6$ in höchstens 24^d.
Für die dritte Erhellung liegt nur eine Einzelbeobachtung vor.

1752. **106.1940 Aql** Mira-Stern; $13^m_.5$—[$16^m_.2$.

$M=242\,8035+279^d\cdot E.$

Max.	Gr.	*E*	*B–R*	Max.	Gr.	*E*	*B–R*
242 8035	$14^m_.7$	0	0^d	243 0260	$14^m_.6$	8	-7^d
8310	14.0	1	− 4	0540	14.6	9	−6
9155	14.5	4	+ 4	3375	13.5	12	−8
9450	14.8	5	+20				

Die angegebene Maximalhelligkeit von $13^m_.5$ wurde nur einmal beobachtet.

1753. **332.1943 Aql** RR Lyrae-Stern; $14^m_.20$—$15^m_.75$.

$M=242\,9071.478+0^d_.309423\cdot E.$

$M-m=0^d_.07$ Typus RRb.

Max.	Gr.	*E*	*B–R*
242 9071.461	$14^m_.30$	0	$-0^d_.017$
9195.276	14.30	400	+0.029
243 0900.461	14.25	5911	−0.016
1028.283	14.22	6324	+0.014

Max.	Gr.	E	B–R
243 1262.471	$14^{m}22$	7081	$-0^{d}031$
1322.546	14.25	7275	+0.016
1323.470	14.20	7278	+0.011
1324.379	14.26	7281	−0.008

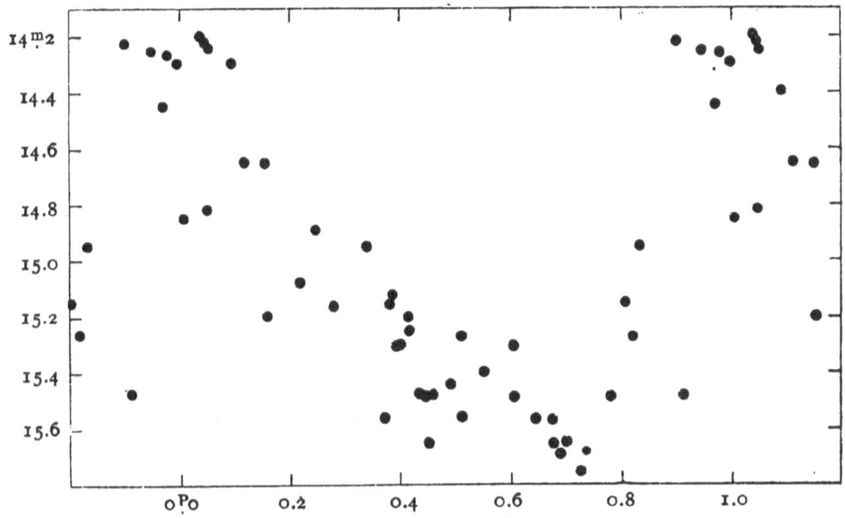

332.1943 Aquilae

1754. 333.1943 **Aql** μ Cephei-Stern; $13^{m}3$—$13^{m}9$.
Der Lichtwechsel dieses rötlichen Sterns erfolgt in Form von flachen, unregelmäßigen Wellen von 50^{d} bis 200^{d} Länge.

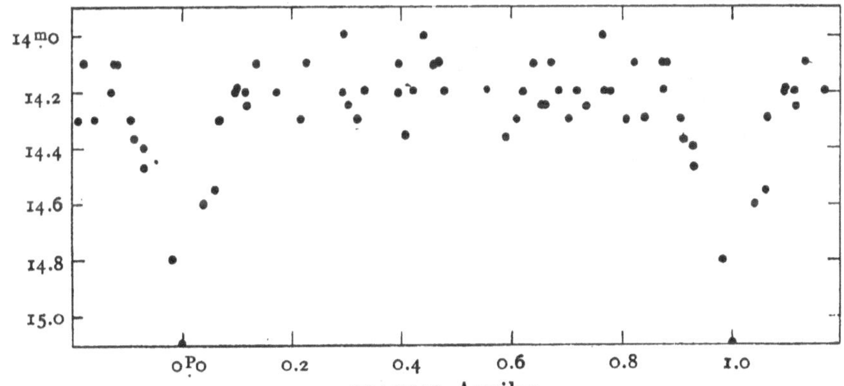

334.1943 Aquilae

1755. 334.1943 **Aql** Algol-Stern; $14^{m}2$—$15^{m}1$.

$m = 242\,8337.391 + 1^{d}.281905 \cdot E.$

$D = 6^{h}.9, \; d = 0^{h}.0.$

Min.	Gr.	E	B–R
242 8337.471	$14^{m}88$	0	$+0^{d}080$
8423.343	15.35	67	+0.064

Min.	Gr.	E	B–R
242 9056.554	15ᵐ00	561	+0ᵈ014
9196.279	15.31	670	+0.012
9424.456	15.38	848	+0.010
9456.466	15.00	873	−0.028
9483.390	14.80	894	−0.024
9546.281	14.96	943	+0.054
243 0147.494	14.60	1412	+0.053
0224.393	14.93	1472	−0.038
0260.328	14.55	1500	+0.080

1756. 107.1940 **Aql** μ Cephei-Stern; 12ᵐ4—13ᵐ4.
Der Lichtwechsel dieses gegenüber den Vergleichsternen nicht sehr roten Sterns vollzieht sich in Wellen von 0ᵐ5 bis 0ᵐ8 Amplitude und 50ᵈ bis 200ᵈ Dauer. Stillstände wurden nicht beobachtet.

1757. 108.1940 **Aql** RW Aurigae-ähnlich; 10ᵐ9—11ᵐ4.
Die Helligkeit schwankt auf den Triplet-Platten zwischen 10ᵐ9 und 11ᵐ4. Auf den Platten des 40 cm-Astrographen ist der Stern wegen seiner Lichtstärke kaum nach der Argelanderschen Methode zu schätzen, so daß keine Reihenaufnahmen zur Ableitung der Periode zur Verfügung stehen. Obgleich der Stern außer auf den Triplet-Platten noch auf 62 Platten der 140 mm-Kamera und etwa 200 Überwachungsplatten geschätzt wurde, gelang es nicht, eine Periode abzuleiten. Nach visuellen Beobachtungen von Hoffmeister ist der sehr geringe Lichtwechsel rasch und unperiodisch.

1758. 335.1943 **Aql** RR Lyrae-Stern; 13ᵐ8—15ᵐ3.
Außerhalb des eigentlichen Feldes liegend. Die Reihenaufnahmen lassen mit großer Sicherheit auf einen RRb-Stern mit einer Periode von 0ᵈ308 schließen. Da jedoch die zweitkleinste Differenz zwischen zwei Maxima ungefähr 266 Perioden beträgt, war eine Ableitung der genauen Elemente nicht durchzuführen. Der Stern liegt außerhalb der Triplet-Platten und ist auch nicht durch die Platten eines Nachbarfeldes zu erfassen.
Es wurde folgende Maxima beobachtet:

242 9023.556	13ᵐ90	243 1239.512	14ᵐ25
9163.316	13.96	1321.421	13.90
243 0900.462	13.94	1324.506	13.80
1028.283	14.32		

1759. 336.1943 **Aql** Kurzperiodisch (?); 15ᵐ0—16ᵐ1.
Der ursprünglich als langperiodisch angezeigte Stern zeigt zweifellos rasche Änderungen. Die Reihenaufnahmen deuten auf einen RR Lyrae-Stern mit einer Periode von 0ᵈ61. Es gelang jedoch nicht, eine genauere Periode zu ermitteln.
Es wurden folgende Maxima beobachtet:

242 9161.352	15ᵐ35	242 9491.483	15ᵐ01
9195.276	15.01	9496.383	15.02
9488.391	15.02	243 0147.494	15.35

242 0883.474	$15^{m}32$	243 1321.400	$15^{m}36$
243 0965.370	15.32	1322.546	15.14
1239.512	15.32	1324.440	15.35
1289.458	15.35		

1760. 109.1940 **Aql** μ Cephei-Stern; $14^{m}7$—$15^{m}8$.

Der rötliche Stern (er ist auf Blau-Platten $0^{m}3$ bis $0^{m}5$ schwächer als auf Kranz-Platten) zeigt flache unregelmäßige Wellen von 100^{d} bis 250^{d} Dauer und $0^{m}3$ bis $1^{m}0$ Amplitude. Keine Stillstände. In einem Fall wurde ein Aufstieg von $0^{m}8$ in 15^{d} beobachtet.

1761. 337.1943 **Aql** Z Aquarii-Stern; $15^{m}9$—$16^{m}5$.

Die 50 vorhandenen Beobachtungen (der Stern ist auf Triplet-Platten nicht zu beobachten) lassen sich widerspruchslos durch die Formel $M = 242\,9475 + 100^{d} \cdot E$ darstellen. Doch bleiben diese Elemente infolge der geringen Zahl der Beobachtungen und der Lichtschwäche des Objekts sehr zweifelhaft.

1762. 110.1940 **Aql** Algol-Stern (?); $14^{m}6$—$15^{m}8$.

Der Stern zeigt auf allen Blau-Platten eine Helligkeit von $14^{m}5$, auf den Kranz-Platten von $14^{m}6$ mit der üblichen photographischen Streuung. Nur auf einer einzigen Triplet-Platte, der Entdeckungsplatte, ist er bis auf $15^{m}8$ geschwächt.

1763. 338.1943 **Aql** Mittellange Periode; $14^{m}9$—$16^{m}2$.

Der vermutlich gelbe Stern zeigt eine mittlere Periode von ungefähr 70^{d} mit stärkeren Unregelmäßigkeiten in Periode und Form der Lichtkurve.

1764. 111.1940 **Aql** Mira-Stern; $14^{m}0$—[$16^{m}2$.

$$M = 242\,8090 + 295^{d} \cdot E.$$

Max.	Gr.	E	$B-R$	Max.	Gr.	E	$B-R$
242 8090	$14^{m}0$	0	0^{d}	243 0155	$14^{m}6$	7	0
8375	—	1	−10	0450	14.3	8	0
8680	—	2	0	1040	—	10	0
9860	14.6	6	0				

1765. 151.1943 **Aql** μ Cephei-Stern; $14^{m}2$—$14^{m}9$.

Der Lichtwechsel vollzieht sich meist in kürzeren Wellen von ungefähr 50^{d} Dauer, die zeitweise durch längere Wellen, Stillstände von 150^{d} bis 200^{d} und Zeiten ganz geringer Lichtänderung unterbrochen werden.

1766. 112.1940 **Aql** μ Cephei-Stern; $14^{m}6$—$15^{m}2$.

Flache, unregelmäßige, lange Wellen ohne Stillstände und ohne rasche Veränderungen. Der Stern ist auf Blauplatten $0^{m}2$ bis $0^{m}4$ schwächer als auf Kranz-Platten.

1767. 339.1943 Aql Mira-Stern; $14^m_.3$—[$16^m_.4$.

$M = 242\,8010 + 359^d \cdot E$.

Max.	Gr.	E	B−R	Max.	Gr.	E	B−R
242 8015	$14^m_.3$	0	+ 5^d	242 9800	$14^m_.3$	5	-5^d
8355	14.8	1	−14	243 0155	14.5	6	−9
8720	14.6	2	− 8	0530	—	7	+7
9080	14.3	3	− 7	0875	—	8	−7
9440	14.3	4	− 6	1240	14.3	9	−1

Eine Halbierung der Periode ist unwahrscheinlich.

1768. 340.1943 Aql RR Lyrae-Stern; $14^m_.8$—$15^m_.5$.

$M = 242\,9496.383 + 0^d_.298934 \cdot E$.

$M - m = 0^d_.02$ Typus RRa.

Max.	Gr.	E	B−R
242 9496.383	$14^m_.82$	0	$0^d_.000$
243 0900.461	14.87	4697	−0.015
0965.370	14.87	4914	+0.025
0994.342	14.65	5011	+0.001
1000.321	14.74	5031	+0.001
1262.471	14.77	5908	−0.014
1321.379	14.77	6105	+0.004
1323.470	14.85	6112	+0.002
1324.379	14.85	6115	+0.015

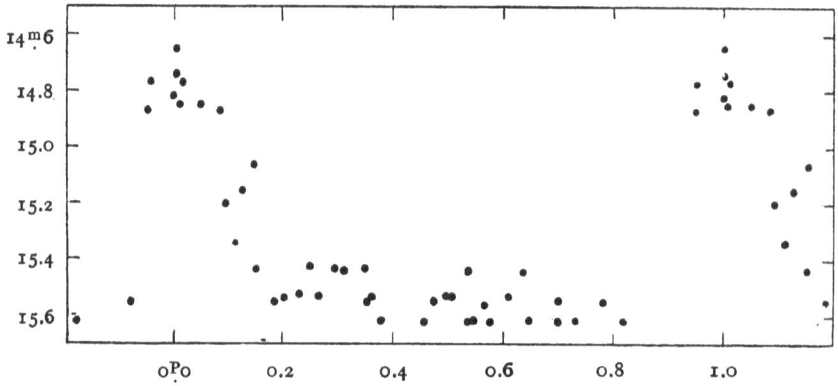

340.1943 Aquilae

1769. 113.1940 Aql Mira-Stern; $14^m_.0$—$16^m_.2$.

$M = 242\,8255 + 158^d \cdot E$.

Max.	Gr.	E	B−R	Max.	Gr.	E	B−R
242 8250	$14^m_.2$	0	− 5^d	242 9840	$14^m_.4$	10	+ 5^d
8410	14.7	1	− 3	0160	14.7	12	+ 9
8730	14.3	3	+ 1	243 0490	14.3	14	+23
9060	14.5	5	+15	0615	14.0	15	−10
9190	14.5	6	−13	0940	14.3	17	− 1
9510	14.3	8	− 9	1240	14.0	19	−17

Die Minima sind spitz, die Maxima rund.

1770. **341.1943 Aql** Langperiodisch?; $15^{m}.2$—$16^{m}.4$.
Da der Stern auf den Triplet-Platten nicht zu schätzen ist und nur ungefähr 50 Beobachtungen auf Platten des 40 cm-Astrographen zur Verfügung stehen, ist über die Art des Lichtwechsels keine sichere Angabe zu machen. Der jedenfalls nicht sehr rote Stern scheint eine Periode von ungefähr 110^{d} zu haben. Eventuell RV Tauri-Typus.

1771. **114.1940 Aql** Langsam veränderlich; $13^{m}.7$—$14^{m}.2$.
Die Helligkeit dieses Sterns schwankt auf Blau-Platten zwischen $13^{m}.4$ u. $13^{m}.8$, auf Kranz-Platten zwischen $13^{m}.7$ und $14^{m}.2$. Die Veränderlichkeit ist zweifellos reell, und die Beobachtungen sprechen für UV Bootis-Typus. Die Reihenaufnahmen geben keinerlei Hinweis auf rasche Veränderlichkeit.

1772. **115.1940 Aql** Mira-Stern; $13^{m}.9$—[$16^{m}.3$.

$$M = 242\,9115 + 333^{d} \cdot E.$$

Max.	Gr.	E	$B-R$	Max.	Gr.	E	$B-R$
242 9115	$14^{m}.0$	0	0^{d}	242 9790	$13^{m}.9$	2	$+9^{d}$
9445	14.2	1	−3				

Die angegebenen Elemente werden noch durch einige Einzelbeobachtungen bestätigt. Die Maxima sind spitz.

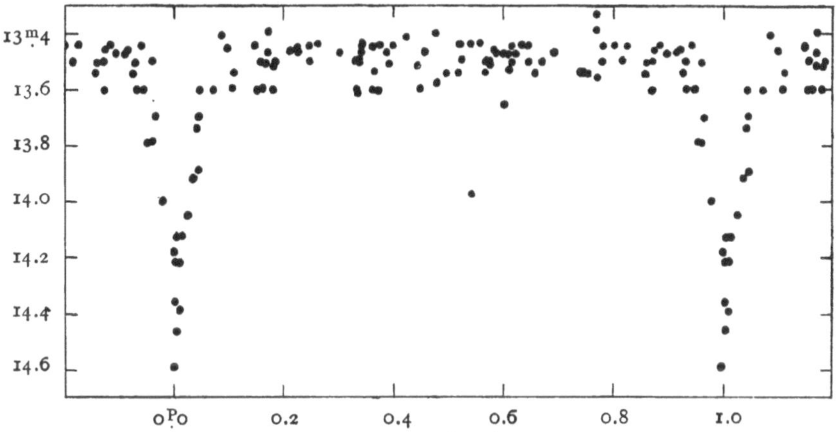

116.1940 Aquilae

1773. **116.1940 Aql** Algol-Stern; $13^{m}.5$—$14^{m}.5$.

$$m = 242\,8045.362 + 1^{d}.259869 \cdot E.$$
$$D = 3^{h}.0;\ d = 0^{h}.0.$$

Min.	Gr.	E	$B-R$
242 8045.367	$14^{m}.13$	0	$+0^{d}.005$
8423.343	14.13	300	+0.020
8729.465	14.59	543	−0.005
8782.357	14.00	585	−0.028
9025.542	14.22	778	+0.002
9112.469	14.18	847	−0.002
9839.426	14.22	1424	+0.011
243 0164.463	14.36	1682	+0.002
0819.597	14.46	2202	+0.004

1774. **117.1940 Aql** Algol-Stern; $13^{m}_{.}0$—$14^{m}_{.}1$.

$m = 242\,8067.342 + 1^{d}_{.}069343 \cdot E$.

$D = 2^{h}_{.}6$; $d = 0^{h}_{.}0$.

Min.	Gr.	E	$B-R$
242 8067.327	$14^{m}_{.}15$	0	$-0^{d}_{.}015$
9071.461	13.85	939	+0.006
9087.508	14.20	954	+0.013
9546.281	14.20	1383	+0.038
9931.252	14.15	1743	+0.045
243 0582.409	14.10	2352	−0.028
1292.468	14.10	3016	−0.012
1321.379	13.85	3043	+0.026
1322.421	14.10	3044	−0.001
1323.470	13.77	3045	−0.021
1352.341	13.94	3072	−0.023

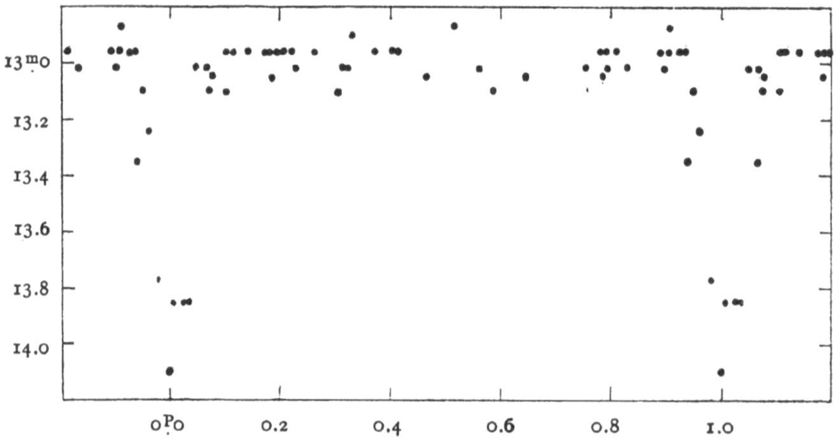

117.1940 Aquilae

1775. **342.1943 Aql** RR Lyrae-Stern; $14^{m}_{.}8$—$15^{m}_{.}4$.

$M = 242\,9453.438 + 0^{d}_{.}36413 \cdot E$; Typus RRa.

Max.	Gr.	E	$B-R$
242 9453.429	$14^{m}_{.}97$	0	$-0^{d}_{.}009$
9488.391	14.85	96	−0.003
9515.328	15.01	170	−0.012
243 0147.494	14.97	1906	+0.024
1239.512	14.70	4905	+0.016
1322.504	14.91	5133	−0.013

Da der Stern dicht am Plattenrand liegt, ist er schwierig zu schätzen. Die mittlere Lichtkurve zeigt infolgedessen eine stärkere Streuung.

1776. **118.1940 Aql** RR Lyrae-Stern; $14^{m}_{.}7$—$15^{m}_{.}3$.

$M = 242\,9071.461 + 0^{d}_{.}57724 \cdot E$.

$M - m = 0^{d}_{.}09$ Typus RRa.

Max.	Gr.	E	$B-R$
242 9071.461	$14^m\!.64$	0	$0^d\!.000$
9108.413	14.72	64	+0.009
243 0177.490	14.89	1916	+0.037
0965.370	14.62	3281	−0.015
1028.283	14.64	3390	−0.022
1321.505	14.85	3898	−0.037

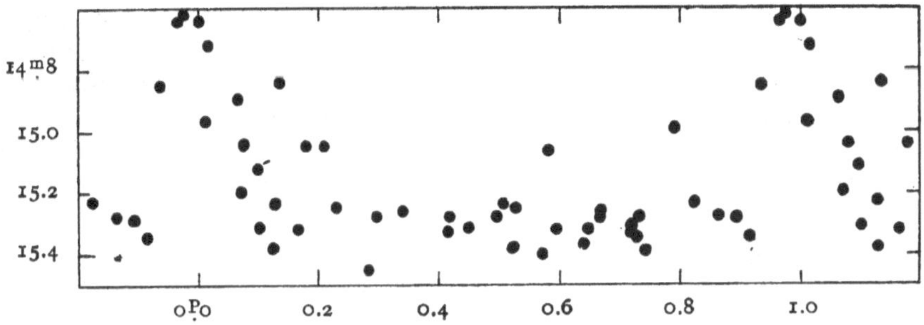

118.1940 Aquilae

1777. 119.1940 **Aql** Algol-Stern; $13^m\!.65$—$14^m\!.55$.

$m = 242\,8746.408 + 1^d\!.59289 \cdot E.$

$D = 3^h\!.8,\ d = 0^h\!.0.$

Min.	Gr.	E	$B-R$
242 8746.422	$14^m\!.52$	0	$+0^d\!.014$
9023.556	14.47	174	−0.015
9106.436	14.39	226	+0.035
9157.337	14.39	258	−0.037
9727.598	14.47	616	−0.030
243 0463.552	14.57	1078	+0.009
0976.473	14.47	1400	+0.019

Das Nebenminimum zeigt, daß die Periode nicht zu verdoppeln ist, obgleich die Elemente nur gerade Epochen ergeben.

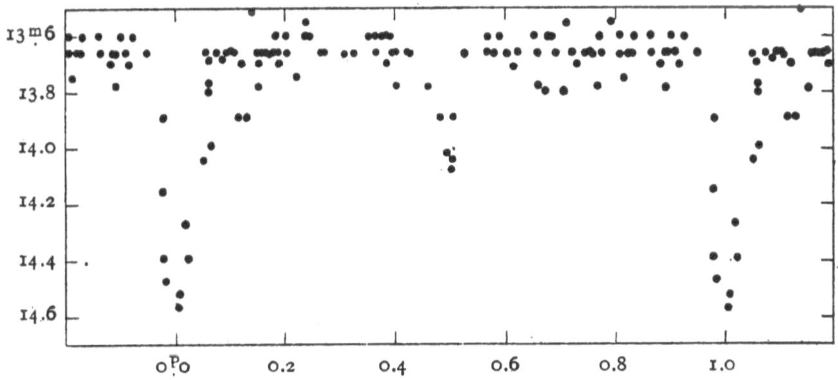

119.1940 Aquilae

1778. 343.1943 **Aql** Langsam veränderlich?; $14^m_.1$—$14^m_.4$.

Die Helligkeit dieses Sterns, der stärker als die Vergleichsterne gerötet ist, zeigt nur geringe Schwankungen, die jedoch reell sein dürften und auf langsame Veränderlichkeit schließen lassen.

1779. 344.1943 **Aql** RW Aurigae-Stern; $14^m_.8$—[$16^m_.5$.

Der Stern zeigt besonders in der Zeit von 242 9025 bis 9200 einen raschen Lichtwechsel. Es wurden eine Helligkeitszunahme um $1^m_.0$ in höchstens 3^d und um $1^m_.6$ in höchstens 19^d, eine Abnahme um $1^m_.5$ in höchstens 33^d beobachtet. In der übrigen Zeit, über die sich die Beobachtungen erstrecken, gehen die Lichtänderungen etwas weniger rasch vor sich. Jedoch scheint der Stern ständig seine Helligkeit zu ändern; Stillstände wurden nicht beobachtet.

1780. 345.1943 **Aql** Mira-Stern; $14^m_.9$—[$16^m_.6$.

$M = 242\,8825 + 285^d \cdot E.$

Max.	Gr.	E	$B-R$	Max.	Gr.	E	$B-R$
242 8825	—	0	0^d	243 0535	$15^m_.1$	6	0^d
9100	$14^m_.9$	1	−10	0820	15.0	7	0
243 0250	15.3	5	0				

1781. 346.1943 **Aql** Mira-Stern; $14^m_.8$—[$16^m_.3$.

$M = 242\,9070 + 306^d \cdot E.$

Da der Stern auf den Triplet-Platten nicht zu beobachten ist, ist die Zahl der zur Verfügung stehenden Beobachtungen etwas gering. Die Erhellungen lassen sich widerspruchslos durch eine Periode von 306^d darstellen. Eine Halbierung dieser Periode kommt nicht in Betracht, doch bleibt sie etwas unsicher, weil immer nur Teile des an- oder absteigenden Astes und keine vollständigen Maxima beobachtet werden konnten.

1782. 347.1943 **Aql** Mira-Stern; $13^m_.8$—$16^m_.5$.

$M = 242\,9200 + 285^d \cdot E.$

Max.	Gr.	E	$B-R$	Max.	Gr.	E	$B-R$
242 9200	$13^m_.8$	0	0^d	243 0900	$14^m_.8$	6	-10^d
9420	14.0	1	−65				

Die Elemente werden durch Beobachtungen des absteigenden Astes von *E* 3 und *E* 7 und des ansteigenden Astes von *E* 5 bestätigt.
Anscheinend konstante Phase von ungefähr 120^d im Minimum.

1783. 348.1943 **Aql** Unregelmäßig; $12^m_.8$—$13^m_.7$.

Der Stern ist nur auf den Platten des 40 cm-Astrographen zu beobachten. Über die Farbe ist nichts bekannt. Die Beobachtungen zeigen einen Teil einer längeren Welle und vier kürzere Wellen von $0^m_.4$ bis $0^m_.8$ Amplitude und 30^d bis 70^d Länge.

1784. 349.1943 **Aql** Z Aquarii-Stern; 14^m1—15^m4.
$M = 242\ 9478 + 223^d \cdot E$.

Der Stern liegt außerhalb des Bereichs der Triplet-Platten, so daß die Zahl der zur Verfügung stehenden Beobachtungen gering ist.

Max.	Gr.	*E*	*B–R*
242 9483	14^m4	0	$+5^d$
243 0177	14.4	3	+30
0568	14.4	5	−25
1028	14.1	7	−11
1262	14.1	8	0

Die übrigen Beobachtungen widersprechen den angegebenen Elementen nicht, doch bleiben diese unsicher. Eventuell ist die Periode zu halbieren.

1785. 350.1943 **Aql** Mira-Stern; 13^m0—[16^m4.
$M = 243\ 1235 + 367^d \cdot E$.

Dieser Stern ist ebenfalls nur auf Platten des 40 cm-Astrographen zu beobachten. Die graphische Darstellung des Lichtwechsels gibt sechsmal Stücke des absteigenden Astes und deutet auf eine Periode von 367^d. Eine Halbierung dieser Periode kommt wohl nicht in Betracht.

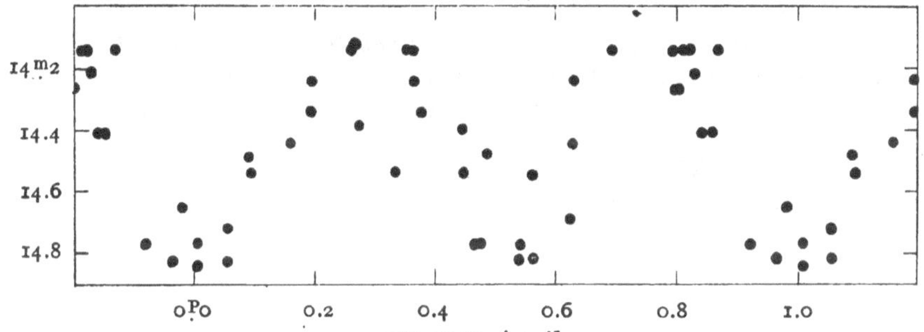

351.1943 Aquilae

1786. 351.1943 **Aql** W Ursae Maioris-Stern; 14^m2—14^m8.
$m_1 = 242\ 9108.388 + 0^d.457394 \cdot E$.

Min.	Gr.	*E*	*B–R*
242 9108.413	14^m82	0	$+0^d.025$
9195.276	14.82	190	−0.017
9429.482	14.77	702	+0.003
243 0568.415	14.72	3192	+0.025
0900.461	14.84	3918	+0.003
0965.370	14.77	4060	−0.038
1028.283	14.77	4197.5	−0.016
1262.471	14.77	4709.5	−0.014
1317.399	14.82	4829.5	+0.027
1321.505	14.77	4838.5	+0.016
1322.421	14.82	4840.5	+0.018

Feld ξ Herculis

C. Hoffmeister

278. 184.1931 **Her** δ Cephei-ähnlich; $13^m.8$—$14^m.2$.

Die kleine Amplitude erschwert die Aufklärung des Falles. Bedeckungslichtwechsel, wie zuerst vermutet, kommt nicht in Betracht. Die Reihenaufnahmen sprechen gegen raschen Lichtwechsel. Überall, wo dichte Teilreihen über mehrere Tage verteilt zur Verfügung stehen, ergeben sich δ Cephei-artige Wellen, jedoch mit stark wechselnden Perioden zwischen $2^d.8$ und $5^d.5$, und es gelang nicht, über längere Zeit eine Darstellung zu erzielen. Es ist leider nicht möglich, zu entscheiden, ob eine Variante des EM Cygni-Typus oder ein Fall von RW Aurigae-ähnlichem Lichtwechsel wie CE Cas vorliegt. Die Farbe des Sterns weicht nicht merklich von derjenigen der Nachbarsterne ab.

279. 185.1931 **Her** RR Lyrae-Stern; $12^m.9$—$13^m.5$.

$M = 243\ 0938.32 + 0^d.31836 \cdot E.$

$M - m = 0^d.135$ Typus RRc.

Max.	E	$B-R$	Max.	E	$B-R$
243 0938.330	0	$+0^d.010$	243 0972.420	107	$+0^d.035$
0939.570	4	−0.023	0973.340	110	0.000
0941.500	10	−0.004	0990.500	164	−0.031
0969.550	98	+0.031			

Die stumpfen Maxima und ziemlich spitzen Minima lassen fast W UMa-Lichtwechsel vermuten, doch scheint die Asymmetrie der Kurve gesichert. Die verwerteten Epochen sind aus Reihenaufnahmen gewonnen.

280. 174.1936 **Her** RR Lyrae-Stern; $13^m.9$—$15^m.1$.

$M = 242\ 6096.482 + 0^d.628872 \cdot E.$

$M - m = 0^d.082$ Typus RRa.

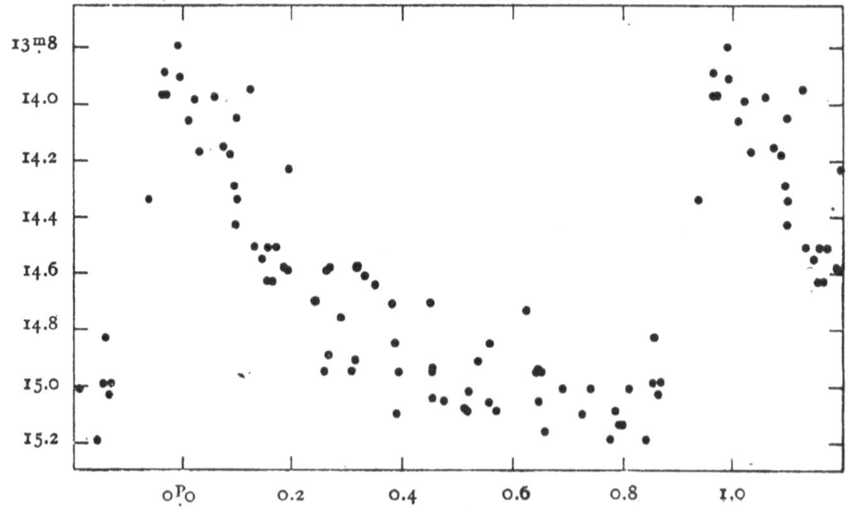

174.1936 Herculis

Max.	E	B−R	Max.	E	B−R
242 6096.482	0	0ᵈ000	242 7533.514	2285	+0ᵈ059
6440.448	547	−0.027	7926.459	2910	−0.041
6474.430	601	−0.004	243 0939.400	7701	−0.025
6506.464	652	−0.043	0944.486	7709	+0.030
6620.309	833	−0.023	0973.379	7755	−0.005
6794.512	1110	−0.018	0990.365	7782	+0.001
7516.522	2258	+0.047			

281. **FS Her** RR Lyrae-Stern; $13^m_.2$—$14^m_.3$.

M=242 6216.455+$0^d_.4617335 \cdot E$.

$M-m$=$0^d_.078$ Typus RRa.

Max.	E	B−R	Max.	E	B−R
242 6216.480	0	+0ᵈ025	242 7492.675	2764	−0ᵈ011
6217.378	2	0.000	7745.258	3311	+0.003
6476.413	563	+0.002	243 0939.540	10229	+0.013
6744.654	1144	−0.024	0940.447	10231	−0.003
6750.656	1157	−0.025	0969.530	10294	−0.010
7131.612	1982	+0.001	0972.315	10300	+0.005
7462.672	2699	−0.002			

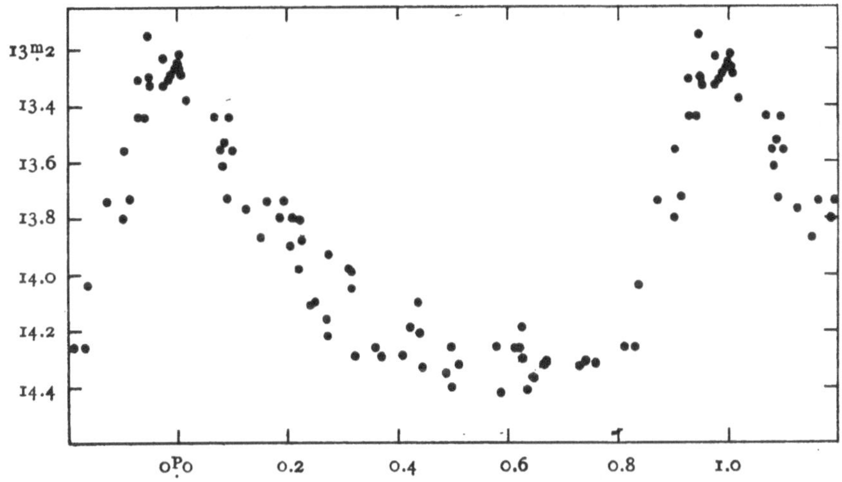

FS Herculis

282. 187.1931 **Her** Langperiodisch; $13^m_.5$—$15^m_.1$.

M=242 6225+$400^d \cdot E$.

$M-m$=130^d bis 250^d.

Beobachtet sind die Maxima E = 0,1, 3, 4 und 5. Die Kurve verläuft recht unregelmäßig mit sekundären Erhebungen und manchmal ziemlich raschen Änderungen. Die beobachteten Maxima sind jedoch von nahezu gleicher Höhe. Farbzahl $+0^m_.4$.

283. 191.1931 Her RR Lyrae-Stern; $14^m_.1$—$14^m_.6$.
M=242 6096.515+$0^d_.1989590 \cdot E$.
$M-m$=$0^d_.10$ Typus RRc.

Max.	E	$B-R$	Max.	E	$B-R$
242 6096.482	0	$-0^d_.033$	242 6842.477	3749	$+0^d_.065$
6099.526	15	+0.027	7312.378	6111	+0.025
6113.428	85	+0.001	7505.527	7082	−0.016
6117.433	105	+0.027	7511.542	7112	+0.031
6119.432	115	+0.037	7513.559	7117	+0.053
6122.438	130	+0.058	7516.522	7137	+0.037
6145.454	246	−0.005	7532.442	7217	+0.040
6221.456	628	−0.005	7711.311	8116	+0.045
6243.332	738	−0.015	7745.258	8287	−0.030
6497.432	2015	+0.015	243 0938.376	24336	−0.005
6498.449	2020	+0.037	0969.415	24492	−0.004
6794.512	3508	+0.049	0972.405	24507	+0.002
6827.477	3674	−0.013	0973.400	24512	+0.002

Außer den letzten 4 Maxima beruhen alle Epochen auf einzelnen Platten. Bei einer normalen Belichtungszeit von $0^d_.083$=0.42 P ist eine bessere Darstellung nicht zu erwarten. Da die Formel auch an den Minima geprüft wurde, bestehen keine Zweifel an ihrer Richtigkeit. Dagegen konnte nicht mit voller Sicherheit entschieden werden, ob nicht W UMa-Art vorliegt; jedoch spricht die sinusförmige Lichtkurve gegen diese Annahme. Der Veränderliche ist etwas blauer als die Vergleichsterne.

284. FT Her Algol-Stern; $13^m_.8$—$14^m_.8$.
m=242 6112.47+$5^d_.6486 \cdot E$.
D=22^d:, d nicht bestimmbar.

Min.	E	$B-R$	Min.	E	$B-R$
242 6112.42	0	$-0^d_.05$	242 6750.66	113	$-0^d_.10$
6146.46	6	+0.10	6767.57	116	−0.14
6468.40	63	+0.07	7513.56	248	+0.24

Da die genaue Zeit der Minima nicht bestimmt werden konnte, sind die Elemente noch wenig sicher.

285. IP Her RR Lyrae-Stern; $12^m_.9$—$13^m_.6$.
Die 29 Beobachtungen auf Reihenplatten wurden mittels der Elemente von VAN SCHEWICK (Astron. Nachr. 211.139) reduziert und ergaben ein Normalmaximum:

243 0941.478 E=6691 $B-R$=+$0^d_.008$.

Zu einer Verbesserung der Periode besteht demnach kein Anlaß. Für $M-m$ finde ich $0^d_.12$ (VAN SCHEWICK $0^d_.11$) und zähle den Stern dem Typus RRb zu.

286. FW Her β Lyrae-Stern; $14^m_.4$—$14^m_.9$.
Die Reihenaufnahmen ergaben ein Minimum:

243 0973.470 E=5062 $B-R$= +$0^d_.061$

und daraus die verbesserten Elemente:

$$m_1 = 242\ 6744.614 + 0^d.835412 \cdot E.$$

$$A_1 = 0^m.5 \quad A_2 = 0^m.15.$$

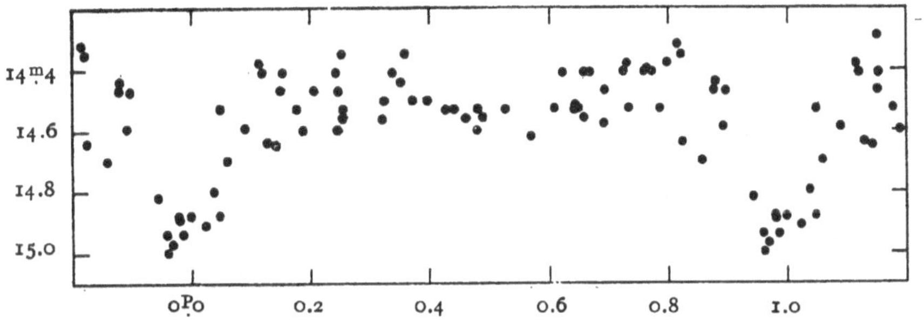

FW Herculis

287. 202.1931 Her RR Lyrae-Stern; $14^m.4$—$15^m.2$.

$$M = 242\ 6112.400 + 0^d.5981358 \cdot E.$$

$M - m = 0^d.10$ Typus RRa.

Max.	*E*	*B−R*	Max.	*E*	*B−R*
242 6112.419	0	$+0^d.019$	242 6771.545	1102	$-0^d.001$
6146.457	57	−0.037	7131.612	1704	−0.011
6216.480	174	+0.004	7155.588	1744	+0.039
6478.428	612	−0.031	7532.442	2374	+0.068
6484.439	622	−0.001	243 0973.450	8127	0.000
6744.654	1057	+0.024			

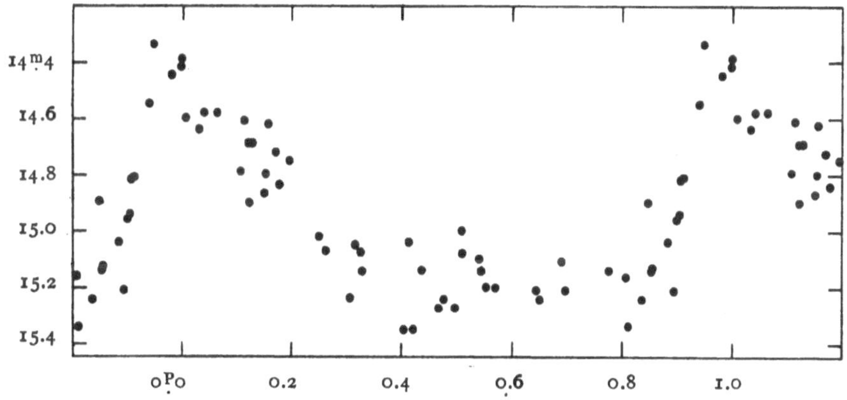

202.1931 Herculis

288. FY Her RR Lyrae-Stern; $14^m.2$—$14^m.6$.

$$M = 242\ 6092.420 + 0^d.250686 \cdot E.$$

$M - m = 0^d.125$ Typus RRc.

Max.	*E*	*B−R*	Max.	*E*	*B−R*
242 6092.452	0	$+0^d.032$	242 6476.413	1532	$-0^d.058$
6215.471	491	−0.036	6478.428	1540	−0.048
6470.495	1508	+0.041	7462.672	5466	+0.002

Max.	E	$B-R$	Max.	E	$B-R$
242 7668.476	6287	$-0^d.007$	243 0940.405	19339	$-0^d.032$
7711.311	6458	−0.039	0944.486	19355	+0.038
7924.483	7308	+0.050	0969.500	19455	−0.016
7925.456	7312	+0.020	0973.505	19471	−0.022
7926.459	7316	+0.020			

289. 180.1936 Her RR Lyrae-Stern; $15^m.1-16^m.3$.
$M=242\ 6095.488+0^d.3156885 \cdot E$.
$M-m=0^d.070$ Typus RRa.

Max.	E	$B-R$	Max.	E	$B-R$
242 6095.471	0	$-0^d.017$	242 7513.559	4492	$-0^d.002$
6119.432	76	−0.048	7533.514	4555	+0.065
6190.534	301	+0.024	7745.258	5226	−0.018
6215.471	380	+0.021	7926.459	5800	−0.022
6221.456	399	+0.008	7927.467	5803	+0.039
6397.620	957	+0.018	243 0938.451	15341	−0.014
7131.612	3282	+0.034	0939.390	15344	−0.022
7181.467	3440	+0.011	0969.428	15439	−0.025
7326.343	3899	−0.014	0973.510	15452	+0.003

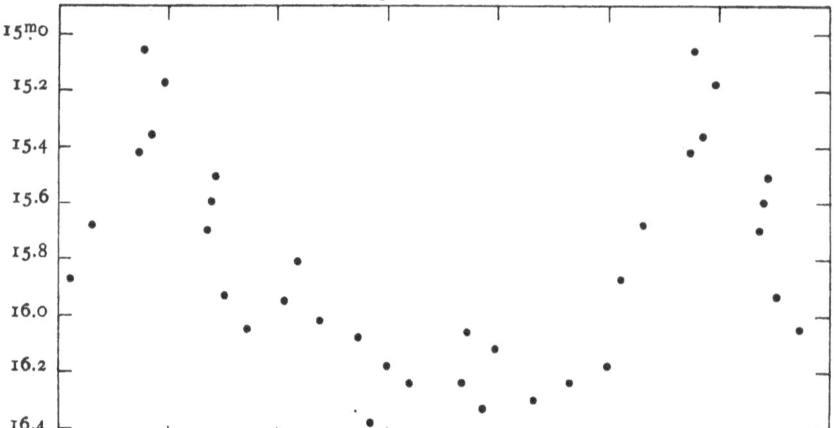

180.1936 Herculis

291. 182.1936 Her RR Lyrae-Stern; $14^m.1-14^m.4$.
$M=243\ 0939.36+0^d.31929 \cdot E$.
$M-m=0^d.16$ Typus RRc.

Max.	E	$B-R$	Max.	E	$B-R$
243 0939.36	0	$0^d.00$	243 0973.51	107	$-0^d.01$
0944.48	16	+0.01	0990.46	160	+0.01
0969.36	94	−0.01			

Auf Triplet-Platten konnten keine zuverlässigen Epochen ermittelt werden. Der angegebene Periodenwert ist daher noch wenig genau.

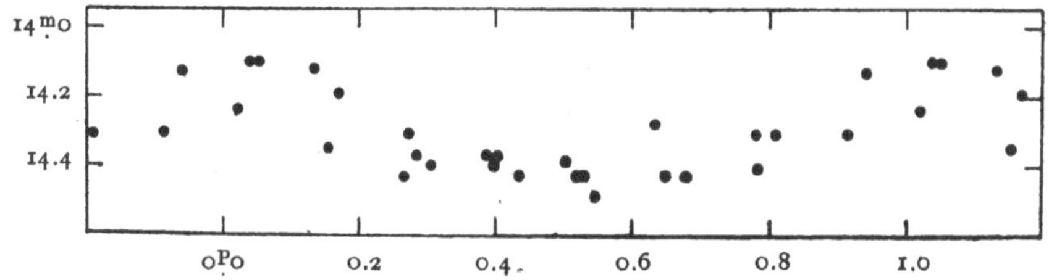

182.1936 Herculis

292. 184.1936 Her RR Lyrae-Stern; 15m4—15m7.
M=243 0940.40+0d35902 · E.
$M-m$=0d07 Typus RRa.

Max.	E	$B-R$	Max.	E	$B-R$
243 0940.40	0	0d00	243 0972.35	89	0d00
0941.47	3	−0.01	0973.43	92	0.00
0969.47	81	−0.01			

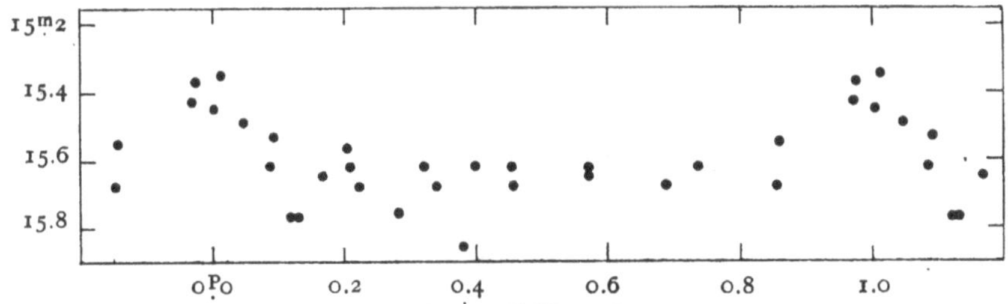

184.1936 Herculis

Die Lichtkurve ist mit dem langen Stillstand im Minimum ungewöhnlich. Angesichts der kleinen Amplitude ist die Frage berechtigt, ob nicht die Darstellung der wenigen hellen Beobachtungen auf Zufall beruht und der Stern in Wirklichkeit unveränderlich ist. Dem steht entgegen, daß die Veränderlichkeit auf den Triplet-Platten entdeckt wurde, die vorstehende Darstellung jedoch nur die Reihenplatten des 40 cm-Astrographen benutzt. Auf meinen Wunsch hat Herr Ahnert letztere Platten unabhängig durchgesehen und sich ebenfalls für die Realität des Lichtwechsels ausgesprochen. Es wäre noch zu bemerken, daß ein sehr günstiger Vergleichstern vorhanden ist.

293. 186.1936 Her RW Aurigae-ähnlich; 13m9—14m8.

Am Anfang der Reihe von 242 6092 bis 6245 verhielt sich der Stern sehr unruhig mit raschen Schwankungen zwischen 13m9 und 14m4. Auch zwischen 6395 und 6475 kommen rasche Änderungen vor; gesichert scheint u. a. ein Aufstieg von 6440 14m5 auf 6444 14m0. Im weiteren Verlauf ist der Lichtwechsel viel ruhiger mit längeren Wellen, die nur noch selten durch kleine rasche Schwankungen unterbrochen werden. Ein Stillstand bei 14m3 dauerte von 7492 bis mindestens 7711.

Auf den (blauempfindlichen) Astrographenplatten ist der Stern von 243 0938 bis 0990 konstant 14m4. Der Veränderliche ist gelb: Farbzahl +0m2, auf panchromatischer Filterplatte 0m6 heller.

294. **188.1936 Her** W Ursae maioris-Stern; $13^m_.1$—$13^m_.5$.

m_1=242 6419.498+$0^d_.6052626 \cdot E$.

$A_1=A_2=0^m_.4$.

Min.	E	$B-R$	Min.	E	$B-R$
242 6419.534	0	$+0^d_.036$	242 7924.483	2486.5	$0^d_.000$
6498.449	130.5	−0.036	243 0938.405	7466	+0.016
7101.635	1127	+0.006	0973.505	7524	+0.011
7516.522	1812.5	−0.014	0990.419	7552	−0.022
7668.476	2063.5	+0.019			

Die Form der Lichtkurve weist auf eine geringe Exzentrizität hin. Die Beobachtungen des Sterns sind durch Randnähe etwas erschwert.

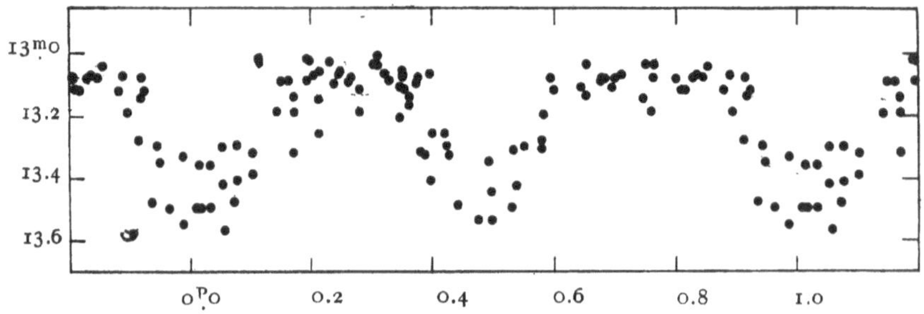

188.1936 Herculis

1787. **AU Her** Mira-Stern; $12^m_.6$—[$17^m_.0$.

M=242 6307+$399^d \cdot E$.

Max.	E	$B-R$	Max.	E	$B-R$
242 4311:	−5	-1^d	242 7095	2	-10^d
6308:	0	+1	7480	3	−24
6713	1	+7	7925	4	+22

Die erste Epoche entspricht einer der Entdeckungsbeobachtungen von H. G. Scott Barrett (Astron. Nachr. **230**.47). An derselben Stelle sind folgende Beobachtungen mitgeteilt (vgl. auch Astron. Nachr. **253**.220)

241 9575 $15^m_.9$: 242 3978 $14^m_.2$.

Nach den Elementen liegt die erste Beobachtung 48^d nach dem Maximum $E = -17$, die zweite 62^d nach dem Maximum $E = -6$. Nach Sonneberger Astrographenplatten war der Veränderliche zu den Zeiten 242 9421 und 243 0938 bis 0990 unsichtbar, [16^m. — Die Maxima sind sehr verschieden hoch, anscheinend zwischen $12^m_.6$ und $14^m_.6$, die hellen spitz, die schwachen stumpf. Das Maximum $E = +3$ lag sicher vor 242 7500; die große Abweichung ist nicht in der Ungenauigkeit der Beobachtungen begründet. Das unsicher beobachtete Maximum $E = +4$ lag eher später als früher.

Feld γ Sagittae.

A. van de Voorde.

1788. **352.1936 Vul** S Vulpeculae-Art; $13^m_.3$—$14^m_.4$.

Die in den Zeiten 242 7540 bis 7700, 9725 bis 9875, 243 0140 bis 0260, 0800 bis 1000 beobachteten Maxima lassen sich durch

M=242 7557+$72^d \cdot E$ darstellen.

Max.	Gr.	*E*	*B–R*	Max.	Gr.	*E*	*B–R*
242 7550	13^m4	0	-7^d	243 0150	13^m4	36	$+1^d$
7610	13.5	1	−19	0225	13.6	37	+ 4
7778	13.4	3	+ 5	0870	13.4	46	+ 1
9725	13.5	30	+ 8	0932	13.3	47	− 9
9800	13.5	31	+11	1000	13.4	48	−13
9875	13.5	32	+14				

In den Zwischenzeiten sind die Form der Maxima und die Amplitude des Lichtwechsels stark veränderlich. Zeitweise ähnelt die Lichtkurve der eines μ Cephei-Sterns. Der Stern ist rot: Farbzahl $+0^m4$. Eine Aufnahme mit Gelbfilter auf panchromatischer Platte zeigt den Stern 1^m2 heller als auf Kranz-Ultra-Platten.

1789. **354.1936 Sge** RW Aurigae-ähnlich; 13^m3—14^m5.
Die Lichtkurve zeigt in der Zeit von 242 7540 bis 7735 Wellen von 0^m6 Amplitude und 60^d bis 100^d Dauer, wobei die mittlere Helligkeit abnimmt von 13^m6 bis 14^m2. Es folgt dann bis 8000 eine Zeit langsamen, regellosen Lichtwechsels. Bei 9071 (13^m3) vermindert sich das Licht bis auf 14^m3 (9075), worauf ein schneller Anstieg bis 13^m6 (9078) erfolgt. Ähnliche rasche Änderungen wurden ferner beobachtet: 9110 (13^m9) bis 9115 (14^m4); 243 0147 (14^m3) bis 0149 (13^m9). Von 9400 bis etwa 0500 verläuft der Lichtwechsel meistens langsam und regellos; bei 0520 setzt ein Stillstand auf der Größe 13^m9 ein, der bei 0605 und 0630 durch geringe Schwächungen um etwa 0^m3 unterbrochen wird. Der Stern ist gelb.

1790. **358.1936 Vul** μ Cephei-Art; 13^m4—13^m8.
Charakteristisch für diesen Stern ist das sehr gut eingehaltene Normallicht 13^m4, das nur an einzelnen Stellen (wie 242 7580, 8050, 9375, 243 0220, 0530, 1015) durch etwa 20^d bis 50^d andauernde Schwächungen bis 13^m8 unterbrochen wird. Bei 9070 bis 9200 wurden außerdem Wellen von etwa 0^m2 Amplitude und 75^d Dauer festgestellt. Farbzahl $+0^m5$.

1791. **360.1936 Vul** μ Cephei-Art; 13^m5—14^m7.
Aus dem Normallicht 14^m7 heraus erheben sich verhältnismäßig rasch verlaufende Helligkeitsausbrüche in Abständen von 65^d bis 400^d, welche etwa 50^d dauern und 0^m5 bis 1^m2 Amplitude haben (Maxima: 242 7660: 14^m2, 8010 14^m2, 9060 13^m5, 9125: 14^m1, 9430 14^m0, 243 0150 14^m2, 0590 14^m1, 0810 13^m5:). Farbzahl $+0^m7$. Auf Blauplatten im Normallicht schwächer als 16^m0.

1792. **361.1936 Vul** Mira-Stern; 11^m6—[16^m5.
M=242 7713+$329^d \cdot E$.

Max.	Gr.	*E*	*B–R*	Max.	Gr.	*E*	*B–R*
242 7710	12^m5	0	-3^d	242 9370	12^m3	5	$+12^d$
8036	11.9	1	−6	9690	11.8:	6	+ 3
8362	11.6	2	−9	243 0350	?	8	+ 5[1])
8700	12.5	3	0	1000	12.4	10	− 3
9030	11.6:	4	+1	Kurvenform α_2?			

[1]) Nur im An- und Abstieg durch Beobachtungen belegt.

1793. **362.1936 Sge** Mira-Stern; $13^m\!.6$—[$15^m\!.6$.

$M = 242\ 7555 + 213^d \cdot E$.

Max.	Gr.	E	$B-R$	Max.	Gr.	E	$B-R$
242 7570	$14^m\!.1$	0	$+15^d$	242 9900	$14^m\!.4$	11	$+2^d$
8000	14.0	2	+19	243 0310	14.2	13	−14
8395	14.3	4	−12	0530	14.2:	14	−7
9460	13.6	9	−12	0975	14.1::	16	+12

1794. **363.1936 Sge** Mira-Stern; $14^m\!.4$—[$16^m\!.5$.

$M = 242\ 7561 + 255^d \cdot E$.

Max.	Gr.	E	$B-R$	Max.	Gr.	E	$B-R$
242 7570	$14^m\!.4$	0	$+9^d$	242 9860	$14^m\!.8$	9	$+4^d$
8065	14.4	2	−6	243 0149	14.5	10	+38[1])
8325	14.7	3	−1	c614	14.4	12	−7
9085	14.8	6	−6	0885	14.6	13	+9

1795. **364.1936 Vul** Langperiodisch; $15^m\!.2$—[$17^m\!.0$.

$M = 242\ 7711 + 244^d \cdot E$.

Max.	Gr.	E	$B-R$	Max.	Gr.	E	$B-R$
242 7710	$15^m\!.2$	0	-1^d	242 9907	$15^m\!.8$:	9	0^d
9424	15.5:	7	+5	243 0147	15.5:	10	−4

Die Elemente sind unsicher wegen der geringen Helligkeit des Sterns; die Maxima sind durch wenige Beobachtungen belegt.

1796. **365.1936 Sge** Algol-Stern; $13^m\!.7$—$14^m\!.5$.

$m = 243\ 1019.251 + 5^d\!.6032 \cdot E$.

$D = 17^h\!.5 \quad d = 0^h\!.0; \quad D/P = 0.13$.

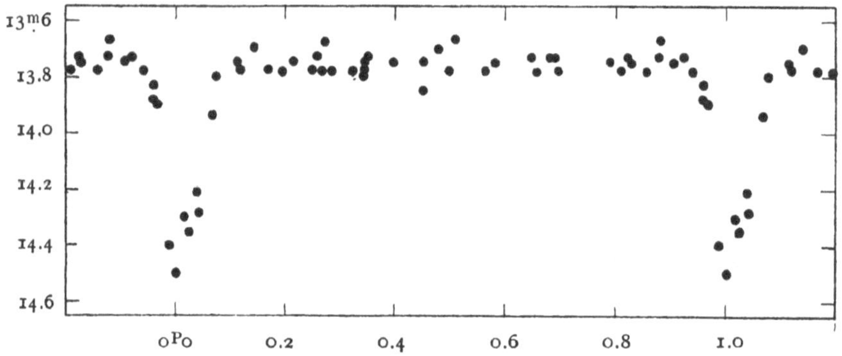

365.1936 Sagittae

Min.	Gr.	E	$B-R$
242 7612.51	$14^m\!.35$	−608	$0^d\!.00$
7685.44	14.3	−595	+0.09
7713.31	14.3	−590	−0.05
7926.54	13.95	−552	+0.26

[1]) Unsichere Einzelbeobachtung.

Min.	Gr.	*E*	*B-R*
242 9080.46	$14^{m}5$	−346	$-0^{d}08$
9876.37	14.2	−204	+0.17
243 0520.48	14.4	− 89	−0.09
0582.40	14.2	− 78	+0.20
1019.25	14.5	0	0.00

1797. **367.1936 Vul** μ Cephei-Art; $12^{m}9$—$14^{m}0$.
Die Lichtkurve verzeichnet über die ganze Beobachtungszeit Wellen von etwa 100^{d} bis 150^{d} Dauer und $0^{m}4$ bis $0^{m}8$ Amplitude. In der Zeit von 242 9070 bis 9170 wurden kürzere Wellen (Dauer 50^{d}, Amplitude $0^{m}5$) festgestellt. Farbzahl $+0^{m}3$:. Auf Blauplatten ist der Stern $0^{m}3$ schwächer.

1798. **370.1936 Vul** R Coronae Borealis-Art; $13^{m}9$—[$15^{m}3$.
Der Stern wurde geschwächt ([$15^{m}0$) beobachtet von 7540 bis 8060; ein sehr spitzes Aufleuchten fand bei 7635 ($14^{m}5$) statt; bei 7930 steigt die Helligkeit rasch an, von [$15^{m}1$ (7925) bis $14^{m}5$ (7930). Bei 8100 etwa wird die Normalhelligkeit erreicht. Von 8300 bis 8450 wurde eine langsame Schwächung beobachtet (kleinstes Licht $14^{m}9$ bei 8385). Von 9070 bis 243 0600 wurde ein für einen R CrB-Stern typischer Lichtwechsel festgestellt: rasches Abnehmen der Helligkeit 9070 $14^{m}0$, 9100 $15^{m}1$, wonach im schwachen Licht eine große Unruhe eintrat. Bei 9500 ist die Normalhelligkeit $14^{m}0$ wieder erreicht. Eine geringe Erhebung bis $13^{m}8$ — also innerhalb der Fehlergrenzen der Beobachtungen — scheint um 9800—9850 vorzukommen. Geringe Schwächungen wurden beobachtet bei 0150 $14^{m}4$, 0200 $14^{m}5$, 0275 $14^{m}2$, 0535 $14^{m}4$. Bei 0650 ($14^{m}0$) setzte ein langsamer Abstieg ein, der bis 1030 ($14^{m}7$) verfolgt werden konnte. Der Stern ist nicht merklich gefärbt.

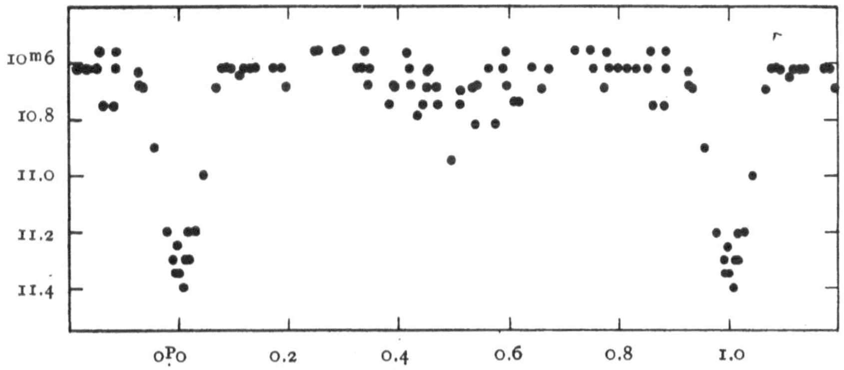

371.1936 Aquilae

1799. **371.1936 Aql** Algol-Stern; $10^{m}6$—$11^{m}4$.

$m = 242\,7685.40 + 3^{d}88\,965 \cdot E$.

$A_1 = 0^{m}8$, $A_2 = 0^{m}3$.

$D_1 = 13^{h}2$, $d = 0^{h}0$; $D/P = 0.14$.

Min.	Gr.	*E*	B−R
242 7685.44	$11^{m}3$	0	$+0^{d}04$
7926.54	11.35	62	−0.02

Min.	Gr.	E	$B-R$
242 8424.34	$11^{m}25$	190	$-0^{d}09$
8428.39	11.2	191	+0.07
9167.32	11.3	381	−0.04
9727.60	11.2	525	+0.13
9906.31	11.2	571	−0.08
243 0260.32	11.35	662	−0.03
0614.35	11.4	753	+0.04

Beobachtungen auf Platten des 14 cm-Triplets.

1800. **372.1936 Vul** μ Cephei-Art; $13^{m}3$—$14^{m}9$.
Am Anfang der Beobachtungen ist ein Abstieg ($13^{m}3$—$14^{m}5$) vermerkt (242 7540—7710), der wahrscheinlich über die letzten Beobachtungen hinaus in der Sonnenlücke noch eine gewisse Zeit andauert. Zwischen 7926 und 8050 wurde eine Doppelwelle bei $14^{m}0$ mit $0^{m}9$ Amplitude beobachtet. Dieser Wellencharakter setzt sich fort bis 243 0300, wo ein Stillstand bei $14^{m}0$ eintritt; von 0800 ab treten wieder Wellen von $0^{m}8$ Amplitude und 200^{d} Dauer auf. Der Lichtwechsel vollzieht sich über eine verhältnismäßig große Amplitude, wie aus einem Abstieg $13^{m}3$ (9100) bis $14^{m}9$ (9190) hervorgeht und wofür in jedem Punkt der Lichtkurve, auch im Endpunkt 9190 gilt $\frac{d^2 m}{d t^2} < 0$. Der Stern ist rot; Farbzahl $+1^{m}0$. Auf Blauplatten wurde er nur einmal beobachtet 9100, $15^{m}0$. Auf den anderen Platten dieser Art ist er [$16^{m}5$.

1801. **373.1936 Sge** Z Aquarii-Art; $14^{m}4$—$16^{m}1$.

$$M = 242\,7630 + 136^{d} \cdot E.$$

Max.	Gr.	E	$B-R$	Max.	Gr.	E	$B-R$
242 7615	$14^{m}8$	0	-15^{d}	242 9940	$14^{m}8$	17	-2^{d}
8310	14.9	5	0	243 0222	14.8	19	+ 8
8717	14.9	8	− 1	0496	14.4	21	+10
9129	15.0	11	+ 3	0636	14.5	22	+14
9540	14.8	14	+ 6	0890	14.9	24	− 4
9800	14.9	16	− 6	1020	15.0	25	−10

Die Lichtkurve zeigt sehr veränderliche Wellen. Die Amplitude schwankt zwischen $0^{m}3$ und $1^{m}6$.

1802. **374.1936 Sge** RW Aurigae-ähnlich; $13^{m}3$—$14^{m}7$.
Der Lichtwechsel verläuft von 242 7540 bis 8400 in unregelmäßigen Wellen: Maxima 7650 $13^{m}3$, 8000—8040 $13^{m}5$ (stumpf), 8345 $13^{m}5$ (spitz). Bei 9100 ist der Lichtwechsel sehr unruhig; es kommen dort raschere Änderungen vor, wie 9107 $13^{m}5$, 9109 $14^{m}0$, wonach ein Stillstand bei $14^{m}0$ eintritt, der bis 9425 eingehalten wird. Nach einer geringen Schwächung um etwa $0^{m}2$ tritt ein rascher Lichtwechsel ein (9514 $13^{m}9$, 9516 $13^{m}5$); die Helligkeit schwankt ziemlich rasch um die mittlere Helligkeit $14^{m}0$ mit einer Amplitude von etwa $1^{m}0$. Von 243 0147 bis 0520 ist der Stern $14^{m}3$. Dann wurde eine Welle beobachtet 0520 $14^{m}3$, 0550 $14^{m}8$, 0620 $13^{m}6$, 0700 $14^{m}3$. Nachher sinkt die Helligkeit in der Zeit von 0700 bis 1000 bis auf $14^{m}5$ ab. Der Stern ist nicht merklich gefärbt.

1803. 375.1936 Vul Mira-Stern; $13^m.5$—[$15^m.5$.
$M=242\ 7655+185^d : E.$

Max.	Gr.	E	B-R	Max.	Gr.	E	B-R
242 7650	$13^m.7$	0	-5^d	242 9875	$13^m.6$	12	0^d
8025	13.7	2	0	243 0240	14.1	14	−5
8400	14.0	4	+5	0435	13.7	15	+5
8770	13.8	6	+5	0615	13.5	16	0
9135	14.5	8	0	0800	13.7	17	0
9500	14.2	10	−5				

1804. 377.1936 Sge Mira-Stern; $14^m.4$—[$16^m.5$.
$M=242\ 7539+277^d \cdot E.$

Max.	Gr.	E	B-R	Max.	Gr.	E	B-R
242 7540	$15^m.1$	0	$+1^d$	242 9760	$15^m.1$	8	$+5^d$
8370	15.2	3	0	243 0308	15.0	10	−1
9200	14.4	6	−1	0578	14.6	11	−8
9475	14.4	7	−3	0865	14.8	12	+2

Der Stern befindet sich etwa 0.5 nördlich von BD +17°4111 ($9^m.3$).

1805. 379.1936 Aql Algol-Stern; $11^m.8$—$13^m.2$.
$m=242\ 7543.53+3.012485 \cdot E \quad D=10^h$:

Min.	E	B-R	Min.	E	B-R
242 7543.56	0	$+0^d.03$	242 9462.52	637	$+0^d.04$
7546.57	1	+0.03	9631.23	693	+0.05
8751.48	401	−0.06	9727.60	725	+0.02
9167.32	539	+0.06	243 0164.46	870	+0.07
9194.31	548	−0.06	0200.51	882	−0.03
9453.43	634	−0.02	0935.59	1126	0.00
9456.47	635	+0.01	1652.54	1364	−0.02
9459.45	636	−0.02			

Das letzte Minimum ist die Ausgangsepoche der Elemente von Kordylewski (SAC 18). (HOFFMEISTER)

1806. 381.1936 Vul Mira-Stern; $13^m.4$—[$16^m.0$.
$M=242\ 7988+309^d \cdot E.$

Max.	Gr.	E	B-R	Max.	Gr.	E	B-R
242 7670	$14^m.0$	−1	-9^d	242 9530	$14^m.2$	5	-3^d
7995	13.5	0	+7	9845	13.4	6	+3
8285	14.2	1	−12	243 0465	13.4	8	+5
9230	?	4	+ 6 [1])				

Kurvenform α_2 ?

[1]) Nur im Anstieg beobachtet.

1807. **383.1936 Vul** Mira-Stern; 14^{m}5—[16^{m}6.

M=242 8442+251^d · E.

Max.	Gr.	E	$B-R$	Max.	Gr.	E	$B-R$
242 7665:	?	−3	−24^d	242 8710	14^{m}5	1	+17^d
7945	14^{m}8	−2	+ 5	9950:	15.2	6	+ 2
8440	14.5	0	− 2	243 0200	14.8	7	+ 1

1808. **384.1936 Sge** μ Cephei-Art; 12^{m}7—13^{m}6.
Von 242 7540 bis 7950 zeigt die Lichtkurve Wellen von etwa 0^{m}6 Amplitude und 50^d Dauer. Von da ab zeigt der Stern die Neigung, ein „Normallicht" 13^{m}2 einzuhalten, von welchem aus Erhellungen auf 12^{m}7 (z. B. bei 8400, Dauer 100^d und bei 9525, Dauer 50^d), und Schwächungen bis 13^{m}6 (z. B. bei 9160, Dauer 50^d) stattfinden.

1809. **385.1936 Aql** Mira-Stern; 13^{m}9—[16^{m}5.

M=242 7535+259^d · E.

Max.	Gr.	E	$B-R$	Max.	Gr.	E	$B-R$
242 7535	13^{m}9	0	0^d	242 9090	14^{m}6	6	+1^d
8046	15.8	2	−7	9875	14.9	9	+9
8320	14.6	3	+8	243 0903	14.1	13	+1

Elemente unsicher, da Beobachtungen spärlich.

1810. **386.1936 Aql** μ Cephei-Art; 13^{m}3—14^{m}3.
Zeitweise treten Wellen von etwa 0^{m}5 bis 1^{m}0 Amplitude und 100^d bis 150^d Dauer auf (242 7540—7800). Der Lichtwechsel war langsamer in folgenden Zeitabschnitten: 7800 (14^{m}2) bis 8000 (13^{m}5); 8280 (13^{m}7) bis 8450 (13^{m}9); 9500 (13^{m}7) bis 9850 (14^{m}2); 243 0700 (13^{m}7) bis 1000 (13^{m}9). Auf panchromatischen Platten mit Gelbfilter ist der Stern 0^{m}7 heller.

1811. **387.1936 Aql** Mira-Stern; 14^{m}4—[15^{m}5.

M=242 7560+300^d · E.

Max.	Gr.	E	$B-R$	Max.	Gr.	E	$B-R$
242 7555	14^{m}4	0	− 5^d	242 9980	14^{m}4	8	+20^d [1])
8435::	15.5	3	−25 [1])	243 0306	14.9	9	+46 [1])
9062	14.4	5	+ 2	0560	14.6	10	0
9375	15.0	6	+15 [1])	0870:	?	11	+10

Die zu den Zeiten der Maxima erlangten Aufnahmen sind zufälligerweise meist schwach belichtet. Deshalb sind die Elemente wahrscheinlich ungenau.

1812. **388.1936 Sge** Mira-Stern; 13^{m}1—[15^{m}9.

M=242 7613+329^d · E.

Max.	Gr.	E	$B-R$	Max.	Gr.	E	$B-R$
242 7610	13^{m}7	0	−3^d	242 0240	13^{m}6	8	− 5^d
7950	13.8	1	+8	0560	13.5	9	−14
8270	13.4	2	−1	0910	13.7	10	+ 7
9920	13.1	7	+4				

---

1) Einzelbeobachtung.

Der Stern bildet mit einem Stern $14^m_.9$ ein sehr enges Paar, das nur auf Platten des 400 mm-Astrographen länglich zu sehen ist.

1813. **392.1936 Sge** Mira-Stern; $14^m_.9$—[$16^m_.5$.

M=242 7542+$252^d \cdot E$.

Max.	Gr.	E	$B-R$	Max.	Gr.	E	$B-R$
242 7525	$15^m_.1$	0	-17^d	242 9808	$14^m_.9$	9	-2^d
8045	15.4	2	−1	243 0315	15.0	11	+1
8315	15.1	3	+17	0550	15.1	12	−16
9070	15.0	6	+16				

Farbzahl $+0^m_.5$.

1814. **394.1936 Aql** μ Cephei-Art; $14^m_.1$—$14^m_.9$.

Der Lichtwechsel vollzieht sich in Wellen von etwa $0^m_.2$ bis $0^m_.7$ und 60^d bis 200^d Dauer um die mittlere Helligkeit $14^m_.4$. Es treten daneben auch verhältnismäßig rasch verlaufende Schwächungen um $0^m_.5$ mit einer Dauer von 25^d bis 35^d auf. Farbzahl $+0^m_.8$. Auf Blauplatten ist der Stern etwa $0^m_.3$ schwächer.

1815. **395.1936 Sge** μ Cephei-Art; $12^m_.6$—$13^m_.3$.

Neben Stillständen bei $12^m_.9$, die bis zu 200^d dauern, kommen Intervalle großer Unruhe vor, wobei die Helligkeit um $0^m_.7$ in Wellen von 40^d bis 200^d Dauer schwankt.

1816. **396.1936 Aql** Mira-Stern; $14^m_.6$—[$16^m_.1$.

M=242 7543+$256^d \cdot E$.

Max.	E	$B-R$	Max.	E	$B-R$
242 7545	0	$+2^d$	242 9850	9	$+3^d$
8306	3	−5	243 0614	12	−1
9075	6	−4	0874	13	+3

Aus den Beobachtungen geht hervor, daß ein Nachbarstern der Größe $16^m_.1$ vorhanden ist, der auch auf Platten des 40 cm-Astrographen nicht vom Veränderlichen getrennt werden kann.

1817. **397.1936 Sge** Mira-Stern; $14^m_.6$—[$16^m_.0$.

M=243 0528+$274^d \cdot E$.

Max.	Gr.	E	$B-R$	Max.	Gr.	E	$B-R$
242 8050	$14^m_.6$	−9	-12^d	242 9980:	$14^m_.9$	−2	0^d
8325	15.3	−8	−11	243 0260:	15.0	−1	+6
9175:	14.8	−5	+17	0520	14.9	0	−8
9450:	15.0:	−4	+18	0790	15.1:	1	−12

1818. **398.1936 Aql** μ Cephei-Stern; $14^m_.6$—$16^m_.1$.

In der Zeit von 242 7543 bis 8400 wurden Wellen von etwa $1^m_.5$ Amplitude und 260^d Dauer beobachtet. Dieser fast periodische Lichtwechsel wird aber nicht eingehalten: das mit M=242 7543+$265^d \cdot E$ berechnete Maximum 9132 fällt in ein relatives Minimum. Die darauffolgenden Beobachtungen weisen auf gelegentliche kürzere Wellen bis zu 100^d Dauer und der Amplitude $0^m_.5$ bis $1^m_.0$ hin. Der Stern ist auf Blauplatten schwächer.

1819. **399.1936 Vul** Mira-Stern; $13^m.8$—[$16^m.5$.

$M = 242\ 7548 + 298^d \cdot E.$

Max.	Gr.	E	$B-R$	Max.	Gr.	E	$B-R$
242 7545	$14^m.2$	0	-3^d	242 9930	$14^m.0$:	8	-2^d
8435	14.8:	3	−7	243 0240	14.6	9	+10
8740	14.5	4	0	0530	13.8	10	+2
9053	13.9	5	+15	0823	14.4	11	−3

1820. **401.1936 Aql** Mira-Stern; $13^m.7$—[$16^m.5$.

$M = 242\ 7581 + 277^d \cdot E.$

Max.	Gr.	E	$B-R$	Max.	Gr.	E	$B-R$
242 7580	$13^m.8$	0	-1^d	242 9520	$14^m.7$	7	0^d
8417	13.7	3	+5	9790	15.0	8	−7
8690:	?	4	+1 [1])	243 0630	13.9	11	+2

1821. **402.1936 Vul** μ Cephei-Art; $15^m.2$—$16^m.5$.

Der Lichtwechsel verläuft in Wellen über die ganze Amplitude und von 300^d bis 400^d Dauer in der Zeit von 242 7600 bis 9600, wonach ein langsamer Anstieg von $16^m.3$: bis $15^m.5$ (9900) erfolgt. Letztere Helligkeit wird bis zum Ende der Beobachtungen 243 1000 eingehalten. Der Stern ist rot.

1822. **403.1936 Sge** Mira-Stern; $15^m.2$—[$17^m.0$.

$M = 242\ 7710 + 310^d \cdot E$

Max.	Gr.	E	$B-R$	Max.	Gr.	E	$B-R$
242 7710	$15^m.3$	0	0^d	242 9878	$15^m.2$	7	-2^d
8020	15.4	1	0	243 0190:	]15.5	8	0
8340	15.2	2	+10				

1823. **405.1936 Sge** μ Cephei-Art; $13^m.6$–$14^m.9$.

Der Lichtwechsel vollzieht sich in Wellen von $0^m.4$ bis $1^m.3$ Amplitude und 120^d Dauer. Am Ende der Beobachtungsreihe 243 0400 bis 1020 erscheinen drei Wellen von etwa $0^m.4$ Amplitude und 210^d Dauer. Kranz-Ultra minus Matter = $0^m.5$.

1824. **407.1936 Sge** S Vulpeculae-Art; $14^m.5$—$15^m.7$.

$M = 242\ 9111 + 78^d \cdot E$

Max.	Gr.	E	$B-R$	Max.	Gr.	E	$B-R$
242 7560	$14^m.8$	−20	$+9^d$	242 9190	$14^m.5$	1	$+1^d$
7625	14.8	−19	−4	9420	14.5	4	−3
7950	14.7	−15	+9	9510	14.7	5	+9
8035	14.6	−14	+16	9790	14.6	9	−23
8335	14.6	−10	+4	243 0190	14.8:	14	−13
8413	14.5	−9	+4	0250	14.7	15	−31
9062	14.9	−1	+29	0590	41.9	19	−3
9115	14.5	0	+4	0985	14.6:	24	+2

[1]) Nur durch eine einzige Beobachtung belegt.

1825. 408.1936 Sge Langperiodisch; 15^m2—[17^m0.

M=242 9120+229$^d \cdot E$.

Max.	Gr.	E	$B-R$	Max.	Gr.	E	$B-R$
242 9129	15^m2	0	+ 9^d	243 0496	15^m2	6	+2^d
9777	16.6:	3	−30	0960	15.9	8	+8

Die Elemente sind wegen der geringen Helligkeit unsicher. Die Julianischen Daten unter Max. entsprechen gesicherten Einzelbeobachtungen.

1826. 410.1936 Sge μ Cephei-Art; 10^m3—11^m3.

Vom Anfang der Beobachtungen (242 7540) bis 8700 ist der Stern 10^m5 bis auf eine etwa 40^d dauernde Schwächung um 0^m6 bei 7675. Sodann setzen langsame, flache Wellen von 0^m3 bis 1^m0 Amplitude und 300^d bis 450^d Dauer ein. Eine Schwächung um 0^m5 aus dem „Normallicht" 10^m5 heraus wurde um 243 1000 beobachtet. Der Stern ist rot; Farbzahl +0^m6:. Auf Blauplatten ist er 1^m0 bis 1^m3 schwächer.

1827. 411.1936 Sge Mira-Stern; 12^m4—[15^m5.

M=242 7638+225$^d \cdot E$

Max.	Gr.	E	$B-R$	
242 7635	13^m8	0	− 3^d	
7860	12.5	1	− 3	
8315	12.7	3	+ 2	
8765	12.4	5	+ 2	
9210:	?	7	− 3	Nur im Anstieg beobachtet
9435	12.9:	8	− 3	
9885	13.2	10	− 3	
243 0125:	?	11	+12	Nur im Abstieg beobachtet
0335:	?	12	− 3	Nur im Anstieg beobachtet
0560	12.5	13	− 3	
0790:	?	14	+ 2	Nur im Abstieg beobachtet
1010	12.4	15	− 3	

Kurvenform α_2.

1828. 412.1936 Vul μ Cephei-Art; 13^m2—14^m4.

Die ersten Beobachtungen zeigen eine Welle 13^m4—14^m3—13^m7 von 242 7560 bis 7675, wonach der Stern auf seine Normalhelligkeit 13^m8 kommt, welche in der Zeit von 7675 bis 9100 nur durch eine beobachtete Schwächung bis 14^m3 (8020) von etwa 20 Dauer und durch langsame Wellen von 0^m3 Amplitude unterbrochen wird. Bei 9100 tritt eine Schwächung bis 14^m4 ein, die bis 9185 andauert, wonach ein wellenartiger Lichtwechsel einsetzt (Amplitude 13^m2 bis 14^m2, Länge etwa 120^d), der bis 9500 beobachtet wurde. Nachdem der Stern in der Zeit von 9700 bis 243 0000 die Größe 13^m8 zeigte, sind die Zeiten der Maxima der bei 0100 einsetzenden Wellen darzustellen durch

M=243 0172+125$^d \cdot E$.

Max.	Gr.	E	$B-R$	Max.	Gr.	E	$B-R$
243 0160	13^m4	0	−12^d	243 0550	13^m3	3	+ 3^d
0308	13.4	1	+11	0660	13.5:	4	−12
0430	13.4	2	+ 8				

Auch die Maxima der früheren Wellen werden dargestellt, obgleich dazwischen Zeiten unregelmäßigen Lichtwechsels liegen:

242 7560	$13^m_.4$	−21	$+13^d$	242 9450	$13^m_.2$	−6	$+28^d$
7675	13.7	−20	+ 3				

Von 243 0700 bis 0900 ist der Stern etwa $14^m_.0$. Bei 0950 ist eine geringe Erhebung um $0^m_.2$ zu erkennen (sie kann der Epoche +6 zugewiesen werden, *B−R* $+28^d$), worauf nach einem Abstieg bis $14^m_.3$ (1000) ein Anstieg beobachtet wurde, der vielleicht dem Maximum der Epoche +7 (1047) entspricht.

1829. **413.1936 Sge** μ Cephei-Art; $13^m_.2$—$14^m_.4$.

Von 242 7550 bis 7675 wird der Stern stetig schwächer, von $13^m_.4$ bis $14^m_.4$. Alsdann setzt ein langsamer, über 200^d dauernder Anstieg bis 7900 $13^m_.5$ ein; letztere Helligkeit wird wahrscheinlich eingehalten bis 8300, wo erneut eine breite Senke in der Lichtkurve beginnt (8375 $13^m_.5$, 8550 $14^m_.4$:, 8800 $13^m_.5$). Von 9050 bis 9200 ist eine Welle beobachtet: 9050 $13^m_.5$, 9100 $13^m_.8$, 9165 $13^m_.5$, 9200 $14^m_.0$. Ab 9500 treten wieder die für diesen Stern charakteristischen breiten Schwächungen aus dem Normallicht um $0^m_.4$ auf. Ab 243 0200 ist der Lichtwechsel vorwiegend wellenartig (50^d bis 200^d Dauer mit $0^m_.5$ bis $1^m_.0$ Amplitude). Der Stern ist rot.

1830. **414.1936 Sge** RW Aurigae-Art; $13^m_.5$—$15^m_.1$.

Der Stern flackert während der ganzen Beobachtungszeit zwischen $14^m_.0$ und $15^m_.1$. Einmal (242 9115.468) wurde er $13^m_.5$ beobachtet. Sprünge von 1^m innerhalb eines Tages sind häufig festgestellt. Die Reihenaufnahmen ermöglichen das Erkennen eines raschen Lichtwechsels (bis $0^m_.5$ in 2^h). Der Stern ist nicht merklich gefärbt.

1831. **415.1936 Sge** Mira-Stern; $14^m_.3$—[$16^m_.0$.

M=242 7580+$391^d \cdot E$.

Max.	Gr.	*E*	*B−R*	Max.	Gr.	*E*	*B−R*
242 7575	$14^m_.5$	0	-5^d	242 9145	$14^m_.3$	4	$+1^d$
7970	15.2	1	−1	9540	14.9:	5	+5
8360	14.9	2	−2	9925	14.8:	6	−1
8757	14.3	3	+4	243 0315	14.7	7	−2

1832. **416.1936 Aql** Mira-Stern; $13^m_.4$—[$16^m_.0$.

M=242 9090 +$260^d \cdot E$.

Max.	Gr.	*E*	*B−R*	Max.	Gr.	*E*	*B−R*
242 7530	$13^m_.6$	−6	0^d	242 9615:	$13^m_.5$	2	$+5^d$
8050	13.7	−4	0	9865	13.5	3	−5
8315	14.0	−3	+5	243 0145:	13.6	4	+15
9090	13.6	0	0	0635	13.7	6	−15
9345:	14.2	1	−5	0903	13.4	7	−7

1833. **418.1936 Sge** RW Aurigae-Stern; $14^m_.8$—$16^m_.3$.

Die Lichtkurve zeigt von 242 7550 bis 7760 einen unregelmäßigen wellenartigen Lichtwechsel zwischen $15^m_.5$ und $16^m_.1$. Von 7900 bis 8000 wurde ein Stillstand bei $15^{m}.8$ beobachtet. In der Zeit 8300 bis 8450 sind wieder Wellen zwischen $15^{m}.6$ und $16^{m}.3$ vorherrschend. Bei 9070 trat ein steiler Abstieg $15^{m}.3$ bis $15^{m}.9$ ein, gefolgt von einem Stillstand $15^{m}.9$. Ab 9370 setzt ein Wellenlichtwechsel ein (Dauer der einzelnen Wellen 50^{d}, Amplitude etwa 1^{m}), der aber schon bei 9550 aufhört. Ein sehr spitzes Maximum wurde 9872 $15^{m}.6$, 9877 $15^{m}.0$, 9880 $15^{m}.8$ beobachtet. Von 243 0200 bis 1000 ist der Lichtwechsel regellos mit Maxima bei 0520 ($15^{m}.0$), 0820 ($14^{m}.8$), 0930 ($15^{m}.0$), 1000 ($14^{m}.9$). Reihenaufnahmen (1296—1318) zeigen den Stern konstant $15^{m}.9$. Der Veränderliche ist nicht merklich gefärbt.

1834. **419.1936 Sge** μ Cephei-Art; $11^{m}.9$—$13^{m}.7$.

Am Anfang der Beobachtungen steigt die Helligkeit von $13^{m}.0$ (242 7543) bis $12^{m}.2$ (7630), wonach ein langsamer Abstieg bis etwa $12^{m}.6$ (7800:) einsetzt. Anschließend wurde nach einer Helligkeitszunahme bis $12^{m}.4$ (8000) ein schneller Abstieg ($13^{m}.0$ bei 8050) beobachtet. Nach der Sonnenlücke (8050—8290) ist der Lichtwechsel wellenartig (Amplitude $0^{m}.5$ bis $1^{m}.0$, Dauer etwa 150^{d}). Eine Welle über die ganze Amplitude ist von 9050 ($13^{m}.5$) bis 9200 ($12^{m}.4$) festgestellt. Ihr Maximum $11^{m}.9$ wird nach einer flachen Stufe bei $12^{m}.4$ (9100—9140) erreicht. Von 9370 bis 243 0000 wurden Wellen von $0^{m}.3$ bis $1^{m}.0$ Amplitude und 50^{d} bis 200^{d} Dauer beobachtet. Ein verhältnismäßig rascher Lichtwechsel trat bei 0149 ($12^{m}.2$) ein: 10 Tage später ist der Stern $13^{m}.0$; wieder 4^{d} später hat er die Helligkeit $12^{m}.4$ bis 0250, welche nach einem Minimum (0306 $13^{m}.4$), von 0400: bis 0570 eingehalten wird. Nach erneutem wellenartigem Lichtwechsel (Amplitude $1^{m}.5$, Dauer etwa 100^{d}) trat 0950 ein Stillstand bei $12^{m}.5$ ein, der bis 1050 beobachtet wurde. Farbzahl $+0^{m}.8$.

1835. **420.1936 Aql** μ Cephei-Art; $14^{m}.1$—$15^{m}.2$.

Der Lichtwechsel verläuft über die ganze Beobachtungszeit wellenartig (Amplituden $0^{m}.3$ bis $0^{m}.6$, Dauer 75^{d} bis 150^{d}). Auf Blauplatten ist der Stern $0^{m}.3$ schwächer.

1836. **421.1936 Aql** μ Cephei-Art; $14^{m}.6$—$15^{m}.3$.

Von 242 7550 bis 9100 sind drei Wellen beobachtet, Amplitude $0^{m}.6$, Dauer etwa 500^{d}. Ab 9100 bis 243 0400 verläuft der Lichtwechsel rascher in Wellen von $0^{m}.7$ Amplitude und 150^{d} bis 300^{d} Dauer. Bei 0400 $15^{m}.3$ beginnt ein Anstieg bis 0500 ($14^{m}.9$), wonach ein Stillstand bei der letzteren Helligkeit eintritt, der bis 0870 andauert. Dann steigt die Helligkeit weiter an bis $14^{m}.6$, anschließend setzt ein Abstieg ein, der bis 1030 ($15^{m}.2$) beobachtet wurde. Auf Blauplatten ist der Stern etwa $0^{m}.2$ bis $0^{m}.5$ schwächer.

1837. **422.1936 Sge** Mira-Stern; $12^{m}.8$—$16^{m}.5$:.

$$M = 242\,7692 + 275^{d} \cdot E$$

Max.	Gr.	E	$B-R$	Max.	Gr.	E	$B-R$
242 7685	$13^{m}.3$	0	-7^{d}	242 9885	$13^{m}.4$	8	-7^{d}
7975	13.4	1	+8	243 0160	12.8	9	−7
9075	12.8	5	+8	0440	13.5	10	−2
9350	12.8:	6	+8	1000	13.0	12	+8

1838. **423.1936 Sge** μ Cephei-Art; $12^{\mathrm{m}}9$—$14^{\mathrm{m}}4$.

Am Anfang der Beobachtungen (242 7549—7713) kommen Wellen von $0^{\mathrm{m}}7$ Amplitude und 75^{d} Dauer vor. In den Zeitabschnitten 7871 bis 8046, 8286 bis 8432, 8650 bis 8730, 9071 bis 9200 ist der Stern $13^{\mathrm{m}}2$, jedoch scheinen geringe Schwächungen an einigen Stellen angedeutet. Ab 9374 wurden Wellen (Amplitude bis $1^{\mathrm{m}}4$) beobachtet, deren Maxima sich durch

$$M = 242\,9360 + 225^{\mathrm{d}} \cdot E$$

leidlich darstellen lassen:

Max.	Gr.	E	$B-R$	Max.	Gr.	E	$B-R$
242 9400	$13^{\mathrm{m}}1$	0	$+40^{\mathrm{d}}$	243 0250	$13^{\mathrm{m}}1$	4	-10^{d}
9575	13.1:	1	−10	0500	13.1	5	+15
9800	13.1	2	−10	0700:	13.1	6	−10
243 0050:	13.2	3	+15	0900	13.1	7	−35

Der Anstieg ist bei diesen Wellen steiler als der Abstieg; die Maxima sind breit.

1839. **424.1936 Sge** μ Cephei-Art; $14^{\mathrm{m}}8$—$15^{\mathrm{m}}7$.

Der Lichtwechsel verläuft über die ganze Beobachtungszeit in Wellen von 50^{d} bis 200^{d} und $0^{\mathrm{m}}4$ bis $0^{\mathrm{m}}7$ Amplitude. Auf Blauplatten ist der Stern etwa $0^{\mathrm{m}}4$ schwächer.

1840. **425.1936 Sge** Mira-Stern; $13^{\mathrm{m}}1$—[$16^{\mathrm{m}}5$.

$$M = 242\,7731 + 263^{\mathrm{d}} \cdot E.$$

Max.	Gr.	E	$B-R$	Max.	Gr.	E	$B-R$
242 7730	$13^{\mathrm{m}}1$	0	-1^{d}	242 9060	$13^{\mathrm{m}}4$	5	$+14^{\mathrm{d}}$
7985	13.6	1	− 9	9840	13.1	8	+ 5
8306::	14.4	2	+49[1])	243 0620	13.2:	11	− 4
8779::	13.7	4	− 4[1])	0875:	?	12	−12[2])

1841. **426.1936 Sge** μ Cephei-Art; $14^{\mathrm{m}}3$—$15^{\mathrm{m}}5$.

Der Lichtwechsel wird durch Wellen von 50^{d} bis 150^{d} und $0^{\mathrm{m}}3$ bis $1^{\mathrm{m}}2$ Amplitude gekennzeichnet; auch treten Stillstände bei $15^{\mathrm{m}}3$ auf, die mehr als 150^{d} dauern können. Von 243 0300 bis 1000 zeigen die Beobachtungen den Stern $15^{\mathrm{m}}3$, von geringen Abweichungen innerhalb der Fehlergrenzen abgesehen. Der Stern ist rot.

1842. **427.1936 Sge** RW Aurigae-ähnlich; $13^{\mathrm{m}}6$—$14^{\mathrm{m}}9$.

Vom Anfang der Beobachtungsreihe, 243 7543 bis 7700, wurden Wellen von $0^{\mathrm{m}}5$ Amplitude ($13^{\mathrm{m}}6$—$14^{\mathrm{m}}1$) und etwa 50^{d} Dauer beobachtet. Dann hört dieser ausgeprägte Wellenlichtwechsel auf, und es treten unregelmäßige, langsam verlaufende Lichtänderungen ein zwischen $13^{\mathrm{m}}8$ und $14^{\mathrm{m}}6$, wonach bei 8400 ein Stillstand bei $14^{\mathrm{m}}3$ einsetzt. Nach einem stetigen Abstieg bis $14^{\mathrm{m}}9$ (8800) wurden regellose raschere Änderungen um $0^{\mathrm{m}}6$ ($0^{\mathrm{m}}5$ in 2 Tagen) bis etwa 9500 und darauf ein Stillstand bei $14^{\mathrm{m}}3$ bis 9970 festgestellt. Danach tritt bis 243 0400 wieder eine Zeit unruhigen Lichtwechsels ein. Ab 0400

[1]) Einzelbeobachtung.

[2]) Mittel aus den Daten zweier Beobachtungen $13^{\mathrm{m}}5$.

wird die Helligkeit $14^{m}3$ bis Beobachtungsende (1000) eingehalten. Der Stern ist nicht merklich gefärbt.

1843. **428.1936 Sge** μ Cephei-Art; $14^{m}8$—$16^{m}5$.
Der Lichtwechsel vollzieht sich in Wellen von 130^{d} bis 300^{d} Dauer und $0^{m}5$ bis $1^{m}7$ Amplitude. Stillstände kommen in dem Zeitraum der Beobachtungen nicht vor. Der Stern ist rot: auf Blauplatten ist er im Mittel $0^{m}4$ schwächer.

1844. **430.1936 Vul** μ Cephei-Art; $14^{m}0$—$14^{m}8$.
Von 242 7540 bis 7713 wurde eine Doppelwelle beobachtet ($14^{m}2$—$14^{m}0$—$14^{m}6$—$14^{m}4$). Sodann verläuft der Lichtwechsel sehr langsam in flachen Wellen von etwa $0^{m}2$ bis $0^{m}5$ Amplitude und 75^{d} bis 300^{d} Dauer. Farbzahl $+0^{m}5$.

1845. **432.1936 Sge** μ Cephei-Art; $14^{m}1$—$15^{m}1$.
Der Lichtwechsel vollzieht sich in langen Wellen bis 450^{d} Dauer mit Amplituden größer als $0^{m}5$. Nur in der Zeit von 242 9050 bis 9200 sind Wellen von 75^{d} Dauer und $0^{m}3$ bis $0^{m}7$ Amplitude beobachtet. Der Stern ist rötlich (Farbzahl $+0^{m}3$:).

1846. **433.1936 Sge** μ Cephei-Art; $14^{m}4$—$15^{m}0$.
Die Lichtkurve zeigt lange, flache Wellen von $0^{m}3$ bis $0^{m}6$ Amplitude und 150^{d} bis 300^{d} Dauer. Farbzahl $+0^{m}3$.

1847. **VZ Sge** Algol-Stern; $11^{m}4$—$13^{m}0$.

$$m = 242\,9961.231 + 2^{d}215\,738^{\cdot}\cdot E.$$
$$D = 6^{h}2,\quad d = 0^{h}0;\quad D/P = 0.12.$$

Min.	E	B−R	Min.	E	B−R
242 7612.51	−1060	$-0^{d}04$	242 9961.26	0	$+0^{d}03$
7931.53	− 916	−0.08	243 0200.51	108	−0.02
8432.40	− 690	+0.03	0260.32	135	−0.04
9429.52	− 240	+0.07	1020.31	478	−0.04
9808.44	− 69	+0.09			

Ein Nebenminimum bei Phase 0.5 P ist angedeutet ($A_2 = 0^{m}15$?).

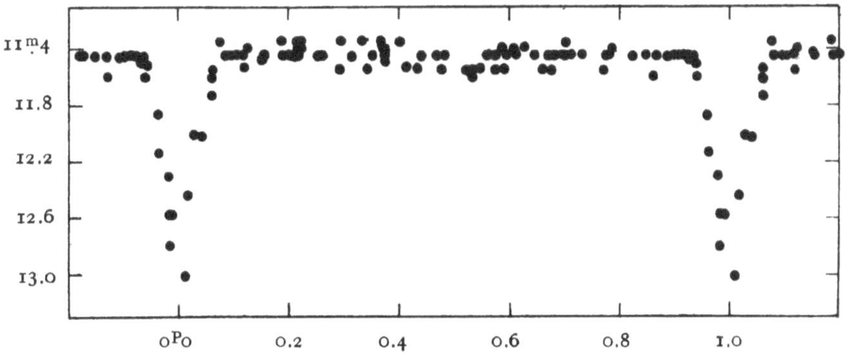

VZ Sagittae

1848. **438.1936 Sge** RW Aurigae-Stern; $13^m_{\cdot}9$—$15^m_{\cdot}4$.

Der Lichtwechsel verläuft über die ganze Beobachtungszeit regellos im allgemeinen zwischen $14^m_{\cdot}4$ und $15^m_{\cdot}4$. Die Helligkeitsänderungen erfolgen öfters rasch:

242 9107.4 ($15^m_{\cdot}2$) — 9109.4 ($14^m_{\cdot}4$)
9808.4 (14.4) — 9809.5 (15.3)
243 0308.3 (15.3) — 0315.3 (14.4)

Kurzperiodische Veränderlichkeit ist auf Grund der Reihenaufnahmen, die den Stern unverändert $15^m_{\cdot}3$ zeigen, und der Verteilung der Beobachtungen (eine Blauplatte bei 9980 zeigt den Stern $13^m_{\cdot}9$, welche Helligkeit nie wieder beobachtet wurde) ausgeschlossen. Stillstände bei einer bestimmten Helligkeit wurden nicht beobachtet. Der Stern unterscheidet sich durch seine Farbe nicht von den Vergleichsternen.

1849. **439.1936 Sge** Mira-Stern; $13^m_{\cdot}0$—$15^m_{\cdot}5$.

M=242 7642+$190^d_{\cdot}5 \cdot E$.

Max.	Gr.	E	$B-R$	Max.	Gr.	E	$B-R$
242 7635	$13^m_{\cdot}1$	0	$-7^d_{\cdot}0$	242 9740	$13^m_{\cdot}0$:	11	$+2^d_{\cdot}5$
8030	13.1	2	+7.0	9925	?	12	−3.0
8410	13.0	4	+6.0	243 0500	13.2	15	+0.5
9165	13.2	8	−1.0	0685	13.1	16	−5.0
9360	13.2	9	+3.5	0875	13.1	17	−5.5
9550	13.1	10	+3.0				

Kurvenform α_2.

1850. **441.1936 Sge** Z Aquarii-Art; $13^m_{\cdot}5$—$15^m_{\cdot}0$.

M=242 7626+$147^d \cdot E$

Max.	Gr.	E	$B-R$	Max.	Gr.	E	$B-R$
242 7635	$13^m_{\cdot}9$	0	$+9^d$	242 9820	$13^m_{\cdot}6$	15	-11^d
8065	13.9	3	− 2	243 0130	13.8	17	+ 5
8370	13.9	5	+ 9	0270	13.7	18	− 2
8800	13.7:	8	− 2	0425	13.7:	19	+ 6
9095	14.0	10	− 1	0715	13.5	21	+ 2
9385	13.9	12	− 5	0860	13.7	22	0
9520	13.9	13	−17	1015	13.9	23	+ 8

Die Form der Maxima sowie die Amplitude des Lichtwechsels sind sehr veränderlich. So war die Helligkeit bei dem Maximum 7920 nicht größer als $14^m_{\cdot}4$. Der Stern ist rot; auf Blauplatten ist er $0^m_{\cdot}4$ bis $0^m_{\cdot}5$ schwächer.

1851. **442.1936 Sge** V Ursae minoris-Art; $13^m_{\cdot}4$—$14^m_{\cdot}6$.

M=243 0468+$182^d \cdot E$

Max.	Gr.	E	$B-R$	Max.	Gr.	E	$B-R$
242 7725	$13^m_{\cdot}4$	−15	-13^d	242 8725	$13^m_{\cdot}7$	−10	$+77^d$
7900	13.6::	−14	−20	9040	13.5:	− 8	+28
8080	13.4::	−13	−22	9160	13.5	− 7	−34
8315	13.7	−12	+31	9375	13.8	− 6	− 1
8450	13.4:	−11	−16	9532	13.5	− 5	−26

Max.	Gr.	*E*	*B−R*	Max.	Gr.	*E*	*B−R*
242 9757	$13^{\rm m}6$	−4	$-17^{\rm d}$	243 0472	$13^{\rm m}5$	0	$+ 4^{\rm d}$
9890	13.5	−3	−32	0650:	13.4::	1	0
243 0110	13.8::	−2	+ 6	0835	13.5	2	+ 3
0300	13.7	−1	+14	1000	13.8	3	−14

Die Form der Maxima sowie die Tiefe der Minima ist sehr verschieden. Den Maxima 7725 und 9532 geht je ein schwächeres Nebenmaximum voraus.

1852. 443.1936 Sge Mira-Stern; $13^{\rm m}0$—[$16^{\rm m}7$.

M=242 7539+$351^{\rm d}\cdot E$.

Max.	Gr.	*E*	*B−R*	Max.	Gr.	*E*	*B−R*
242 7543	$13^{\rm m}2$	0	$+ 4^{\rm d}$	243 0350:	?	8	$+ 3^{\rm d}$ [2])
7880:	?	1	−10[1])	0705	$13^{\rm m}0$	9	+ 7
8245	?	2	+ 4[1])	1028	14.5	10	−21[2])
9990	13.0	7	− 6				

1853. 120.1940 Sge RW Aurigae-ähnlich; $14^{\rm m}2$—$15^{\rm m}1$.

Der Stern ändert sein Licht völlig regellos über die ganze Beobachtungszeit. Gegen δ Cephei-Lichtwechsel spricht die Farbe, er ist nicht merklich gefärbt, gegen RR Lyrae-Typus die Beobachtungen auf Reihenaufnahmen, die ihn bei 243 1296.41 $15^{\rm m}1$ und anschließend .46 im Anstieg, bei 1318.3 bis .5 konstant $14^{\rm m}45$ zeigen, was auch W UMa-Art ausschließt. Zu Beginn der Beobachtungsreihe scheinen Wellen von etwa $25^{\rm d}$ Dauer und $0^{\rm m}5$ Amplitude vorzukommen.

1854. 123.1940 Sge μ Cephei-Art; $13^{\rm m}9$—$14^{\rm m}8$.

Die Helligkeitsänderungen vollziehen sich wellenartig. Die Dauer der einzelnen Wellen schwankt zwischen $50^{\rm d}$ und $200^{\rm d}$; ihre Amplitude zwischen $0^{\rm m}2$ und $0^{\rm m}9$. Im allgemeinen haben die längeren Wellen auch die größere Amplitude. Farbzahl $+0^{\rm m}3$.

1855. 125.1940 Sge μ Cephei-Art; $13^{\rm m}2$—$14^{\rm m}7$.

Am Anfang der Beobachtungsreihe zeigt die Lichtkurve Wellen von $100^{\rm d}$ Dauer und $0^{\rm m}6$ Amplitude (242 7500—7700). In der Zeit 7870 bis 8050 erfolgt der Lichtwechsel langsamer. Im weiteren Verlauf überwiegen unregelmäßige Wellen von $150^{\rm d}$ bis $200^{\rm d}$ Dauer und $1^{\rm m}0$ bis $1^{\rm m}5$ Amplitude, deren Maxima sich aber durch keine einfache Formel darstellen lassen. Farbzahl $+0^{\rm m}4$.

1856. 126.1940 Sge Z Aquarii-Art; $14^{\rm m}3$—[$16^{\rm m}0$.

Die beobachteten Maxima lassen sich durch zwei Systeme darstellen:

a) zwischen 242 7500 und 242 9400: M=242 7980+$334^{\rm d}\cdot E$,

b) zwischen 242 9500 und 243 0900: M=242 9515+$334^{\rm d}\cdot E$.

Der Phasensprung 9335:—9515 über nahezu ½ P deutete auf eine Halbierung der Periode hin; letzteres wird vor allem durch Beobachtungen in der Zeit

---

1) Nur im Abstieg beobachtet.

2) Nur im Anstieg beobachtet.

von 243 0100 bis 1000 widerlegt. Die Lichtkurve zeigt, daß die Maxima sehr verschieden sind. So hat das Maximum bei 242 7645 eine Welle im aufsteigenden Ast, dagegen ist das bei 243 0200 sehr breit und dauert annähernd 100^d. Der Stern ist rot; Farbzahl +0^{m}6.

1857. **128.1940 Sge** Z Aquarii-Art; 13^{m}5—15^{m}7.

$$M=242\,7964+225^d \cdot E.$$

Max.	Gr.	E	$B-R$	Max.	Gr.	E	$B-R$
242 7975	13^{m}9	0	+11^d	243 0207	13^{m}5	10	− 7^d
8420	13.5	2	+ 6	0442	13.7	11	+ 3
9071	13.6	5	−18	0665	13.5:	12	+ 1
9541	13.5	7	+ 2	0900	13.5	13	+11
9750	13.6	8	−14				

Die Kurvenform ist veränderlich. Neben breiten Maxima (wie 9541) kommen spitze vor (8420). Das Maximum bei 0900 zeigte im Abstieg ein Nebenminimum oder konstante Phase bei 14^{m}1. Der Stern ist rot; Farbzahl +0^{m}5:.

1858. **130.1940 Aql** μ Cephei-Stern; 14^{m}3—15^{m}5.
Der Stern hat vielleicht einen sehr nahen Begleiter der Größe 15^{m}5, da die Lichtkurve ein konstantes Minimallicht verzeichnet. Darüber erheben sich Wellen, die den Stern im Mittel etwa 100^d lang 0^{m}5 bis 1^{m}2 heller als 15^{m}5 zeigen. Eine Darstellung der Maxima durch irgendeine Periode gelang nicht. Farbzahl +0^{m}5.

1859. **131.1940 Aql** Algol-Stern; 14^{m}9—15^{m}6.

$$m=242\,7638.444+1^d\!.033737 \cdot E.$$

$$D=3^h\!.8,\ d=0^h\!.0.$$

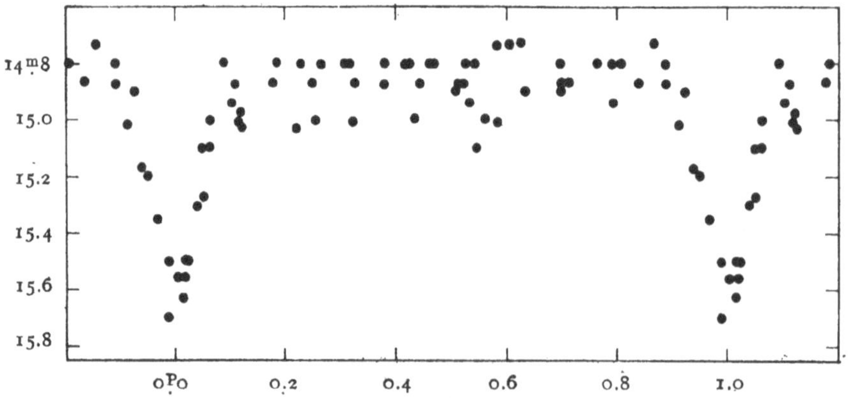

131.1940 Aquilae

1860. **132.1940 Sge** μ Cephei-Art; 15^{m}1—16^{m}2.
Die Lichtkurve zeigt von 242 7550 bis 8050 Wellen von 0^{m}3 bis 0^{m}5 Amplitude, deren Maxima sich durch

$$M=242\,7550+60^d \cdot E$$

darstellen lassen:

Max.	Gr.	E	$B-R$	Max.	Gr.	E	$B-R$
242 7555	$15^m.3$	0	$+5^d$	242 7905	$15^m.4$:	6	-5^d
7612	15.2	1	+2	7970	15.5	7	0
7665	15.2:	2	−5	8035	15.4	8	+5
7725	15.3:	3	−5				

Die in der nächsten Beobachtungszeit (8300—8450) auftretenden Maxima folgen dieser Formel nicht. Sie könnten aber, mitsamt den vorausgegangenen, durch M=242 7555+$57^d \cdot E$ dargestellt werden, wobei die Maxima bei 7970 und 8035 ein $B-R$ von ¼ bzw. $1/_8$ P bekämen; letzteres macht dann die Epochenzählung in der zu überbrückenden Zeit 8050 bis 8360 unsicher. Daraus geht hervor, daß die Periodizität nicht streng ist, was durch die Beobachtungen der folgenden Zeit bestätigt wird. Von 8700 bis 8780 ist die Helligkeit konstant $15^m.5$; bei 9070 bis 9180 und 9375 bis 9545 wurde ein unregelmäßiger Lichtwechsel festgestellt von $0^m.5$ um die mittlere Helligkeit $15^m.5$ in Wellen von 75^d bis 130^d Dauer; von 9775 bis 9980 ist das Licht wieder $15^m.5$, dagegen treten bei 243 0200 wieder zwei Wellen von 40^d Dauer auf. In der folgenden Zeit bis 1030 verlaufen die Lichtänderungen in regellosen Wellen über die ganze Amplitude. Der Stern ist rötlich.

1861. **133.1940 Sge.** μ Cephei-Art; $14^m.4$—$15^m.7$.
Der Lichtwechsel verläuft in regellosen Wellen von $0^m.4$ bis $1^m.3$ Amplitude und 100^d bis 300^d Dauer. Der Stern ist rot; auf Blauplatten ist er $0^m.4$ schwächer.

1862. **134.1940 Aql** RV Tauri-ähnlich; $13^m.8$—[$15^m.1$.
Von 242 7500 bis 9600 verläuft der Lichtwechsel wie der eines RV Tauri-Sterns mit einer Periode von etwa 300^d. Haupt- und Nebenminimum werden bei 9100 vertauscht. Die Darstellung der Minima gelingt nur leidlich durch die Elemente

$$\left.\begin{array}{l} m_1=242\ 7500+290^d \cdot E \\ m_1=242\ 8650+238^d \cdot E \end{array}\right\} \begin{array}{l}\text{Gültig für je}\\ \text{4 Perioden.}\end{array}$$

Bei 9100 ist das frühere Hauptminimum zum Nebenminimum geworden. Ab 9726 wurde der Lichtwechsel unregelmäßig in Wellen von $0^m.5$ bis $0^m.7$ Amplitude und 150^d bis 300^d Dauer, deren Maxima oder Minima keinem der beiden obigen Systeme folgen. Von 243 0800 bis Beobachtungsende wurden drei Wellen von $0^m.5$ Amplitude und etwa 100^d Dauer beobachtet. Der Stern ist rötlich.

1863. **135.1940 Sge** Algol-Stern; $13^m.2$—$14^m.5$.

$$m=242\ 9777.40+5^d.5008 \cdot E.$$

$$D=22^h.3,\quad d=0^h.0;\quad D/P=0.17.$$

Min.	Gr.	E	$B-R$
242 8286.58	$13^m.9$	−271	$-0^d.10$
8308.51	14.5	−267	−0.17
8396.39	14.1	−251	−0.30
9078.49	13.75	−127	−0.30
9194.31	14.45	−106	0.00

Min.	Gr.	*E*	*B-R*
242 9777.46	$14^m_.3$	0	$+0^d_.06$
9843.41	14.25	12	+0.00
9876.37	14.45	18	-0.04
243 0261.33	14.25	88	-0.14
0514.43	13.9	134	-0.08
1229.51	14.2	264	-0.10

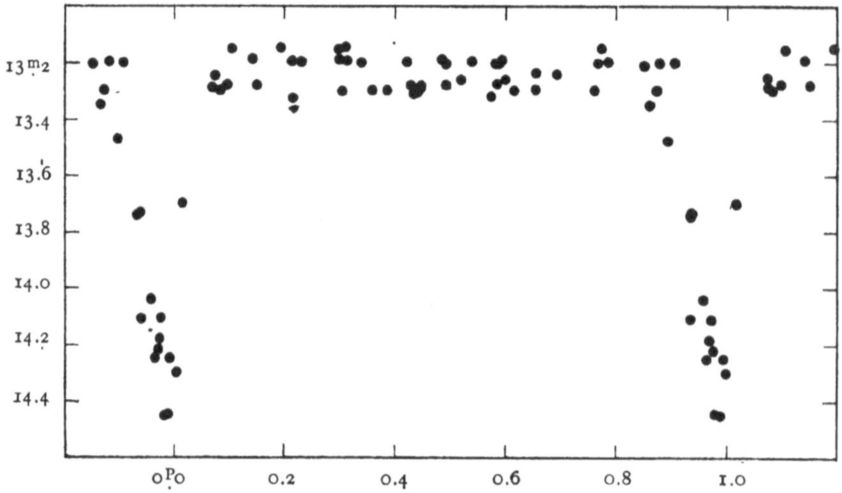

135.1940 Sagittae

1864. **138.1940 Sge** R Coronae Borealis-ähnlich; $13^m_.9$—$15^m_.2$.

Der Lichtwechsel wird gekennzeichnet durch ein gut eingehaltenes Normallicht ($13^m_.9$), über welches keine Erhebungen auftreten, unterbrochen durch Zeiten unruhiger Helligkeitsänderungen im schwachen Licht (im Mittel $14^m_.8$), wie sie um 242 9150 ($15^m_.0$), 9500 (geringere Schwankungen bis $14^m_.6$), 9760 ($14^m_.5$:), 9880 ($14^m_.7$), 243 0300 ($15^m_.0$:), 0650 ($14^m_.7$), 0820—1020 (Änderungen über die ganze Amplitude) beobachtet wurden. Vereinzelte, wenige Tage anhaltende Schwächungen wurden bei 0515 ($14^m_.4$) und 0575 ($14^m_.7$) festgestellt. Wegen des konstanten Normallichtes und der Steilheit der Abstiege wurde die Bezeichnung R Cs gewählt. Der Stern ist rötlich, Farbzahl $+0^m_.4$.

1865. **141.1940 Sge** μ Cephei-Art; $13^m_.7$—$15^m_.1$.

Von 242 7500 bis 9200 verläuft der Lichtwechsel in Wellen von etwa 100^d bis 200^d Dauer und $0^m_.5$ bis $1^m_.1$ Amplitude. Bei 9400 und in der folgenden Zeit werden diese Wellen überlagert durch kürzere; einzelne Ab- und Anstiege geschahen in Wellen von etwa 50^d Dauer und wechselnder Amplitude ($0^m_.2$ bis $0^m_.5$), z. B. erfolgte der Anstieg 243 0465 ($14^m_.8$) bis 0590 ($13^m_.7$) in drei Wellen, ohne flache Stufe. Nach Erreichen des Maximum trat ein rascheres Absinken der Helligkeit ein: 0604 $13^m_.8$, 0614 $15^m_.1$. Ab 0800 ist dieser Überlagerungslichtwechsel verschwunden, und es treten wieder weniger gestörte Wellen auf (Dauer etwa 150^d, Amplitude $0^m_.8$). Farbzahl $+0^m_.3$.

1866. **352.1943 Sge** Mira-Stern; $13^{m}3$—[$16^{m}5$.

$M = 242\,9819 + 383^{d} \cdot E$.

Max.	Gr.	E	$B-R$	Max.	Gr.	E	$B-R$
242 9430	$13^{m}5$	−1	-6^{d}	243 0225	$13^{m}3$	1	$+23^{d}$
9809	13.3	0	−10	0963	13.5	3	−5

1867. **353.1943 Aql** Mira-Stern; $14^{m}8$—[$16^{m}5$.

$M = 243\,0593 + 276^{d} \cdot E$.

Max.	Gr.	E	$B-R$	Max.	Gr.	E	$B-R$
242 8383	$15^{m}0$:	−8	-2^{d}	243 0315	$14^{m}8$	−1	-2^{d}
9496	14.9	−4	+7	0590	14.8	0	−3
9765	14.9	−3	0				

1868. **355.1943 Vul** μ Cephei-Art; $14^{m}6$—[$15^{m}5$.

In der Zeit von 242 9050 bis 9170 wurde eine Welle von $0^{m}5$ Amplitude beobachtet, bei 9760 bis 9800 ein Abstieg $14^{m}8$ bis $15^{m}5$, der offenbar über die letzte Beobachtung 9808 hinaus fortdauerte. Nach der Bildqualität zu urteilen, ist der Stern gefärbt.

1869. **357.1943 Vul** Algol-Stern; $12^{m}8$—$13^{m}35$.

$m = 242\,9162.322 + 2^{d}.188831 \cdot E$.

$D = 4^{h}2$, $d = 0^{h}0$; $D/P = 0.08$.

Min.	Gr.	E	$B-R$
242 7713.312	$13^{m}2$	−662	$-0^{d}.004$
8306.499	13.2	−391	+0.010
9162.322	13.35	0	0.000
9407.515	13.2	112	+0.044
9453.426	13.2	133	−0.011
9961.257	13.25	365	+0.012
243 0160.439	13.3	456	+0.010

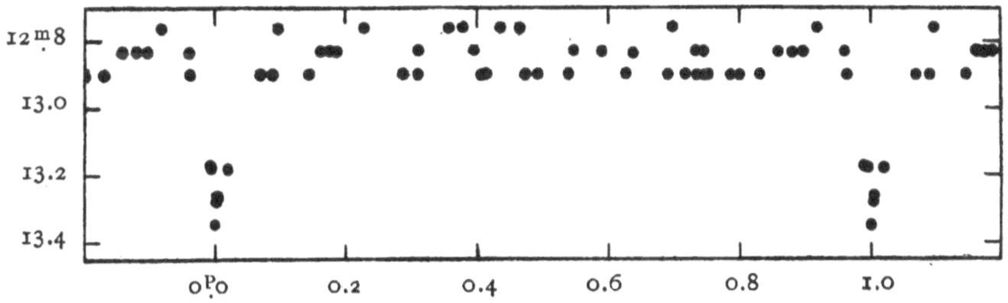

357.1943 Vulpeculae

1870. **360.1943 Sge** μ Cephei-Art; $15^{m}3$—$15^{m}8$.

Der Stern zeigt nur geringe Helligkeitsänderungen, welche in 50^{d} bis etwa 100^{d} wellenartig um die mittlere Helligkeit $15^{m}5$ verlaufen. Nur in der Zeit von 243 0600 bis 0900 wurde ein Anstieg bis $15^{m}3$ beobachtet. Eine Gelbfilteraufnahme auf panchromatischer Platte zeigt ihn $1^{m}9$ heller.

1871. **362.1943 Aql** Algol-Stern; $15^m\!.2$—$16^m\!.3$.

Dieser außerhalb des eigentlichen Feldes stehende Stern war zu folgenden Daten geschwächt: 242 9023.556, 9195.276, 9515.328, 9777.455. Die geringe Anzahl der Beobachtungen (nur möglich auf Platten des 40 cm-Astrographen der Felder γ Sge und γ Aql) verhindert die Bestimmung der Periode.

1872. **363.1943 Sge** Mira-Stern; $14^m\!.5$—[$16^m\!.5$.

$$M = 242\,9171 + 330^d \cdot E$$

Max.	Gr.	E	$B-R$	Max.	Gr.	E	$B-R$
242 9167	$15^m\!.0$	0	-4^d	242 9833	$15^m\!.0$	2	$+2^d$
9505	14.9	1	+4	243 0818	14.5	5	−3

1873. **367.1943 Sge** Mira-Stern; $12^m\!.8$—[$17^m\!.0$.

$$M = 243\,0161 + 425^d \cdot E.$$

Max.	Gr.	E	$B-R$	Max.	Gr.	E	$B-R$
242 7610	$13^m\!.9$	−6	-1^d	242 9735	$12^m\!.8$	−1	-1^d
8045	14.5	−5	+ 9	243 0160	12.9	0	−1
9374	?	−2	+63[1])				

Kurvenform wahrscheinlich α_2. Die Form der Maxima ist verschieden. Das letzte der beobachteten Maxima war sehr spitz.

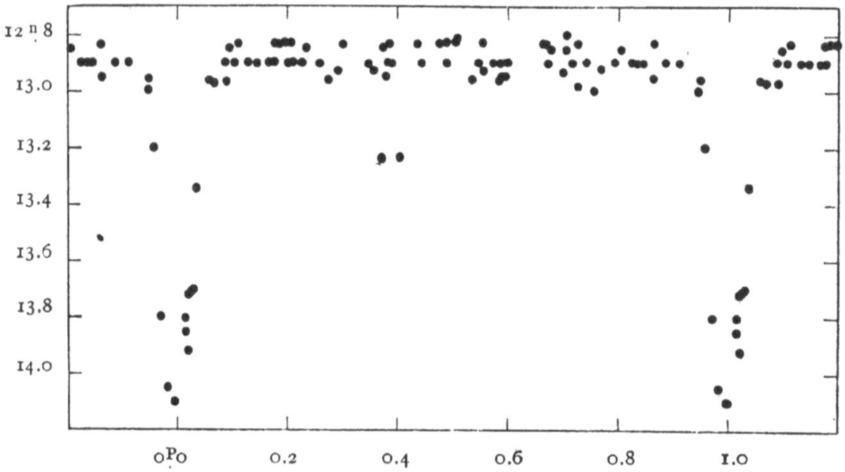

368.1943 Sagittae

1874. **368.1943 Sge** Algol-Stern; $12^m\!.9$—$14^m\!.1$.

$$m = 243\,0514.473 + 2^d\!.362211 \cdot E.$$

$$D = 6^h\!.2, \quad d = 1^h\!.7; \quad D/P = 0.11$$

Min.	E	$B-R$	Min.	E	$B-R$
242 7592.466	−1237	$+0^d\!.048$	242 9907.310	−257	$-0^d\!.075$
8433.339	− 881	−0.026	243 0207.443	−130	+0.057
9163.328	− 572	+0.040	0443.608	− 30	+0.001
9496.396	− 431	+0.036	0514.432	0	−0.041
9541.311	− 412	+0.069	0547.471	14	−0.073
9777.455	− 312	−0.008	1296.413	331	+0.048

[1]) Nur im Abstieg beobachtet.

1875. **373.1943 Sge** μ Cephei-Art; $14\overset{m}{.}4$—$15\overset{m}{.}3$.

Am Anfang der Beobachtungen (242 7550—7750) verläuft der Lichtwechsel in Wellen von $0\overset{m}{.}5$ bis $0\overset{m}{.}7$ Amplitude und 50^d Dauer. In der nächsten Beobachtungsperiode (7870–8050) sind diese kurzen Wellen zwar vorhanden, sie überlagern aber einen langsameren Lichtwechsel mit einer durchweg größeren Amplitude von $0\overset{m}{.}9$. Dasselbe gilt für die Zeit von 8290 bis 8430; von 8700 bis 8775 war die Helligkeit konstant $14\overset{m}{.}9$. In den nachfolgenden Beobachtungszeiten treten nur langsame, in Wellen von $0\overset{m}{.}3$ bis $0\overset{m}{.}9$ Amplitude und 100^d bis 200^d Dauer verlaufende Helligkeitsänderungen auf. Farbzahl $+0\overset{m}{.}6$.

1876. **374.1943 Sge** μ Cephei-Art; $14\overset{m}{.}6$—$15\overset{m}{.}7$.

Von 242 7540 bis 8700 verläuft der Lichtwechsel in Wellen über die ganze Amplitude von etwa 200^d bis 300^d Länge. Ab 9100 ist die Amplitude geringer, etwa $0\overset{m}{.}7$. Später sind die Wellen weniger ausgeprägt, vor allem am Ende der Beobachtungsreihe (243 0400—1000), wo die Amplitude häufig nur $0\overset{m}{.}3$ beträgt. Eine sehr langsam vor sich gehende Erhellung wurde von 242 9400 bis 9900 beobachtet, wobei das Licht bis 9650 von $15\overset{m}{.}4$ auf $14\overset{m}{.}8$ zunimmt und anschließend wieder bis $15\overset{m}{.}3$ absinkt. Der Stern ist rötlich.

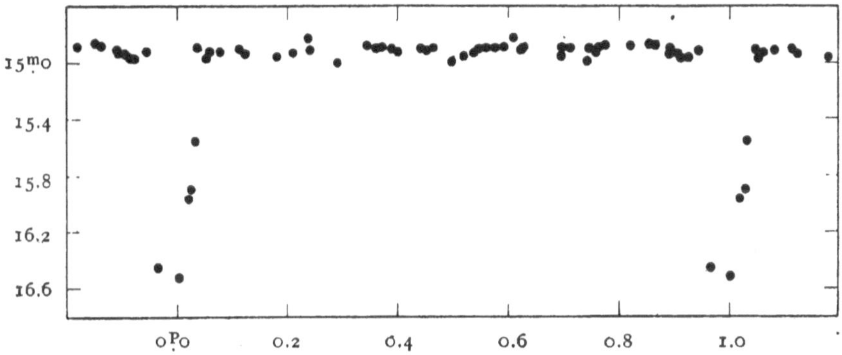

376.1943 Sagittae

1877. **376.1943 Sge** Algol-Stern; $14\overset{m}{.}9$—$16\overset{m}{.}5$.

$m = 242\ 9765.541 + 3\overset{d}{.}459303 \cdot E$.

Min.	E	$B-R$	Min.	E	$B-R$
242 8046.360	−497	$+0\overset{d}{.}093$	242 9907.310	41	$-0\overset{d}{.}062$
9374.559	−113	−0.081	243 0149.491	111	−0.033
9516.353	− 72	−0.118	0260.323	143	+0.102
9627.228	− 40	+0.059	0578.414	235	−0.063
9765.549	0	+0.008	1028.279	365	+0.092

1878. **378.1943 Sge** Algol-Stern; $14\overset{m}{.}0$—$15\overset{m}{.}8$.

$m = 242\ 9777.46 + 2\overset{d}{.}43492 \cdot E$.

$D = 6\overset{h}{.}5$, $d = 0\overset{h}{.}0$; $D/P = 0.11$.

Min.	Gr.	E	$B-R$
242 9541.31	$15\overset{m}{.}5$	− 97	$+0\overset{d}{.}04$
9777.46	15.8	0	0.00

Min.	Gr.	E	B-R
242 9872.40	$15^m_.45$	39	$-0^d_.02$
243 0225.44	15.8	184	-0.05
0308.27	15.8	218	0.00
0466.56	15.3	283	+0.02
0583.42	15.8	331	0.00
0958.38	15.6	485	-0.02

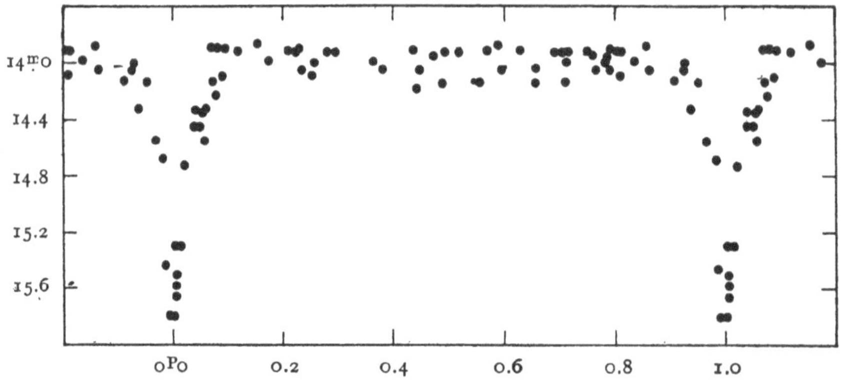

378.1943 Sagittae

1879. 381.1943 Sge Algol-Stern; $13^m_.1$—$14^m_.5$.
Es wurden folgende Schwächungen festgestellt:

242 7592.466	$14^m_.5$
9777.455	14.1
243 0614.351	14.3

Die spärlichen Minima deuten auf eine längere Periode hin. Perioden wie $11^d_.6226$ und $4^d_.52978$ führen zu Widersprüchen an Stellen, wo der Stern hell beobachtet wurde.

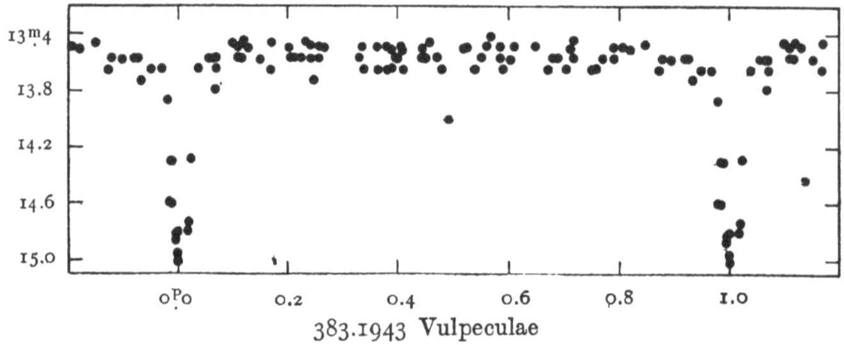

383.1943 Vulpeculae

1880. 383.1943 Vul Algol-Stern; $13^m_.6$—$15^m_.0$.

$m = 242\ 9162.32 + 3^d_.53078 \cdot E.$

$D = 5^h_.0, \quad d = 0^h_.0; \quad D/P = 0.06.$

Min.	Gr.	E	B-R
242 7926.54	$14^m_.3$	-350	$-0^d_.01$
7979.45	14.3	-335	-0.06

Min.	Gr.	E	$B-R$
242 8424.34	$14^{m}.6$	−209	$-0^{d}.05$
8717.45	14.8	−126	+0.01
9109.42	14.8	− 15	+0.06
9162.32	15.0	0	0.00
9169.32	14.6	2	−0.06
9462.51	14.75	85	+0.07
9808.44	14.9	183	−0.01
9907.31	14.95	211	0.00
243 0147.49	14.3	279	+0.08
0705.27	14.8	437	0.00

1881. **386.1943 Vul** Algol-Stern; $13^{m}.3$—$15^{m}.5$.

Der Stern folgt östlich auf BD+24°4085, außerhalb des eigentlichen Feldes, und ist nur auf Platten des 40 cm-Astrographen zu beobachten. Von 17 Platten zeigen 2 den Stern geschwächt:

242 9162.322	$15^{m}.5$
9438.498	13.65

1882. **388.1943 Sge** μ Cephei-Art; $13^{m}.2$—$14^{m}.4$.

Der nur auf Platten des 40 cm-Astrographen erfaßte, sehr randnahe Veränderliche ist zweifellos als μ Cephei-Stern zu kennzeichnen. In der Zeit von 242 9050 bis 9170 ist eine Welle von $1^{m}.1$ Amplitude festgestellt, wonach ein verhältnismäßig steiler Anstieg eintrat. Durch die weiter vorhandenen Beobachtungen läßt sich keine periodische Kurve legen. Der Stern ist rot. Gelbfilter-Aufnahme auf panchromatischer Platte zeigt ihn $1^{m}.0$ heller.

1883. **RZ Vul** R Coronae Borealis-ähnlich; $13^{m}.0$—$14^{m}.8$.

Zu den in BZ **26**.31 (1944) erwähnten sekundären Schwächungen um $0^{m}.7$ im Normallicht ist noch zu bemerken, daß sie im Mittel nach je 105^{d} eintreten. Im schwächsten Licht sind sie nicht vorhanden. Ihre Dauer beträgt im Mittel 40^{d}.

1884. **119.1905 Sge** Mira-Stern; $13^{m}.9$—[$16^{m}.0$.

$M = 242\,7599 + 226^{d} \cdot E$.

Max.	Gr.	E	$B-R$	Max.	Gr.	E	$B-R$
242 7592	$13^{m}.9$	0	-7^{d}	242 9415	$14^{m}.1$	8	$+8^{d}$
8046	—	2	−5	9631	14.0	9	−2
8286	14.0	3	+9	243 0308	14.1	12	−3
8725	14.1	5	−4	0980	14.0	15	−9
9183	14.0	7	+2				

1885. **120.1905 Sge** Mira-Stern; $12^{m}.8$—[$16^{m}.0$.

$M = 242\,7672 + 248^{d} \cdot E$.

Max.	Gr.	E	$B-R$	Max.	Gr.	E	$B-R$
242 7665	$13^{m}.2$	0	-7^{d}	242 9415	$12^{m}.8$	7	$+7^{d}$
8660	13.0:	4	−4	243 0640	13.2	12	−8
9160	13.3	6	0				

Die Beobachtung wird durch einen Nachbarstern $12^{m}.4$ erheblich erschwert.

1886. **121.1905 Sge** Mira-Stern; $13^{m}2$—[$15^{m}8$.

$$M = 242\,7664 + 256^{d} \cdot E.$$

Max.	Gr.	E	$B-R$	Max.	Gr.	E	$B-R$
242 7660:	$13^{m}6$:	0	-4^{d}	243 0225	$13^{m}6$	10	$+1^{d}$
8432	13.2	3	0	0475	14.0	11	-5
9462	14.3	7	$+6$	0985:	?	13	-7
9980	13.7	9	$+12$				

1887. OT **Aql** U Geminorum-Art; $13^{m}5$—[$17^{m}5$.

Insgesamt wurden 5 Maxima beobachtet, die sich durch die Formel

$$M = 242\,7930 + 294^{d} \cdot E$$

für $E=0, 4, 7, 8, 9$ darstellen lassen:

Max.	Gr.	E	$B-R$	Max.	Gr.	E	$B-R$
242 7930	$13^{m}5$	0	0^{d}	243 0260	$14^{m}0$:	8	-22^{d}
9095	14.0	4	-11	0576	14.0	9	0
9980	13.5	7	-8				

Die zu den Epochen -1, $+5$, $+10$ gehörenden Maxima wurden, obgleich für jene Zeiten gute, bis $16^{m}5$ reichende Platten vorliegen, nicht beobachtet. Vor allem spricht die Form des Maximums $E=4$ für U Gem-Art. Der Stern ist nicht merklich gefärbt.

1888. **RU Sge** Mira-Stern; $14^{m}1$—[$17^{m}0$.

$$M = 242\,7713 + 254^{d}.5 \cdot E.$$

Max.	E	$B-R$	Max.	E	$B-R$
242 7712	0	-1^{d}	243 0250:	10	-8^{d}
8728	4	-3	0516	11	$+4$
9496	7	$+1$	1020	13	-2
9760	8	$+11$			

1889. **123.1905 Sge** μ Cephei-Art; $15^{m}8$—[$16^{m}6$.

Der Lichtwechsel vollzieht sich in Wellen von $0^{m}5$ bis $0^{m}8$ Amplitude und 120^{d} bis 250^{d} Dauer. Der Stern ist rötlich.

1890. **124.1905 Aql** Unveränderlich; $12^{m}7$.

Der rötliche Stern (Farbzahl $+0^{m}3$) zeigte in der Zeit von 242 7540 bis 243 1030 keinen Lichtwechsel. Auf Blauplatten ist der Stern $0^{m}4$ schwächer.

1891. **WY Aql** Mira-Stern; $12^{m}5$—[$15^{m}0$.

$$M = 242\,7552 + 388^{d} \cdot E.$$

Höhe und Form der Maxima sind stark veränderlich; die schwächeren Maxima sind spitzer. Kurvenform α_2.

1892. RV **Sge** Mira-Stern; $13^{m}5$—[$17^{m}0$.

$$M = 242\,8397 + 288^{d} \cdot E.$$

Max.	Gr.	E	$B-R$	Max.	Gr.	E	$B-R$
242 8395	$13^{m}9$	0	-2^{d}	242 9845	$13^{m}9$	5	$+8^{d}$
8690	13.8	1	$+5$	243 0412	13.5	7	-1
9543	13.7	4	-6	0982	13.5:	9	-7

1893. **128.1905 Vul** Unveränderlich; $15^m_.3$.
In der Zeit von 242 7540 bis 243 1030 sind keine Änderungen der Helligkeit festgestellt worden. Der Stern ist gelblich. Sämtliche Beobachtungen liegen zwischen $15^m_.3 \pm 0^m_.15$.

1894. **SW Sge** Mira-Stern; $13^m_.0$—[$16^m_.1$.

$M = 242\ 7549 + 302^d \cdot E$.

Max.	Gr.	E	$B-R$	Max.	Gr.	E	$B-R$
242 7552	$13^m_.7$	0	+ 3^d	243 0252	$13^m_.2$	9	-15^d
8760	13.3	4	+ 3	0562	13.0	10	− 7
9060	13.6	5	+ 1	0875:	13.0:	11	+ 4
9374	13.2	6	+13				

Kurvenform α_2?

1895. **SX Sge** Mira-Stern; $12^m_.3$—$16^m_.3$.

$M = 242\ 8008 + 480^d \cdot E$.

Max.	Gr.	E	$B-R$	Max.	Gr.	E	$B-R$
242 8008	$12^m_.5$	0	0^d	243 0410	$12^m_.3$	5	$+2^d$
9455	12.8	3	+7				

Kurvenform α_1?

1896. **132.1905 Sge** Mira-Stern; $13^m_.9$—[$16^m_.0$.

$M = 242\ 7546 + 383^d \cdot E$.

242 7550	$15^m_.0$	0	+ 4^d	242 9850	$13^m_.9$!	6	$+6^d$
8306	15.4	2	− 6	243 0225	15.1	7	−2
8700	14.8	3	+ 5	0612	15.5	8	+2
9075	14.8	4	− 3	1000:	15.8:	9	+7
9450	15.0	5	−11				

1897. **133.1905 Vul** μ Cephei-Art; $13^m_.2$—$13^m_.8$.
Von 242 7540 bis 8400 wurden Wellen festgestellt, deren Amplitude von $0^m_.5$ bis zum Verschwinden bei 8700 (konstantes Licht $13^m_.6$) abnimmt, und deren Länge 75^d bis 150^d beträgt. Sehr langsame, kaum merkbare Wellen mit einer Amplitude von $0^m_.2$ treten bei 9200 und 9400 auf. In der folgenden Zeit ist das Licht unverändert $13^m_.6$. Bei 9800 setzt ein langsamer Abstieg von $13^m_.6$ bis $13^m_.8$ ein. Letztere Helligkeit wird, mit Ausnahme einer Unterbrechung (Welle, Amplitude $0^m_.2$, Dauer 200^d, Maximum bei 30575) bis Ende der Beobachtungszeit eingehalten. M. und G. Wolf geben in der Entdeckungsanzeige (Astron. Nachr. **170**.365) eine größere Amplitude des Lichtwechsels (1900.7 bis 1905.7), was den neueren Beobachtungen nicht zu widersprechen braucht. Der Stern ist rot, Farbzahl $+0^m_.5$. Auf Blauplatten ist er $0^m_.6$ schwächer.

1898. **136.1905 Vul** Mira-Stern; $14^m_.6$—[$17^m_.0$.

$M = 242\ 7641 + 307^d \cdot E$.

Max.	Gr.	E	$B-R$	Max.	Gr.	E	$B-R$
242 7635	$15^m_.7$	0	− 6^d	242 9490	$15^m_.5$	6	$+7^d$
7940	16.2	1	− 8	9785:	16.0::	7	−5
9187	16.3	5	+11	243 1020	14.6	11	+2

Die-Elemente sind unsicher wegen der geringen Helligkeit der meisten Maxima.

1899. **TT Sge** Langperiodisch; $14^m.9$—[$16^m.5$.

Die Beobachtung wird durch einen östlich folgenden Nachbarstern 11^m erschwert, was eine Entscheidung zwischen Mira- und Z Aqr-Lichtwechsel unmöglich macht. Die Breite der Maxima könnte auf letzteren hindeuten:

$$M = 242\,7585 + 280^d \cdot E.$$

Max.	E	$B-R$	Max.	E	$B-R$
242 7590	0	$+5^d$	242 9541	7	-4^d
8424	3	−1	9813	8	−12
8710	4	+5	243 0950	12	+5

1900. **TU Sge** Algol-Stern; $12^m.9$—$14^m.5$.

$$m = 242\,8020.38 + 4^d.90890 \cdot E.$$

$$D = 19^h.5, \quad d = 4^h.1; \quad D/P = 0.135.$$

Min.	Gr.	E	$B-R$
242 8020.42	$14^m.5$	0	$+0^d.04$
8398.42	14.3	77	+0.05
8432.40	13.35	84	−0.33
8658.50	14.0	130	−0.04
8717.45	14.5	142	+0.01
9080.46	13.9	216	−0.24
9159.33	14.2	232	+0.09
9193.35	13.6	239	−0.26
9777.45	13.5	358	−0.32
9851.41	14.0	373	+0.01

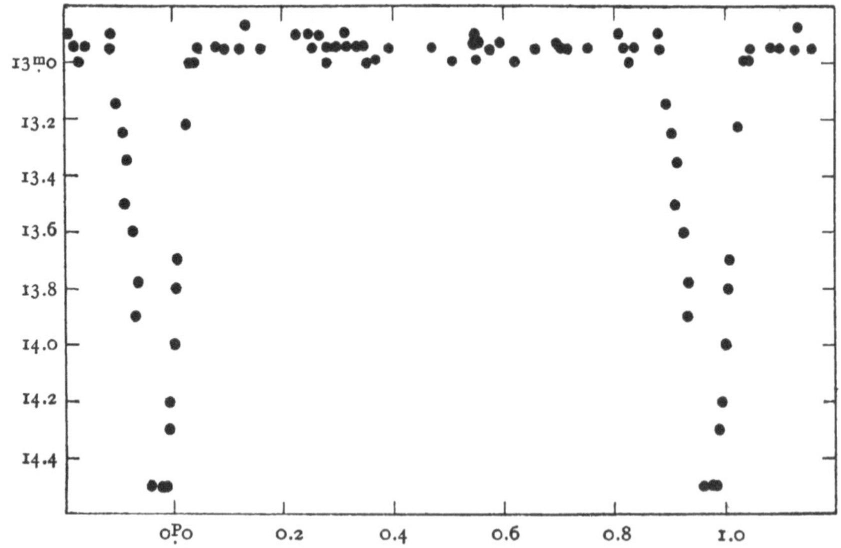

TU Sagittae

Min.	Gr.	E	$B-R$
243 0160.44	$13^m.8$	436	$-0^d.22$
0224.39	14.5	449	−0.09
0234.38	14.2	451	+0.09
0818.59	13.8	570	+0.14
0931.44	14.2	593	+0.08
1255.46	14.0	659	+0.11
1314.40	13.7	671	+0.15

1901. 139.1905 Vul Mira-Stern; $14^m.1$—[$16^m.0$.

$M = 242\,8717 + 242^d \cdot E.$

Max.	Gr.	E	$B-R$	Max.	Gr.	E	$B-R$
242 7510:	?	−5	$+3^d$	242 9210	?	2	$+9^d$
7980	$14^m.1$	−3	−11	9450	$14^m.5$	3	+7
8225::	?	−2	−8	243 0150::	14.2	6	−19
8717	14.2	0	0	0412	14.1	7	+1

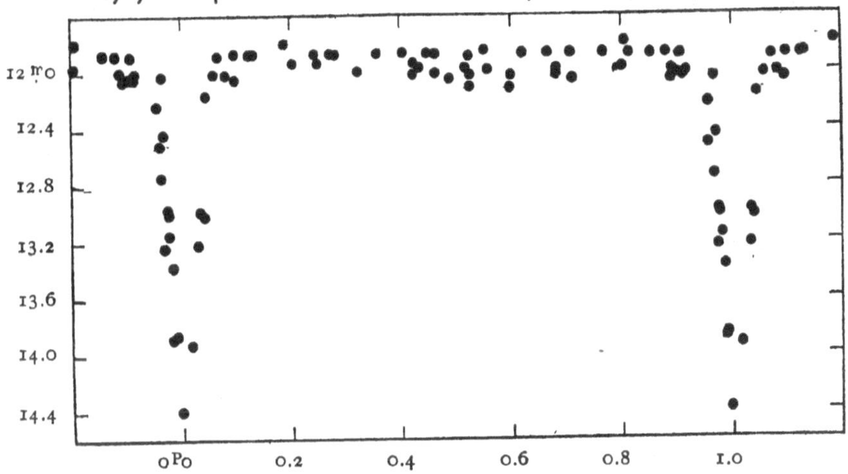

V 340 Sagittae

1902. V 340 Aql Algol-Stern; $11^m.9$—$14^m.4$.

$m = 242\,9401.53 + 3^d.74896 \cdot E.$

$D = 9^h.6, \quad d = 0^h.0; \quad D/P = 0.11.$

Min.	Gr.	E	$B-R$
242 7579.54	$14^m.4$	−486	$0^d.00$
7950.52	12.5	−387	−0.16
8340.47	13.2	−283	−0.10
8404.37	13.95	−266	+0.06
8419.33	13.4	−262	+0.03
8809.33	13.0	−158	+0.14
9056.55	12.6:	−92	−0.08
9075.50	13.2	−87	+0.13
9086.50	12.75	−84	−0.12
9135.36	13.4	−71	+0.01

Min.	Gr.	E	$B-R$
242 9401.53	$14^m.4$	0	$0^d.00$
9727.60	13.0	87	−0.09
9791.46	13.4	104	+0.04
9851.41	13.8	120	0.00
243 0147.49	13.0	199	−0.08
0166.47	13.05	204	+0.15
0207.44	12.45	215	−0.12
0582.40	13.4	315	−0.05
0818.59	13.9	378	−0.05
1238.49	13.85	490	−0.03
1253.44	13.15	494	−0.08

1903. **141.1905 Vul** Algol-Stern; $15^m.8$—[$16^m.5$.

Die Algol-Art konnte sicher festgestellt werden. Die vorhandenen Platten gestatten aber nicht die Bestimmung der Periode, da der Stern für die Mehrzahl der Triplet-Platten zu schwach ist. Der Stern war im Minimum: 242 9162.322 ($16^m.5$) und 9429.518 ([$16^m.5$).

1904. **142.1905 Sge** Mira-Stern; $13^m.7$—[$15^m.1$.

$M = 242\,8019 + 288^d \cdot E.$

Max.	Gr.	E	$B-R$	Max.	Gr.	E	$B-R$
242 8020	$13^m.7$	0	$+1^d$	242 9745	$13^m.9$:	6	-2^d
8306	14.1	1	−1	243 0614	13.8	9	+3
9170	13.8	4	−1	0900:	14.5	10	+1

Kurvenform α_2?

1905. **RS Sge** R Coronae Borealis-ähnlich; $11^m.8$—$14^m.5$.

Von diesem Stern liegen etwa 600 photographische Beobachtungen vor, welche teils auf Aufnahmen der Himmelsüberwachung, teils auf Platten des 140 mm- und des 170 mm-Triplets, sowie des 400 mm-Astrographen gewonnen wurden und über die Zeit von 242 5700 bis 243 1000 verteilt sind. Der Lichtwechsel wird gekennzeichnet durch ein unruhiges Normallicht (etwa $11^m.9$), worin raschere Schwächungen um $0^m.2$ bis $0^m.5$ vorkommen. Ein solches „Normallicht" wurde festgestellt in folgenden Zeitabschnitten: 242 5740 bis 5860, 6060 bis 6240, bei 6480, 7900 bis 8080, 8250 bis 8440, 9000 bis 9200, 243 0180 bis 0340. Typisch sind z. B. die fast wellenförmig verlaufenden Schwächungen mit Helligkeitsänderungen bis etwa $0^m.7$ in 10^d.

Größere Schwächungen, worauf sich die Beurteilung des Lichtwechsels stützt, setzen im allgemeinen langsam ein, wobei aber die Unruhe beibehalten wird; derartige Abstiege wurden bei 242 6200, von etwa 8600 bis 8760, 9360 bis 9560, 243 0400 bis 0800 festgestellt. Die beobachteten Minima, welche ausnahmslos bei $14^m.0$ bis $14^m.5$ liegen, zeigen ebenfalls ein Flackern um eine mittlere Helligkeit. Ihre Dauer wechselt von 150^d bis 500^d (z. B. 27540–27720:, 29560—30100). Die Anstiege sind ein Abbild der Abstiege. Die Farbe ist wahrscheinlich gelblich; einige panchromatische Platten mit Gelbfilter zeigen den Stern etwas heller, die Beobachtungen auf Blauplatten ordnen sich aber ohne weiteres ein.

Wegen der geringen Amplitude und der verhältnismäßig langsam erfolgenden Abstiege wurde die Bezeichnung RCs gewählt. Der Stern wurde schon von W. BAADE (Astron. Nachr. **232**.67) als RCs-Stern erkannt.

1906. **VY Sge** Mira-Stern; $13^{m}1$—[$16^{m}1$.

Die in KE 1943 angegebenen Elemente konnten wie folgt verbessert werden:

$$M = 242\,7608 + 270^{d} \cdot E.$$

Kurvenform α_2.

1907. **TV Sge** Mira-Stern; $12^{m}9$—[$15^{m}5$.

$$M = 242\,9122 + 278^{d} \cdot E.$$

Max.	Gr.	*E*	*B–R*	Max.	Gr.	*E*	*B–R*
242 7733	—	−5	— [1])	242 9957	—	3	— [1])
8010	$14^{m}2$	−4	0^{d}	243 0230	$13^{m}8$	4	-4^{d}
8289	—	−3	— [1])	0515	13.7	5	+3
9125	12.9	0	+3	1069	—	7	— [1])
9400	13.0	1	0				

1908. **42.1928 Sge** μ Cephei-Art; $13^{m}8$—$14^{m}9$.

Die Lichtkurve zeigt am Anfang der Beobachtungen (242 7543) zwei Wellen 7550 $14^{m}4$, 7600 $13^{m}8$, 7650 $14^{m}9$, 7685 $14^{m}3$, 7710 $14^{m}8$. Der Wellencharakter bleibt vermutlich bis 7950 erhalten, wo nach einem Abstieg die Helligkeit $14^{m}8$ erreicht und bis 8025 beobachtet wurde. Bei 8300 ist der Stern $14^{m}3$. Bei 8400 tritt eine etwa 25^{d} dauernde Schwächung bis $14^{m}7$ ein. Von 8700: bis 9200 treten Wellen von $0^{m}5$ bis $0^{m}7$ und 50^{d} Dauer auf. Beobachtungen von 9375 bis 9900 zeigen den Stern in der Größe $14^{m}3$ außer an zwei Stellen (9540 und 9810), wo er um $0^{m}3$ geschwächt war. In der Folgezeit verläuft der Lichtwechsel in Wellen von etwa 100^{d} und $0^{m}7$ Amplitude um die Größe $14^{m}4$.

1909. **148.1905 Sge** μ Cephei-Art; $15^{m}7$—$16^{m}2$.

Der Lichtwechsel — insoweit die spärlichen Beobachtungen dieses zu beurteilen gestatten — vollzieht sich in Wellen von zeitweise mindestens $0^{m}5$ Amplitude und unbestimmbarer Länge. Der Stern ist auf Platten des 170 mm-Triplets etwa $0^{m}3$ heller als auf Blauplatten, was auf rötliche Farbe hinweist.

1910. **149.1905 Vul** Mira-Stern; $13^{m}1$—[$17^{m}0$.

$$M = 242\,8418 + 349^{d} \cdot E.$$

Max.	Gr.	*E*	*B–R*	Max.	Gr.	*E*	*B–R*
242 8415	$14^{m}0$::	0	-3^{d}	242 9808	$14^{m}1$	4	-6^{d}
8760	13.9:	1	−7	243 0175	13.9:	5	+12
9115	13.1	2	−1	0505	13.6	6	−7
9475	13.9	3	+10	0860	13.5	7	−1

Die Form der Maxima ist veränderlich; einige sind spitz, wie 242 9115 und 243 0860, andere mehr oder minder abgeflacht, wie 242 9475.

---

[1]) Im Aufstieg bzw. Abstieg beobachtet.

1911. **RY Sge** Mira-Stern; $13^{\rm m}2$—[$16^{\rm m}2$.

M=242 8418+$330^{\rm d}\cdot E$.

Max.	Gr.	E	$B-R$	Max.	Gr.	E	$B-R$
242 8420	$13^{\rm m}7$	0	$+2^{\rm d}$	242 9410	$13^{\rm m}2$	3	$+2^{\rm d}$
8748	14.1	1	0	9740:	13.8:	4	+2
9070	13.5	2	−8				

Kurvenform α_2?

1912. **151.1905 Sge** Mira-Stern; $14^{\rm m}7$—[$17^{\rm m}5$.

M=242 7691+$201^{\rm d}\cdot E$.

Max.	Gr.	E	$B-R$	Max.	Gr.	E	$B-R$
242 7685	$15^{\rm m}0$	0	$-6^{\rm d}$	243 0308	$15^{\rm m}3$	13	+4
9907	14.7	11	+5	0903	15.0	16	−4

Die Elemente sind unsicher wegen der geringen Helligkeit des Sterns.

1913. **61.1928 Sge** μ Cephei-Art; $14^{\rm m}0$—$15^{\rm m}4$.

Die Lichtkurve zeigt Wellen von $0^{\rm m}4$ bis $0^{\rm m}8$ Amplitude und $50^{\rm d}$ bis $200^{\rm d}$ Länge um die mittlere Helligkeit $14^{\rm m}9$. Einmal wurde eine Welle von $1^{\rm m}0$ Amplitude und $50^{\rm d}$ Dauer (Maximum bei 242 8025) beobachtet. Von 243 0150 bis 0475 nimmt die Helligkeit gleichmäßig ab von $14^{\rm m}9$ bis $15^{\rm m}2$. Der Stern ist rot.

1914. **TW Sge** Mira-Stern; $14^{\rm m}6$—[$17^{\rm m}5$.

M=242 9170+$264^{\rm d}\cdot E$.

Max.	Gr.	E	$B-R$	Max.	Gr.	E	$B-R$
242 9168	$14^{\rm m}6$	0	$-2^{\rm d}$	243 0225	$16^{\rm m}0$	4	$-1^{\rm d}$
9438	15.4	1	+4				

Die Maxima sind sehr verschieden hell. Nur die mit voller Sicherheit beobachteten wurden zur Bestimmung der Elemente herangezogen. Elemente unsicher.

1915. **56.1928 Sge** Mira-Stern; $13^{\rm m}8$—[$16^{\rm m}5$.

M=242 8396+$282^{\rm d}\cdot E$:

Max.	Gr.	E	$B-R$	Max.	Gr.	E	$B-R$
242 8396	$13^{\rm m}8$	0	$0^{\rm d}$	242 9808	$14^{\rm m}0$	5	+2
9515	14.5	4	−9	243 0650:	?	8	−2

Die Elemente sind unsicher, da eine sichere Bestimmung der Zeit des Maximums nur in drei Fällen gelang. Das Maximum 9808 ($14^{\rm m}0$) wurde auf Blauplatten beobachtet.

1916. **153.1905 Vul** μ Cephei-Art; $12^{\rm m}8$—$13^{\rm m}6$.

Die Lichtkurve zeigt in der Zeit von 242 7540 bis 9400 Wellen von $0^{\rm m}5$ Amplitude und $150^{\rm d}$ bis $200^{\rm d}$ Dauer. Ab 9400 ist der Lichtwechsel weniger ausgeprägt; die von jenem Zeitpunkt bis 243 1030 beobachteten Schwankungen betragen im Durchschnitt $0^{\rm m}3$ um die mittlere Helligkeit $13^{\rm m}0$. Farbzahl $+0^{\rm m}3$.

1917. 154.1905 Sge Unveränderlich; $14^m_.6$.
Der nicht merklich gefärbte Stern zeigte in der Zeit von 242 7540 bis 243 1030 keine Lichtänderungen, welche $0^m_.25$ überschreiten.

1918. **VX Sge** Mira-Stern; $15^m_.1$—[$16^m_.2$.
$M = 242\,7619 + 273^d \cdot E$.

Max.	Gr.	E	B−R	Max.	Gr.	E	B−R
242 7625	$15^m_.2$	0	$+6^d$	242 9530	$15^m_.2$:	7	0^d
7900	15.2:	1	+8	9808	15.4	8	+5
8424	15.5	3	−14	243 0604	15.3	11	−18
8710	15.1	4	−1	0903	15.3	12	+8

1919. **RZ Sge** U Geminorum-Art; $12^m_.2$—[$16^m_.0$.
Der Stern leuchtete auf:

242 7675	$12^m_.2$	Breites Max., Dauer etwa 15^d
8250	12.4	
8691	13.0	
9078	12.6	Spitzes Max., Dauer etwa 3^d
9627	13.1	
9880	12.4	Spitzes Maximum
243 0114	12.6	
1019—20	$13^m_.3$—$14^m_.5$	Abstieg
1314	12.5	Dauer etwa 10^d.

Das kürzeste Intervall zweier beobachteter Maxima ist demnach 234^d. Der Stern scheint nicht merklich gefärbt.

1920. **TY Sge** Unveränderlich; $13^m_.4$.
Der rötliche Stern (Farbzahl $+0^m_.3$) zeigte in der Zeit von 242 7540 bis 243 1030 keine Lichtänderungen, welche $0^m_.25$ überschreiten.

1921. 161.1905 Sge Mira-Stern; $13^m_.5$—[$16^m_.0$.
$M = 242\,7500 + 312^d \cdot E$.

Max.	Gr.	E	B−R	Max.	Gr.	E	B−R
242 7505	$13^m_.5$	0	$+5^d$	243 0295	$13^m_.7$	9	-13^d
7825	13.5:	1	+13	0615	13.7	10	−5
9631	13.8:	7	−53[1])	0940	13.6	11	+8
9990	13.6	8	−6				

Die Maxima sind flach und wahrscheinlich so breit wie die Minima; daher wird die Kurvenform β_2 vermutet.

1922. 162.1905 Sge Mira-Stern; $12^m_.5$—[$15^m_.9$.
$M = 242\,7592 + 314^d \cdot E$.

Max.	Gr.	E	B−R	Max.	Gr.	E	B−R
242 7590	$12^m_.8$	0	-2^d	242 9800	$13^m_.1$	7	$+10^d$
7910	12.9	1	+4	243 0420	12.5:	9	+2
9150	12.9	5	−12	0730:	?	10	−2
9475	12.7	6	−1	1050:	?	11	+4

Kurvenform α_2?

[1]) Unsichere Einzelbeobachtung.

1923. 164.1905 Sge Mira-Stern; $13^{m}8$—[$16^{m}5$.

$$M = 242\ 8417 + 230^{d} \cdot E.$$

Max.	Gr.	E	$R-R$	Max.	Gr.	E	$B-R$
242 7500::	?	−4	$+3^{d}$[1])	242 9825	$15^{m}0$	6	$+28^{d}$
8410	$13^{m}8$	0	−7	243 0705	14.7	10	−12
9560	15.1	5	−7	0940	14.6:	11	− 7

Elemente unsicher. Die Maxima sind mit wenigen Beobachtungen belegt.

1924. 165.1905 Sge μ Cephei-Art; 16^{m}—17^{m}.

Der schwache Stern zeigte in der Zeit von 242 7540 bis 7800 wellenartigen Lichtwechsel; auf den übrigen Platten ist seine Helligkeit meist unter dem Schwellenwert; nur einige wenige, die bis $16^{m}5$ reichen, gestatten es, vereinzelte Beobachtungen zu gewinnen. Auf Blauplatten ist er etwa $0^{m}5$ schwächer.

1925. 494.1934 Vul Z Aquarii-Art; $12^{m}6$—$14^{m}6$:.

Aus den wenig zahlreichen Beobachtungen auf Platten des 40 cm-Astrographen lassen sich folgende Elemente ableiten:

$$M = 242\ 9375 + 370^{d} \cdot E.$$

Sie sind wegen der geringen Anzahl von Beobachtungen etwas unsicher. Der Stern ist rot. Farbzahl $+0^{m}5$.

1926. RT Sge Mira-Stern; $12^{m}7$—[$16^{m}0$.

$$M = 242\ 8402 + 300^{d} \cdot E.$$

Max.	Gr.	E	$B-R$	Max.	Gr.	E	$B-R$
242 8396	$13^{m}7$	0	-6^{d}	242 9907	$12^{m}7$	5	$+5^{d}$
8717	12.9	1	+15	243 0197	12.9	6	−5
9006:	12.6:	2	+ 4	0496	12.7	7	−6
9600:	12.7:	4	− 2	0800:	?	8	−2 [2])

Kurvenform α_2?

1927. 167.1905 Vul Z Aquarii-Art; $12^{m}5$—$14^{m}8$.

$$M = 242\ 7727 + 375^{d} \cdot E.$$

Max.	Gr.	E	$B-R$	Max.	Gr.	E	$B-R$
242 7715	$12^{m}7$:	0	−12	242 9625	$13^{m}5$	5	$+23^{d}$
8100	13.2:	1	− 2	243 0000	12.5	6	+23
8460	13.2:	2	−17	0375	13.3	7	+23
9200	13.4	4	−27	0715	13.5	8	−12

Kurvenform α_2—β_2.

---

[1]) Nur im Abstieg beobachtet.
[2]) Nur im Abstieg beobachtet.

1928. **168.1905 Sge** Z Aquarii-Art; $14^m_.2$—$15^m_.7$.

M=242 8734+244^d · E.

Max.	Gr.	E	$B-R$	Max.	Gr.	E	$B-R$
242 7550	$14^m_.4$:	−5	+36^d	242 9700	$14^m_.2$	4	−10^d
7750:	14.5:	−4	− 8	9935	14.5	5	−19
8000	14.5	−3	− 2	243 0200	14.6	6	+ 2
8725	14.4	0	− 9	0450	14.6	7	+ 8
9250:	14.2:	2	+28	0675	14.5	8	−11
9450	14.5	3	−16	0925	14.6	9	− 5

Die Maxima sind in der Form sehr verschieden. Einige zeigen ein sekundäres Minimum von höchstens $0^m_.4$. Farbzahl +$0^m_.5$.

1929. **171.1905 Sge** Unveränderlich; $14^m_.2$.
Der nicht merklich gefärbte Stern zeigte in der Zeit von 242 7540 bis 243 1030 keinen merkbaren Lichtwechsel.

1930. **Ross 270 Aql** V Ursae minoris-Art; $12^m_.1$—$13^m_.8$.

M=242 7566+82^d · E.

Max.	Gr.	E	$B-R$	Max.	Gr.	E	$B-R$
242 7568	$12^m_.5$	0	+ 2^d	242 9065	$12^m_.4$	18	+23^d
7640	12.5	1	− 8	9140	12.3	19	+16
7725	12.3	2	− 5	9445	12.5	23	− 7
7890	12.4:	4	− 4	9525	12.4	24	− 9
7970	12.8	5	− 6	9615	12.3:	25	− 1
8055	12.2	6	− 3	243 0190	12.2	32	0
8315	12.5	9	+11	0270	12.3	33	− 2
8390	12.2	10	+ 4	0690	12.1	38	+ 8

Die Form und die Amplitude der einzelnen Wellen sind verschieden. Ab 243 0800 tritt ein regelloser Lichtwechsel ein; das bei 0846 erwartete Maximum ist ausgeblieben. An der Stelle wurde der Stern $13^m_.1$ beobachtet, wogegen er in Zeit von 0800 bis 1020 im Mittel $12^m_.8$ war.

Feld $20^h58^m + 44°$.

C. Hoffmeister.

1931. **144.1940 Cyg** RR Lyrae-Stern; $13^m_.3$—$13^m_.8$.

M=242 8041.40+$0^d_.389766$ · E.

$M-m$=$0^d_.195$ Typus RRc.

Max.	E	$B-R$	Max.	E	$B-R$
242 8041.44	0	+$0^d_.04$	242 9144.44	2830	$0^d_.00$
8396.49	911	+0.01	9162.42	2876	+0.05
8430.34	998	−0.05	9167.41	2889	−0.02
8629.58	1509	+0.02	9366.58	3400	−0.02
8718.47	1737	+0.05	9464.45	3651	+0.01
9110.52	2743	−0.01	9491.38	3720	+0.05
9114.43	2753	0.00	9752.49	4390	+0.02
9117.54	2761	0.00	9759.52	4408	+0.03

Max.	E	B−R	Max.	E	B−R
242 9910.31	4795	$-0^d.02$	243 0933.51	7420	$+0^d.05$
243 0199.52	5537	−0.01	1022.32	7648	−0.01
0253.35	5675	+0.03			

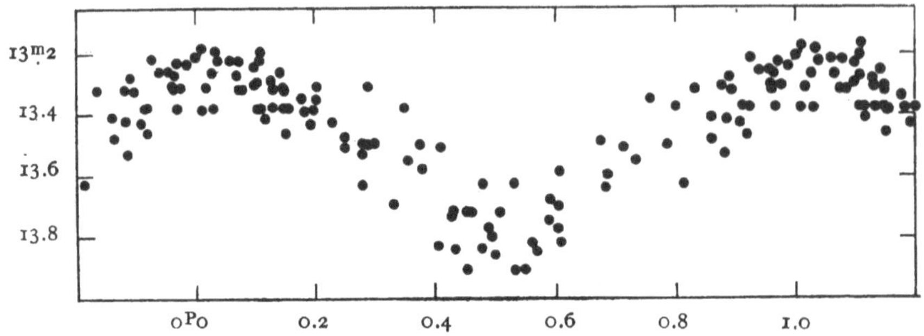

144.1940 Cygni

1932. 152.1943 Cyg Algol-Stern; $12^m.5$—$13^m.0$.

m=242 8245.58+$1^d.056196 \cdot E$.

$D=4^h.8$; d=0.0.

Nebenminimum $0^m.07$ angedeutet.

Min.	E	B−R	Min.	E	B−R
242 8245.58	0	$0^d.00$	242 9217.25	920	$-0^d.03$
8752.53	480	−0.02	9464.45	1154	+0.02
9014.49	728	0.00	9631.30	1312	−0.01
9050.43	762	+0.03	9880.56	1548	−0.01
9107.46	816	+0.02	243 0199.52	1850	−0.02
9108.51	817	+0.02	0819.52	2437	−0.01
9163.38	869	−0.03	1022.32	2629	0.00

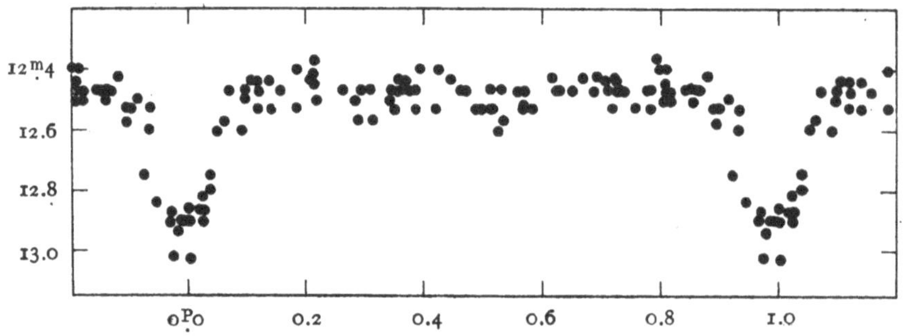

152.1943 Cygni

1933. 145.1940 Cyg δ Cephei-Stern; $12^m.4$—$13^m.2$.

M=242 7976.4+$5^d.09845 \cdot E$.

$M-m=1^d.22$.

Max.	E	B−R	Max.	E	B−R
242 7976.4	0	$0^d.0$	243 8654.5	133	$0^d.0$
8430.3	89	+0.1	8664.5	135	−0.2

Max.	E	B−R	Max.	E	B−R
242 9103.5	221	$+0^d.3$	242 9541.4	307	$-0^d.2$
9108.5	222	+0.2	9638.3	326	−0.2
9113.5	223	+0.1	9786.5	355	+0.2
9230.4	246	−0.2	9903.4	378	−0.2
9352.6	270	−0.4	243 0199.5	436	+0.2
9495.4	298	−0.3	0933.5	580	0.0

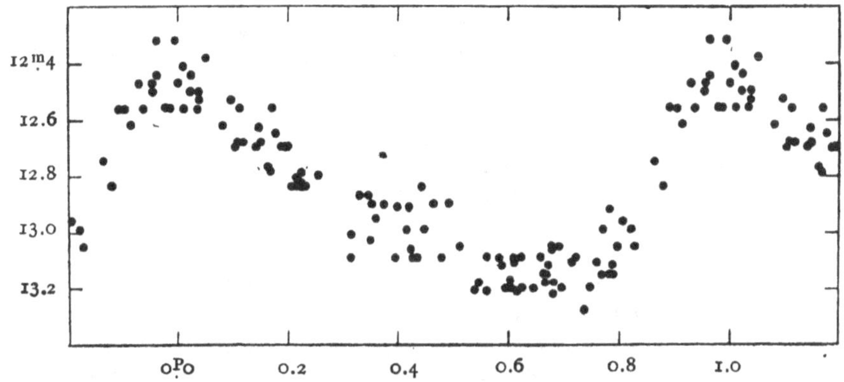

145.1940 Cygni

1934. **146.1940 Cyg.** *Z Aquarii-Art*; $13^m.2$—$15^m.1$.
$M = 242\ 8098 + 187^d.6 \cdot E.$

Max.	E	B−R	Max.	E	B−R
242 8085	0	-13^d	242 9400	7	-11^d
8296	1	+10	9574	8	−25
8488	2	+15	9765	9	−21
8660	3	− 1	9975	10	+ 1
9032	5	− 4	243 0185	11	+23
9230	6	+ 6			

Der Lichtwechsel weist starke Unregelmäßigkeiten auf, sowohl in den Extremwerten als auch in der Kurvengestalt. Von etwa 243 0000 bis zum Ende der Reihe bei 1200 macht sich eine starke Abflachung bemerkbar. Soweit die etwas spärlichen Beobachtungen erkennen lassen, ist die Gültigkeit der Elemente nach 243 0400 zweifelhaft. Der Stern ist gelb.

1935. **147.1940 Cyg.** *δ Cephei-Stern*; $11^m.4$—$12^m.2$.
$M = 242\ 7976.6 + 4^d.04926 \cdot E.$
$M - m = 0^d.95.$

Max.	E	B−R	Max.	E	B−R
242 7976.4	0	$-0^d.2$	242 9114.4	281	$0^d.0$
8041.4	16	0.0	9499.5	376	+0.4
8219.7	60	+0.1	9786.5	447	−0.1
8304.5	81	−0.1	9851.5	463	+0.1
9013.5	256	+0.3	243 0199.5	549	−0.1
9053.5	266	−0.2	0264.4	565	0.0
9110.5	280	+0.1	0442.6	609	0.0

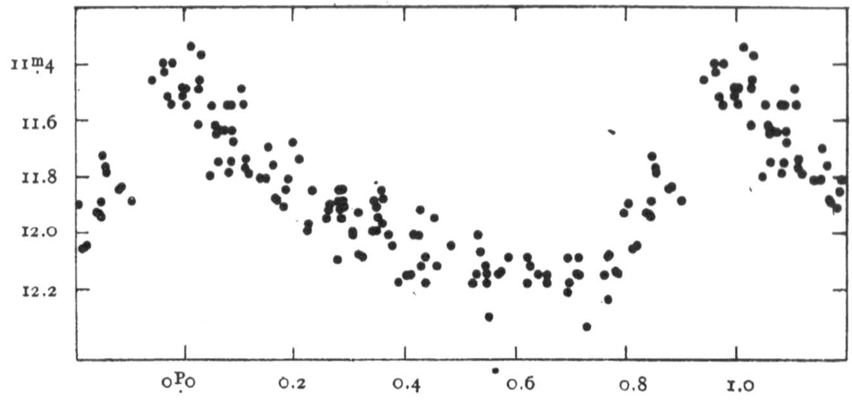

147·1940 Cygni

1936. 153·1943 Cyg RW Aurigae-Stern; 13^m5—16^m2
Rasche Änderungen sind im Betrage von 0^m5 in 1^d nachgewiesen. Außerdem scheint die Höhenlage der Kurve mit einer Periode von etwa 1300^d zu wechseln; Minima bei 242 8200:, 9500:, 243 1000:. Jedoch kommen auch aus nahezu Minimalhelligkeit Aufstiege bis über 14^m vor. Die beigefügte Kurvendarstellung umschließt den Abstieg um 2^m3 zwischen 242 9110 und 9230. In der Folgezeit ist der Stern anscheinend bis gegen 9500 kaum heller als 16^m gewesen. Wahrscheinlich ist diese Phase als Ruhezustand aufzufassen. Dann beginnt ein langsamer Aufstieg, nur durch wenige Beobachtungen belegt, bis 9785 15^m3. Zwischen 9845 und 9903 zeigen 4 Platten den Stern hell, 13^m7, worauf er wahrscheinlich rasch bis 15^m3 abgesunken ist. Die weiteren Beobachtungen lassen keine Besonderheiten erkennen. In der Umgebung der beschriebenen tiefen Senke hat die Kurve große Ähnlichkeit mit derjenigen eines R CrB-Sterns, jedoch fehlt unserem Veränderlichen das konstante helle Normallicht. Die Farbe des Sterns weicht nicht merklich von der der Nachbarsterne ab. — Der Veränderliche steht am Rande einer der zahlreichen Dunkelwolken dieser Gegend.

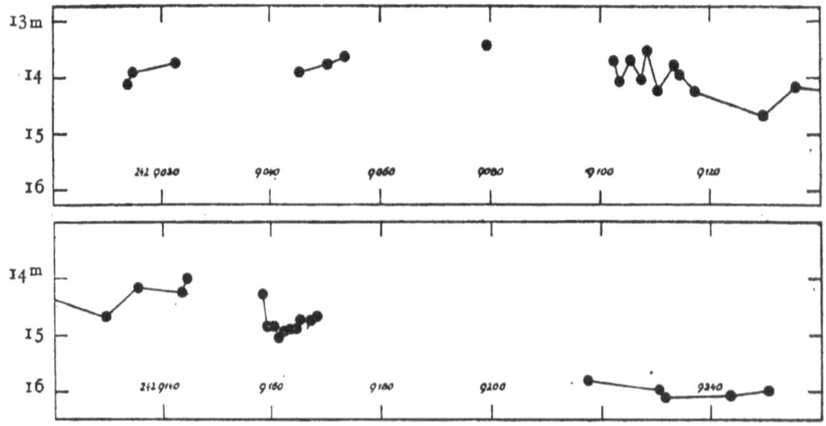

153·1943 Cygni

1937. **V 407 Cyg** Nova-ähnlich; $13^m.3$—$[16^m.5$.

Bei der Entdeckung im Jahre 1939 wurde der Veränderliche für eine langsame Nova gehalten. Er ist unsichtbar, $[16^m$, von 242 7951 bis 8107, hell von 8219 bis 8487 mit 2 flachen Maxima 8250 $13^m.7$ und 8425 $14^m.0$. In den folgenden Beobachtungsperioden nimmt der Stern langsam an Helligkeit ab, anscheinend unter geringen Schwankungen. Zwischen 8629 und 88c4 verläuft die Kurve von $14^m.3$ nach $14^m.7$ mit einem Zwischenmaximum $14^m.0$ bei 8715. Weiter ist der Abfall beobachtet von 8953 $14^m.8$ bis 9230 $15^m.4$. Endlich liegen noch einige Beobachtungen zwischen $16^m.0$ und $16^m.5$ bei 9490. Überraschenderweise zeigt der Stern in den darauffolgenden Jahren drei Maxima, die geeignet wären, einen Mira-Lichtwechsel vorzutäuschen. Die beiden ersten dieser Maxima sind verhältnismäßig spitz: 242 9760 $14^m.4$ und 243 0430 $13^m.4$. Schließlich ist der Veränderliche hell auf zwei einzelnstehenden Platten 243 1030 $14^m.5$ und 1204 $14^m.0$. Diese 3 Maxima entsprechen einer Periode von 670^d, die jedoch mit dem vorausgegangenen Lichtwechsel nicht vereinbar ist. Der Veränderliche scheint nicht rot zu sein. Die Beobachtungen werden erschwert durch die enge Nachbarschaft eines Sterns $14^m.0$. Bezogen auf diesen Stern steht der Veränderliche ungefähr in PW = 190° d = 8″. Auf Wolf-Palisa-Karte Nr. 198 ist er unsichtbar. — Nach den bisher vorliegenden Beobachtungen muß der Stern zu den novaähnlichen Veränderlichen gezählt werden.

1938. **149.1940 Cyg** · Z Aquarii-Art; $13^m.6$—$15^m.3$.

$$M = 242\ 8550 + 670^d \cdot E.$$
$$M - m = 210^d:.$$

Die Lichtkurve ist wenig regelmäßig. Die Amplitude schwankt zwischen $0^m.5$ und $1^m.7$, der Lichtwechsel ist demnach in manchen Erscheinungen stark abgeflacht. Maxima: 242 8550, 243 0220. Minima: 242 8200, 9050, 9750, 243 1050. Der Veränderliche ist nicht rot, sondern nur wenig gelber als die Nachbarsterne.

1939. **V 408 Cyg** Unregelmäßig; $10^m.7$—$11^m.6$.

Der schwach gefärbte Stern zeigt von 242 7950 bis 9400 nur geringen Lichtwechsel in langen, sehr flachen Wellen zwischen $10^m.7$ und $11^m.1$. Danach beginnt die Helligkeit langwellenförmig abzusinken zu einem Minimum $11^m.6$ bei 242 9950. Von 243 0150 ab zeigen sich wieder nur geringe Änderungen um $11^m.0$.

1940. **150.1940 Cyg** Algol-Stern; $13^m.3$—$15^m.6$.

$$m = 242\ 7959.50 + 2^d.40326 \cdot E.$$
$$D = 7^h \quad d = 2^h\ ?$$

Min.	*E*	*B−R*	Min.	*E*	*B−R*
242 7959.48	0	$-0^d.02$	242 9103.46	476	$+0^d.01$
8048.38	37	−0.04	9168.33	503	−0.01
8781.46	342	+0.05	9425.45	610	−0.04
9014.49	439	−0.04	9514.44	647	+0.03
9079.46	466	+0.04	9759.52	749	−0.02

1941. 154.1943 Cyg Unveränderlich; $12^{m}.8$.

Der rötliche Stern zeigt wohl auf den Platten geringe Lichtschwankungen in Form langer Wellen, doch kann in Anbetracht der Kleinheit der Amplitude die Realität nicht erwiesen werden.

1942. 155.1943 Cyg Unregelmäßig; $13^{m}.3$—$14^{m}.9$.

Von 242 7950 bis 9400 könnte der Lichtwechsel als halbperiodisch angesehen werden, wobei unter starkem Wechsel der Amplitude eine Welle von 125^{d} auftritt. Am stärksten ausgeprägt ist diese Form zwischen 8950 und 9250. Nach 9400 ist der Charakter völlig verändert, indem nur noch Schwankungen der Helligkeit mit etwa $0^{m}.5$ Amplitude um $14^{m}.6$ auftreten, die hohen Maxima also unterdrückt sind. Der Stern ist etwas gefärbt.

1943. 156.1943 Cyg Mira-Stern; $15^{m}.2$—[$16^{m}.9$.

$$M = 242\ 8195 + 327^{d} \cdot E.$$

Max.	E	$B-R$	Max.	E	$B-R$
242 8219	0	$+24^{d}$	242 9845	5	$+15^{d}$
9166	3	−10	243 0465:	7	−19
9491	4	−12	0819:	8	+ 8

Die Höhe der Maxima schwankt zwischen $15^{m}.2$ und $15^{m}.7$.

1944. 157.1943 Cyg Mira-Stern; $13^{m}.9$—[$16^{m}.5$.

$$M = 242\ 8045 + 257^{d} \cdot E.$$

Max.	E	$B-R$	Max.	E	$B-R$
242 8041	0	$-\ 4^{d}$	242 9575	6	-12^{d}
8300	1	− 2	9845:	7	+ 1
9083	4	+10			

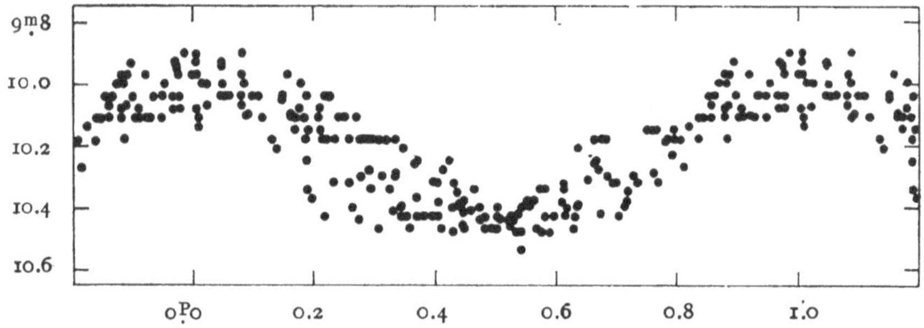

158.1943 Cygni

1945. 158.1943 Cyg ζ Geminorum-Stern; $10^{m}.0$—$10^{m}.4$.

$$M = 242\ 7978.9 + 3^{d}.28316 \cdot E.$$

$$M - m = 1^{d}.64.$$

Max.	E	$B-R$	Max.	E	$B-R$
242 7978.9	0	$0^{d}.0$	242 8395.6	127	$-0^{d}.3$
8245.5	81	+0.7	8425.2	136	−0.2
8310.2	101	−0.3	8779.8	244	−0.2

Max.	E	$B-R$	Max.	E	$B-R$
242 9102.4	342	$+0^{d}.7$	242 9502.1	464	$-0^{d}.2$
9108.5	344	+0.2	9571.4	485	+0.2
9134.2	352	−0.4	9630.2	503	−0.1
9161.0	360	+0.2	9640.0	506	−0.2
9167.4	362	0.0	9899.4	585	−0.1
9170.4	363	−0.3	9984.9	611	0.0
9486.3	459	+0.4	243 0260.8	695	+0.1

Die Zeiten der Maxima sind hier aus Gruppen von Beobachtungen bestimmt.

1946. 151.1940 Cyg RV Tauri-ähnlich; $13^{m}.6$—$14^{m}.1$.

$m = 242\,7961 + 62^{d}.97 \cdot E.$

Der Stern ist schwierig zu beobachten, da er in der äußersten südöstlichen Ecke des Feldes steht. Auch auf den herangezogenen Platten des Nachbarfeldes ϱ Cygni steht er randnah. Trotzdem sind die in der bildlichen Darstellung als starke Streuung in Erscheinung tretenden Abweichungen von der mittleren Kurve sicher großenteils reell, wie die Prüfung zahlreicher Einzelfälle ergeben hat. Die Amplitude übersteigt zeitweilig kaum $0^{m}.2$. Die Periode ist über die ganze Beobachtungsreihe nachweisbar, und die Streuung wird auch nicht wesentlich vermindert, wenn man nur kürzere Zeitabschnitte in die Kurve einbezieht. Der Stern unterscheidet sich in der Farbe nicht merklich vom Mittel der Nachbarsterne.

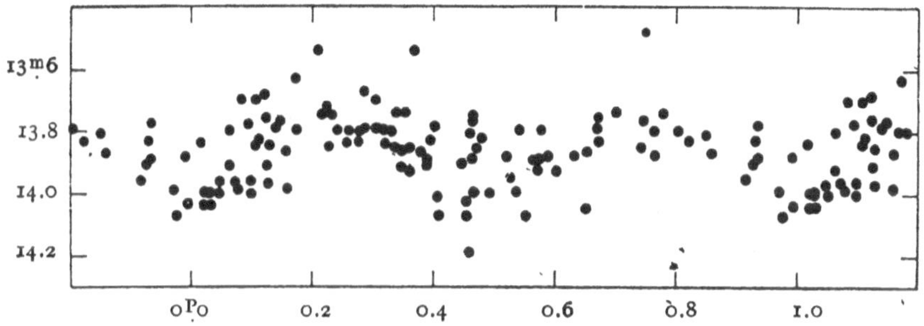

151.1940 Cygni

1947. 159.1943 Cyg Algol-Stern; $13^{m}.8$—$15^{m}.5$.

$m = 242\,7960.45 + 1^{d}.132603 \cdot E.$

$D = 4^{h}.0;\quad d = 0^{h}.0.$

Schwächungen	Gr.	E	$B-R$
242 7960.45	$15^{m}.5$	0	$0^{d}.00$
7977.44	[15.0	15	0.00
8104.28	15.5	127	−0.01
8310.42	15.5	309	0.00
8396.49	15.5	385	−0.01
9053.46	14.6	965	+0.05
9079.46	15.3	988	0.00
9105.52	15.3	1011	+0.01
9114.54	15.2	1019	−0.03

Max.	Gr.	E	$B-R$
242 9130.48	14^m.5	1033	+0^d.05
9231.26	14.9	1122	+0.03
9514.43	14.4	1372	+0.05
9515.45	14.4	1373	−0.06
9641.26	15.0	1484	+0.03
243 0164.47	15.0	1946	−0.03
0531.49	14.7	2270	+0.03
0608.46	15.1	2338	−0.02
0847.41	14.3	2549	−0.05
0873.46	14.8	2572	−0.04
0933.51	15.3	2625	−0.02
1076.28	14.5	2751	+0.04

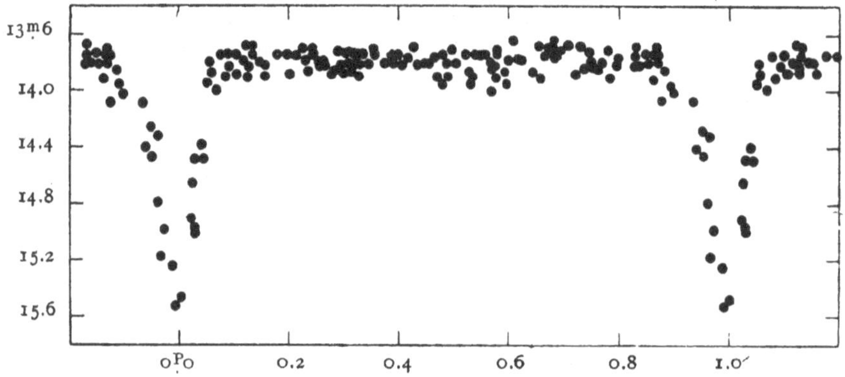

159.1943 Cygni

1948. **160.1943 Cyg** Algol-Stern; 14^m.8—16^m.2.
$m = 242\ 7964.46 + 3^d.33480 \cdot E$.
$D = 10^h$: d nicht bestimmbar.

Min.	E	$B-R$	Min.	E	$B-R$
242 7964.50	0	+0^d.04	242 9965.29	600	−0^d.05
8781.46	245	−0.03	243 0145.47	654	+0.05
9111.52	344	−0.11	0265.43	690	−0.04
9158.38	358	+0.06	0445.62	744	+0.07
9168.38	361	+0.06	0465.50	750	−0.06
9635.26	501	+0.07	1002.43	911	−0.03

1949. **RR Cyg** μ Cephei-Stern; 11^m.6—12^m.0.

In Anbetracht der Unsicherheit der Beobachtungen des stark roten Sterns ist der Lichtwechsel aus den vorliegenden Platten kaum mit völliger Gewißheit nachweisbar. Wiederholt sind jedoch, neben Stillständen, flache Wellen erkennbar, die besonders in den Minima eine Periodizität von etwa 180^d andeuten. Der geringe Lichtwechsel muß aber wohl als unregelmäßig bezeichnet werden. Auf Blauplatten ist der Stern 0^m.3 schwächer als angegeben.

1950. **TV Cyg** Unveränderlich; $11^m\!.5$.

Zwar ist die Streubreite der Beobachtungen mit knapp $0^m\!.3$ etwas übernormal, doch kann dies durch die gelbe Farbe des Sterns verursacht sein. Innerhalb der durch die Platten überdeckten Zeit kann jedenfalls eine Veränderlichkeit nicht nachgewiesen werden. Dieses Ergebnis im Zusammenhang mit den Angaben in GuL 2. Ausg. II, 17 läßt die Veränderlichkeit überhaupt zweifelhaft erscheinen.

1951. **AZ Cyg** μ Cephei-Art; $9^m\!.6$—$10^m\!.5$.

Die Kennzeichnung „Unregelmäßig“ in KuE mit dem Zusatz „Periode 360^d ?“ ist richtig. Der Veränderliche gehört zu denjenigen Sternen der μ Cephei-Klasse, die zeitweise periodisch sind. Von 242 7950 bis 9900 läßt er eine Periode von 380^d erkennen; Maxima bei 8185, 8550:, 9000::, 9700. Im einzelnen zeigt der Kurvenverlauf starke Unregelmäßigkeiten. Nach 9900 folgt zunächst ein Stillstand bei $10^m\!.1$, der in ziemlich regellose flache Wellen übergeht. Aus der Zeit 242 0299 bis 1868 liegen 87 visuelle Beobachtungen des Verfassers vor. Bei einer Amplitude von $0^m\!.6$ zeigt der Stern sehr lange Wellen; Minima bei 242 0450 und 1500, Maxima bei 0900 und 1850. Die Schwingung von etwa 1000^d wird überlagert von kurzen Wellen von etwa 100^d bis 200^d Länge. Die Periode von 380^d ist nirgends angedeutet.

1952. **DH Cyg** Mira-Stern; $12^m\!.3$—$15^m\!.7$.

$$M = 242\,7915 + 260^d \cdot E$$
$$M - m = 100^d$$

Max.	E	B−R	Max.	E	B−R
242 7940:	0	$+25^d$	242 9501	6	$+26^d$
8425	2	−10	9750:	7	+15
8673	3	−22	9993:	8	− 2
8955:	4	0	243 0500:	10	−15
9255:	5	+40	1034:	12	− 1

Der Kurvenverlauf ist sehr unregelmäßig, was auch in den Werten von $B-R$ zum Ausdruck kommt. Die Maximalhelligkeiten schwanken zwischen $12^m\!.3$ und $13^m\!.6$, die Minimalhelligkeiten zwischen $14^m\!.7$ und $15^m\!.7$.

1953. **DS Cyg** μ Cephei-Art; $12^m\!.0$—$13^m\!.6$.

Im ersten Teil der Beobachtungsreihe herrscht eine Welle von etwa 300^d mit großer Amplitude vor. Dagegen verläuft von etwa 242 8900 bis 243 0150 der Lichtwechsel mit flachen Wellen innerhalb der Grenzen $12^m\!.5$ und $13^m\!.0$. Bei 0260 wird dann wieder ein Minimum $13^m\!.6$ erreicht. Der Stern ist stark rot. Die angegebenen Größen beziehen sich auf schwach orthochromatische Platten; auf Blauplatten liegt die Kurve um $2^m\!.5$ tiefer.

1954. **V 347 Cyg** δ Cephei-Stern; $13^m\!.7$—$14^m\!.3$.

$$M = 242\,7951.8 + 8^d\!.7362 \cdot E.$$
$$M - m = 3^d\!.80.$$

Max.	E	B−R	Max.	E	B−R
242 7951.4	0	$-0^d\!.4$	242 8074.4	14	$+0^d\!.3$
8048.4	11	+0.5	8249.6	34	+0.8

Max.	E	B−R	Max.	E	B−R
242 8309.4	41	−0ᵈ6	242 9375.6	163	−0ᵈ2
8406.4	52	+0.3	9436.5	170	−0.5
8754.5	92	−1.0	9464.4	173	+1.2
8781.5	95	−0.2	9488.4	176	−1.0
9045.5	125	+1.7	9514.4	179	−1.2
9053.5	126	+0.9	9541.4	182	−0.4
9079.5	129	+0.7	9569.3	185	+1.3
9105.5	132	+0.5	9576.2	186	−0.5
9114.4	133	+0.7	9786.5	210	+0.1
9158.3	138	+0.9	9952.2	229	−0.2
9165.3	139	−0.8	243 0442.6	285	+1.0
9217.2	145	−1.3	0486.5	290	+1.2
9366.6	162	−0.5	0973.4	346	−1.1

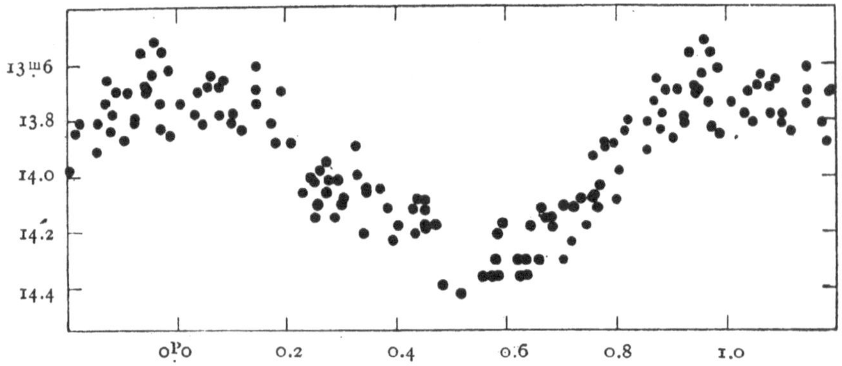

V 347 Cygni

1955. **V 348 Cyg** Unveränderlich ? —
Am Ort stehen 2 Sterne 13ᵐ und 14ᵐ. Der besser passende südliche ist sicher nicht veränderlich. Der 1′4 nördlich davon stehende schwächere ist etwas verdächtig, doch ergab die Prüfung der Platten keine Gewißheit. Eine Amplitude von 1ᵐ4, wie Balanowsky angibt, ist ausgeschlossen. Mehrere Versuche zur Bestimmung der Art und Periode blieben ohne Erfolg.

1956. **V 349 Cyg** Unveränderlich. —
Bei keinem Stern der Umgebung des Ortes konnte ein Lichtwechsel bemerkt werden. Die angebliche Bestätigung von Parenago (NNVS 4.134 — 6 Platten mit Größen zwischen 13ᵐ4 und 13ᵐ9) hat wenig Gewicht, zumal die Platten offenbar nicht weit unter 14ᵐ reichen.

1957. **V 350 Cyg** Unveränderlich; 13ᵐ4.
Der genau am angegebenen Ort stehende, mittels Wolf-Palisa-Karte Nr. 198 leicht auffindbare gelbe Stern zeigt keine Andeutung eines Lichtwechsels.

1958. **V 351 Cyg** Unveränderlich; 14ᵐ1.
Der am Ort stehende Stern ist rötlich, zeigt aber keinen Lichtwechsel.

1959. **V 352 Cyg** Unveränderlich; $14^m.2$.

Der Stern, welcher dem von Balanowsky angegebenen Ort am nächsten steht, ist nicht merklich gefärbt und zeigt keinen Lichtwechsel.

1960. **V 353 Cyg** Unveränderlich; $15^m.2$.

In angemessener Umgebung des Ortes stehen nur schwache Sterne. Der dem Ort am nächsten befindliche Stern ist $15^m.2$ und zeigt keinen Lichtwechsel. Auch kein anderer Stern der Umgebung erscheint verdächtig.

1961. **V 354 Cyg** Unveränderlich; —

Am angegebenen Ort steht kein passender Stern. Möglicherweise ist V 354 identisch mit V 406 Cyg, der 5^s westlich und 6′ südlich vom Ort steht. Kein Stern der am Ort befindlichen Gruppe zeigt Lichtwechsel.

1962. **V 355 Cyg** Algol-Stern; $13^m.6$—$15^m.8$.

$$m = 242\,8451.24 + 8^d.4322 \cdot E.$$
$$D = 14^h; \quad d \text{ unbestimmt.}$$

Min.	E	$B-R$	Min.	E	$B-R$
242 8451.28:	0	$+0^d.04$	242 9117.54	79	$+0^d.16$
9024.48	68	−0.15	9159.42	84	−0.12
9100.45	77	−0.07	9488.40	123	0.00

Die Seltenheit der Minima und ihre Tiefe trotz zweistündiger Belichtung der Platten sprachen von Anbeginn gegen die von Balanowsky angegebene kurze Periode ($0^d.87$).

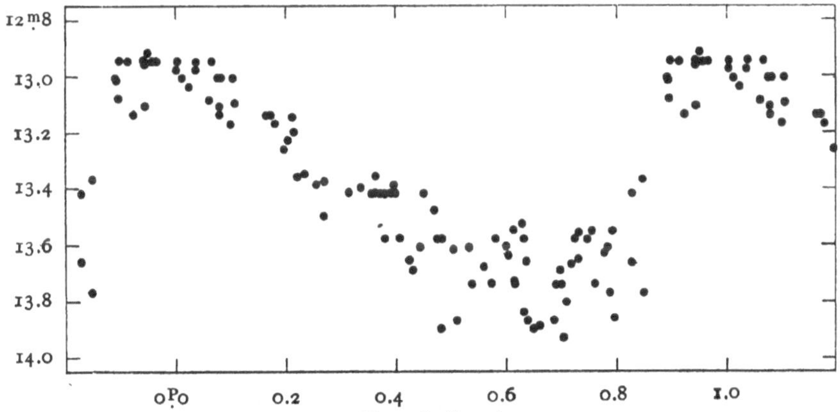

V 356 Cygni

1963. **V 356 Cyg** δ Cephei-Stern; $13^m.0$—$13^m.8$.

$$M = 242\,8074.7 + 5^d.05830 \cdot E.$$
$$M - m = 1^d.36.$$

Max.	E	$B-R$	Max.	E	$B-R$
242 8074.4	0	$-0^d.3$	242 8752.5	134	$0^d.0$
8373.5	59	+0.4	9050.4	193	−0.6
8403.5	65	0.0	9162.4	215	+0.2

Max.	E	B-R	Max.	E	B-R
242 9167.4	216	$+0\overset{d}{.}1$	242 9845.5	350	$+0\overset{d}{.}4$
9243.3	231	+0.1	9880.6	357	+0.1
9399.4	262	-0.6	9910.3	363	-0.6
9425.4	267	+0.1	9981.2	377	-0.5
9486.5	279	+0.5	243 0199.5	420	+0.3
9491.4	280	+0.4	0264.4	433	-0.5
9496.0 [1])	281	-0.1	0431.6	466	-0.3
9541.4	290	-0.2	0442.6	468	+0.6
9627.3	307	-0.3	0937.5	566	-0.2

Die in KuE 1943 auf 3 Stellen und ohne Epoche gegebene Periode wird damit bestätigt. Nachbarsterne stören die Beobachtung etwas.

1964. **V 358 Cyg** Unveränderlich; —

Kein Veränderlicher in der nächsten Umgebung des Ortes. Der Algolstern S 4535 Cyg geht 15^s voraus, 5ʹ6 südlich. Es ist durchaus fraglich, ob sich Balanowskys Beobachtungen auf diesen Stern beziehen.

1965. **V 359 Cyg** Unveränderlich; —

Am Ort steht kein passender Stern. In der Umgebung wurde kein Veränderlicher gefunden.

1966. **V 361 Cyg** Unveränderlich; —

Weder der dem Ort am nächsten stehende, noch irgend ein anderer Stern der Umgebung konnte als veränderlich erkannt werden.

1967. **V 362 Cyg** Z Aquarii-Stern; $13\overset{m}{.}4$—$14\overset{m}{.}6$.

$M = 242\ 8400 + 785^d \cdot E$.

Maxima: 242 8400, 9180, 9970, vor 243 0820.
Minima: 242 8100, 8850, 9600.
Dem langperiodischen Lichtwechsel des rötlichen Sterns sind an manchen Stellen sekundäre Wellen von etwa $0\overset{m}{.}6$ Amplitude überlagert, so daß die Lichtkurve zeitweilig ziemlich unregelmäßig aussieht.

1968. **V 406 Cyg** μ Cephei-Stern; $10\overset{m}{.}9$—$12\overset{m}{.}6$.

Der Veränderliche, BD+43°3790 ($9\overset{m}{.}5$) ist ein μ Cephei-Stern mit ungewöhnlich lebhaftem Lichtwechsel. Zeitweilig ist eine Welle von 85^d mit stellenweise mehr als 1^m Amplitude angedeutet; zu anderen Zeiten sind die Wellen kürzer bei kleinerer Amplitude, oder die Kurve verläuft in regellosen, langsamen Auf- und Abstiegen. Die rascheste beobachtete Änderung beträgt 1^m in 30^d. Eigentliche längere Stillstände sind nicht bemerkt worden, wohl aber eine starke Abflachung der Kurve von 242 9045 bis 9170 mit Schwankungen um $11\overset{m}{.}5$. Farbzahl $+0\overset{m}{.}4$, auf panchromatischer Filterplatte mindestens $1\overset{m}{.}5$ heller, auf Blauplatten etwa $0\overset{m}{.}3$ schwächer.

---

[1]) Aus Beobachtungen an zwei Tagen.

1969. **731.1933 Cyg** Algol-Stern; $13^m_.1$—$13^m_.65$.

$m = 242\ 6214.44 + 1^d_.609146 \cdot E$.

$D = 5^h_.8 \quad d = 1^h_.9$.

Min.	E	$B-R$	Min.	E	$B-R$
242 6214.46	0	$+0^d_.02$	242 9640.26	2129	$-0^d_.05$
6676.24	287	−0.02	9899.38	2290	0.00
7313.46	683	−0.03	243 0253.35	2510	−0.05
7976.45	1095	0.00	0990.40	2968	+0.01
8396.49	1356	+0.05	0998.41	2973	−0.02
9162.42	1832	+0.02	1323.50	3175	+0.02

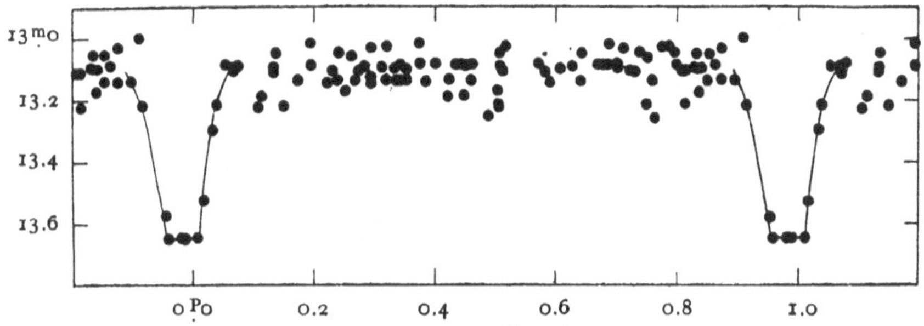

731.1933 Cygni

1970. **Ross 87 Cyg** RW Aurigae-ähnlich; $12^m_.6$—$13^m_.5$.

Der Lichtwechsel ist im allgemeinen nicht sehr rasch. Beobachtet sind An- und Abstiege von $0^m_.5$ in 10^d bis 14^d. An einer Stelle, bei 242 9160, besteht jedoch der Verdacht auf rasche Schwankungen innerhalb $0^m_.5$. Mit dem Bestreben, ein bei $12^m_.8$ bis $13^m_.0$ liegendes „Normallicht" einzuhalten, von dem aus Schwächungen verschiedener Dauer und seltener Erhebungen stattfinden, erinnert der Stern an BH Cephei. Der Veränderliche ist etwas blauer als die nicht merklich gefärbten Nachbarsterne: Farbzahl: $-0^m_.1$.

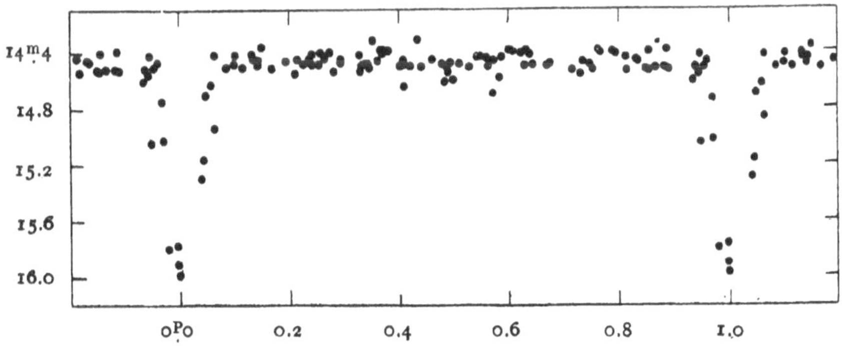

Ross 330 Cygni

1971. **Ross 330 Cyg** Algol-Stern; $14^m_.5$—$16^m_.0$.

$M = 242\ 7959.50 + 3^d_.90742 \cdot E$.

$D = 9^h_.3 \quad d = 0^h:$.

Schwächung	Gr.	E	$B-R$
242 7959.48	$15^m.4$:	0	$-0^d.02$
9014.49	15.9:	270	−0.01
9022.48	15.3	272	+0.16
9143.45	16.0	303	0.00
9491.38	15.2:	392	+0.17
9569.27	15.8	412	−0.09
9952.24	[15.2	510	−0.04
243 0819.53	15.2	732	−0.20
0999.46	15.8	778	−0.01

1972. S 4523 Cyg Bedeckungsstern; $13^m.5$—$14^m.3$.

$m = 242\ 5527.30 + 0^d.452450 \cdot E$.

D und d nicht ermittelt; wahrscheinlich Algol-Art.

Min.	E	$B-R$	Min.	E	$B-R$
242 5527.30	0	$0^d.00$	242 6631.30	2440	$+0^d.02$
5623.26	212	+0.04	7397.25	4133	−0.03
5912.37	851	+0.04	9243.26	8213	−0.01
6133.52	1340	−0.06	9422.45	8609	+0.01

Außerhalb des regulären Feldes; die ersten 6 Minima sind auf Platten des Feldes γ Cygni beobachtet.

1973. S 4524 Cyg U Geminorum-Stern; $13^m.4$—[$16^m.7$.
Der außerhalb des regulären Feldes stehende und daher wenig vollständig beobachtete Stern war zu folgenden Zeiten heller als $15^m.0$:

242 5448	$14^m.5$	242 7302	$13^m.4$
5540	13.6	7334	14.6
5740	14.3	7549	14.3
5828	13.4	9243	14.1
5925	13.4	9422	14.7
6650	14.8		

Wie die Zwischenzeiten zeigen, erfolgen die Erhellungen offenbar im Abstand von ungefähr 30^d, jedoch mit starken Unregelmäßigkeiten. Solche sind auch in bezug auf die Lichtkurve an einigen Stellen angedeutet, so daß der Stern vielleicht einen Parallelfall zu SS Cygni darstellt.

1974. 729.1933 Cyg Mira-Stern; $13^m.6$—[$17^m.4$.

$M = 242\ 7336 + 413^d \cdot E$.

Max.	E	$B-R$	Max.	E	$B-R$
242 7345	0	$+9^d$	243 1060	9	$+7^d$
9390	5	−11			

Der außerhalb des regulären Feldes stehende Stern konnte, außer auf 20 Platten des 40 cm-Astrographen, nur auf einer Plattenreihe des 14 cm-Triplets beobachtet werden. Die Bestimmung der genäherten Elemente geschah mit Benutzung von Kurventeilen außerhalb der Maxima. Die Minimalhelligkeit liegt wahrscheinlich wenig unter $17^m.5$.

1975. S 4525 Cyg RW Aurigae-Art; $14\overset{m}{.}6$—$16\overset{m}{.}7$.

Der Stern verhält sich außerordentlich unruhig und war offenbar während der ganzen Beobachtungszeit aktiv ohne Stillstände. Keinerlei Periodizität ist angedeutet. Die raschesten beobachteten Änderungen sind $0\overset{m}{.}75$ in 1^d, $1\overset{m}{.}8$ in 4^d. Wegen Fehlens von Reihenplatten kann nicht ermittelt werden, welche Lichtschwankungen innerhalb weniger Stunden auftreten. Über die Farbe des Sterns kann wegen seiner Schwäche keine Angabe gemacht werden.

1976. S 4526 Cyg Kurzperiodisch; $15\overset{m}{.}0$—$16\overset{m}{.}3$.

Wegen eines störenden Nachbarsterns und Randnähe konnte der Veränderliche nur auf 18 Platten des 40 cm-Astrographen beobachtet werden. Die Art des Lichtwechsels konnte nicht genauer ermittelt werden.

1977. S 4527 Cyg Algol-Stern; $14\overset{m}{.}7$—[$16\overset{m}{.}9$.

$m = 242\,8460.30 + 4\overset{d}{.}01557 \cdot E.$

$D = 9^h$:, d unbestimmbar.

Min.	Gr.	E	$B-R$
242 8460.31	$15\overset{m}{.}4$	0	$+0\overset{d}{.}01$
9231.28	16.9	192	−0.01
9243.26	16.1	195	−0.08
9488.40	15.8	256	+0.11

Einige geringere Schwächungen werden ebenfalls dargestellt.

1978. S 4528 Cyg Algol-Stern; $14\overset{m}{.}4$—$14\overset{m}{.}9$.

Der Stern konnte nur auf 19 Platten des 40 cm-Astrographen beobachtet werden. Die versuchsweise angenommenen Elemente

$$m = 242\,9103.46 + 3\overset{d}{.}77877 \cdot E$$

stellen die 3 beobachteten Minima 242 9103.46, 9243.27 und 243 0486.49 genau dar und ergeben keine Widersprüche zu den übrigen 16 Beobachtungen.

1979. S 4529 Cyg Algol-Stern; $11\overset{m}{.}9$—$12\overset{m}{.}5$.

$m = 242\,8775.45 + 2\overset{d}{.}42483 \cdot E.$

$D = 9\overset{h}{.}5$:, d nicht ermittelt.

Min.	E	$B-R$	Min.	E	$B-R$
242 8775.44	0	$-0\overset{d}{.}01$	242 9488.40	29	$+0\overset{d}{.}05$
9163.38	160	−0.04	9910.31	468	+0.04
9231.28	188	−0.04	243 0145.47	565	−0.01
9352.62	238	+0.06			

Möglicherweise ist die Umlaufszeit das Zweifache der angegebenen Periode und sind gerade und ungerade Minima von verschiedener Tiefe. Der Stern steht außerhalb des regulären Feldes und konnte in der Hauptsache auf Platten des 14 cm-Triplets beobachtet werden.

1980. S 4530 Cyg RW Aurigae-Art; $13\overset{m}{.}8$—$16\overset{m}{.}8$.

Der Veränderliche ist ein typischer Vertreter seiner Klasse mit lebhaftem Lichtwechsel ohne erkennbare Stillstände über die ganze Dauer der Beobachtungszeit. Die raschesten beobachteten Änderungen betragen $1^{m}.2$ in 2^{d}, $1^{m}.6$ in 3^{d}, $2^{m}.2$ in 4^{d}. Der Stern ist anscheinend nicht merklich gefärbt.

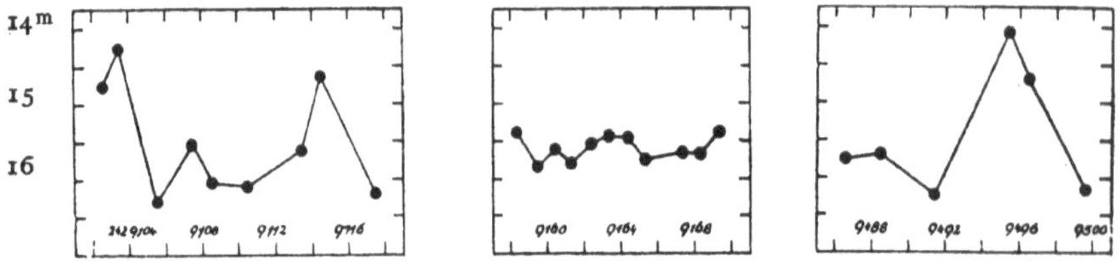

S 4530 Cygni

1981. **S 4531 Cyg** Algol-ähnlich; $13^{m}.0$—$13^{m}.7$.

Folgende Schwächungen sind beobachtet:

242 9102.53	$13^{m}.5$	242 9250.29	$13^{m}.7$
9135.43	13.5	9407.44	13.6
9230.36	13.4	9569.27	13.6
9243.26	13.6	9576.24	13.5

Die Differenzen führen unausweichlich auf kurze Perioden, deren wahrscheinlichste $0^{d}.433$ ist. Alle Versuche mit diesem und anderen Werten ergeben jedoch Widersprüche mit Beobachtungen, die den Stern hell zeigen. Dabei ist besonders auffällig, daß die beobachteten 8 Minima auf 53 Platten innerhalb von weniger als 500^{d} liegen, wogegen 45 Platten vor 242 9100 und 35 Platten nach 9600 keine einzige Schwächung nachweisen. Da die Belichtungszeit etwa ein Fünftel der angeführten Periode betrug, ist dies kaum anders zu erklären, als durch die Annahme, daß zu diesen Zeiten die Minima ausgefallen oder sehr selten gewesen sind. Es kann kaum zweifelhaft sein, daß hier ein ähnlicher Fall vorliegt wie Nr. 945 DG Aur.

1982. **S 4532 Cyg** RW Aurigae-Art; $14^{m}.3$—$16^{m}.6$.

Der Lichtwechsel verläuft lange Zeit verhältnismäßig ruhig; von 242 7950 bis 8300 ist ein Stillstand $14^{m}.6$ angedeutet. Auch in der Folgezeit ist die Amplitude zunächst klein bei mäßig raschen Änderungen. Etwa von 242 9000 wird der Lichtwechsel lebhafter und erreicht von 9750 ab die Amplitude $14^{m}.4$ bis $15^{m}.4$. Eine einzige gute Platte des Astrographen 400/1600 mm zeigt die Größe $16^{m}.6$ bei 243 0486. Ohne diese Beobachtung würde der Stern als RW Aurigae-ähnlich zu bezeichnen sein. Die Farbe ist gelblich. Die raschesten nachgewiesenen Änderungen sind etwa $0^{m}.1$ je Tag.

1984. **S 4534 Cyg** Unregelmäßig; $11^{m}.6$—$12^{m}.9$.

1983. **S 4533 Cyg** Unregelmäßig; $11^{m}.8$—$14^{m}.5$.

Das Sternpaar stellt einen sehr seltsamen Fall dar. Der zuerst aufgefundene Veränderliche steht in der Mitte eines engen Dreiecks schwacher Sterne, wodurch die Beobachtung erschwert wird. Er erwies sich als rötlicher Unregelmäßiger. In der Zeit von 242 7850 bis 8800 treten nur geringe Schwankungen von $0^{m}.5$ Umfang auf. Von 8950 ab ist die Amplitude größer, wobei eine Periode von etwa 400^{d} mit sehr flachen Minima angedeutet scheint. Beim Durchschätzen dieses Sterns wurde bemerkt, daß offenbar auch der dicht vorausgehende, nicht gefärbte Nachbarstern veränderlich ist, und zwar mit erheblich größerer Amplitude, als der Zentralstern der Gruppe. Das Seltsame ist dabei, daß die Maxima beider Sterne zeitlich genau zusammenfallen. Diejenigen des weißen vorausgehenden Sterns sind erheblich spitzer als die flachen Wellen des roten Veränderlichen, und die Aufstiege sind viel steiler. Das größte Licht des weißen Nachbarn ist beobachtet zu den Zeiten 242 9044, 9405, 9785:, 243 0933, woraus auf eine Periode von 378^d zu schließen wäre. In der Regel ist im größten Licht der weiße Stern um $0^m\!.5$ bis $0^m\!.8$ schwächer als der rote; nur beim letzten Maximum sind beide gleichhell, der weiße vielleicht sogar etwas heller. In der vorausgegangenen Zeit sind weder beim einen noch beim andern Stern ausgeprägte Maxima beobachtet. Es handelt sich hier entweder um ein physisches Paar mit gegenseitiger Anregung des Lichtwechsels, oder um einen photographischen Effekt. Letzteres ist wenig wahrscheinlich. Die beiden nachfolgenden Nachbarn zeigen den Effekt nicht, was auf ihrer verschiedenen Stellung zur Coma des helleren Zentralsterns beruhen könnte. Im übrigen sind mir derartige Wirkungen wohl bekannt bei schwachen Sternen, die innerhalb des Lichthofes sehr heller Sterne stehen, aber nicht bei schwachen Begleitern roter Veränderlicher, wie sie bei Mirasternen gar nicht selten vorkommen (vgl. z. B. 1140 DI Cas, 1194 BN Cas, 1198 BB Cas in Teil III dieser Veröffentlichungen). Der Befund ist übereinstimmend auf den Platten der Astrographen 170/1200 mm und 400/1600 mm, obgleich auf manchen Platten der letzteren Reihe die beiden Sterne so gut getrennt sind, daß keine photographische Beeinflussung in der beobachteten Stärke angenommen werden dürfte. Sicher ist bis jetzt jedoch nur, daß einer der beiden Sterne stark veränderlich ist. Der Fall bedarf der Beobachtung an Instrumenten längerer Brennweite.

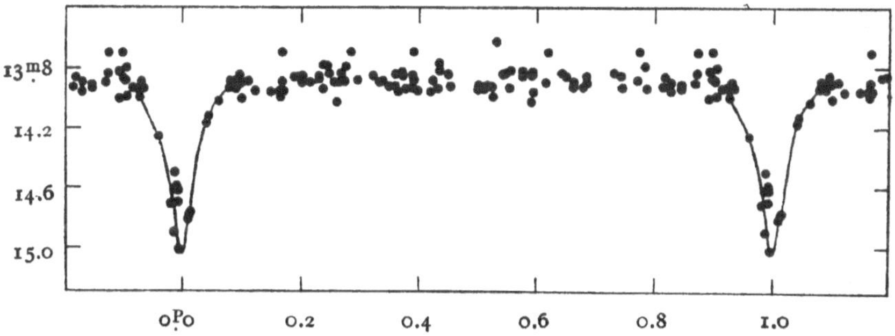

S 4535 Cygni

1985. S 4535 Cyg Algol-Stern; $13^m\!.9$—$15^m\!.0$.

$m = 242\ 7951.49 + 3^d\!.53372 \cdot E.$

$D = 11^h\!.0, \quad d = 0^h.$

Schwächung	Gr.	E	$B-R$
242 7951.44	$14^m\!.5$	0	$-0^d\!.05$
8315.50	14.8	103	+0.04
8460.32	14.6	144	−0.03
9050.43	14.6	311	−0.05
9103.46	15.0	326	−0.02

Schwächung	Gr.	*E*	*B−R*
242 9110.52	$14^{m}.7$	328	$-0^{d}.03$
9117.54	14.7	330	−0.08
9135.43	14.4:	335	+0.14
9375.55	14.6	403	−0.03
9407.44	14.8	412	+0.06
9845.51	14.9	536	−0.05
243 0937.52	14.8	845	+0.04

1986. **S 4536 Cyg** Algol-Stern; $13^{m}.1$—$14^{m}.0$.

$m = 242\ 8315.44 + 1^{d}.233466 \cdot E.$

$D = 4^{h}.0, \quad d = 0^{h};$

$A_1 = 0^{m}.9, \quad A_2 = 0^{m}.1.$

Min.	*E*	*B−R*	Min.	*E*	*B−R*
242 8315.50	0	$+0^{d}.06$	242 9165.33	689	$+0^{d}.03$
8664.50	283	−0.01	9499.55	960	−0.02
9013.54	566	−0.04	9910.31	1293	0.00
9108.51	643	−0.05	9952.24	1327	−0.01
9113.47	647	−0.02	243 0999.48	2176	+0.02
9160.38	685	+0.02	1030.30	2201	0.00

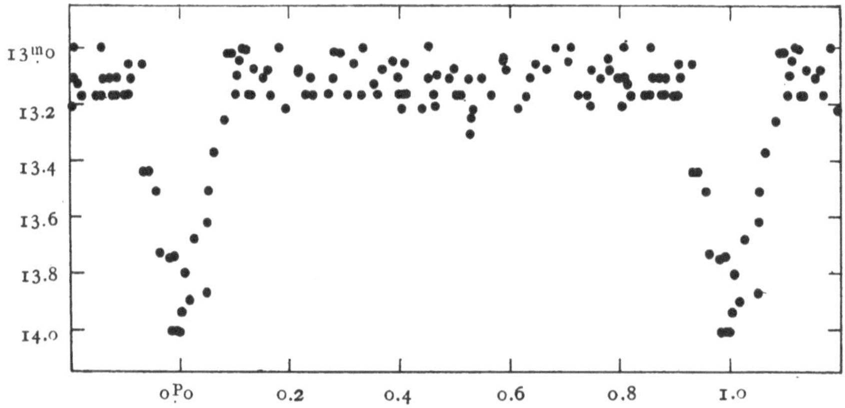

S 4536 Cygni

1987. **S 4537 Cyg** RW Aurigae-Art? $13^{m}.7$—$15^{m}.5$.
Der Stern konnte nur auf 19 Platten des 40 cm-Astrographen beobachtet werden. δ Cephei-Lichtwechsel ist nicht wahrscheinlich, RR Lyrae-Art in Anbetracht der großen Amplitude kaum anzunehmen, so daß RW Aurigae-Art als wahrscheinlichste Lösung bleibt. Der Veränderliche ist nicht merklich gefärbt.

1988. **S 4538 Cyg** Mira-Stern; $14^{m}.5$—[$16^{m}.7$.

$M = 242\ 8200 + 335^{d} \cdot E.$

Max.	*E*	*B−R*	Max.	*E*	*B−R*
242 8200:	0	0^{d}	242 9881	5	$+6^{d}$
9210	3	+5	243 0200	6	−10
9548	4	+8	0880:	8	0

Die Maximalhelligkeit schwankt zwischen $14^{m}.5$ und $15^{m}.2$.

1989. **S 4539 Cyg** Algol-ähnlich; $11^m.9$—$12^m.6$.

Der durchaus Algol-artige Stern zeichnet sich dadurch aus, daß die normale Reihe von 132 Platten nur 2 Minima ergab. Doch konnte er auf dem übergreifenden Feld ϱ Cygni beobachtet werden, so daß 289 Platten zur Verfügung standen. Es ergaben sich insgesamt 5 Minima, wovon 2 durch je 2 Platten belegt sind. Die Behandlung als Algolstern hatte folgendes Ergebnis:

$$m = 242\,9112.48 + 50^d.861 \cdot E.$$

Min.	E	$B-R$	Min.	E	$B-R$
242 9112.54	0	$+0^d.06$	242 9570.24	9	$+0^d.01$
9163.38	1	+0.04	243 0587.51	29	+0.06
9366.58	5	−0.20			

Die 2. und die 4. Epoche weisen die geringste Helligkeit auf. Diese Elemente widersprechen jedoch einigen Beobachtungen, die den Stern im Normallicht zeigen: 242 8451.28, 8654.46, 243 0486.49. Der Widerspruch läßt sich auf keine angemessene Art beseitigen. Die wahrscheinlichste Löung ist, daß physischer Lichtwechsel vorliegt, welcher durch lange Stillstände unterbrochen wird. Die Zusammendrängung von 4 Minima auf weniger als 500^d ist bemerkenswert. Zweimal ist der Stern am Folgetag eines Minimums noch etwas geschwächt, in anderen Fällen ist er bereits wieder im Normallicht, doch ist darauf nicht viel Gewicht zu legen. — Der Veränderliche ist wahrscheinlich ein Parallelfall zu DG Aurigae und dem hier behandelten Stern S 4531 Cygni.

Feld $4^h35^m+40^\circ$

Eva Rohlfs.

1990. **66.1943 Per** Mira-Stern; $13^m.0$—$16^m.1$.

$$M = 242\,8037 + 283^d \cdot E.$$

Max.	Gr.	E	$B-R$	Max.	Gr.	E	$B-R$
242 8035	$13^m.6$	0	-2^d	243 0610	$14^m.5$	9	$+26^d$
9190	—	4	+21	1145	14.1	11	−5
9730	14.2	6	−5	1450	13.1	12	+17
243 0005	14.2	7	−13	1715	13.0	13	−1
0270	—	8	−31				

1991. **67.1943 Per** Unregelmäßig; $11^m.4$—$12^m.6$.

Der rötliche Stern ist auf Kranz Ultra-Platten durchschnittlich $0^m.4$ heller als auf Matter-Platten und zeigt in der Zeit von 242 8020 bis 242 8105 eine Helligkeit von $12^m.3$. Dann steigt er in 20 Tagen um $0^m.9$, so daß er 242 8125 die größte Helligkeit der Beobachtungsreihe $11^m.4$ zeigt. Darauf folgt eine Beobachtungslücke von 95^d, und 242 8220 beträgt die Helligkeit wieder $12^m.4$. Eine zweite Erhellung bis $11^m.5$ wurde 242 8510 beobachtet, eine dritte bis zu $12^m.0$ um 242 8800 und eine vierte und letzte bis $11^m.8$ um 242 9230. Von da ab bis zu 243 2095 (Ende der Beobachtungsreihe) liegt die Helligkeit des Sterns mit der normalen Streuung von ungefähr $0^m.15$ bei $12^m.4$.

1992. **68.1943 Per** Mira-Stern; $12^{m}7$—$16^{m}4$.

$$M = 242\,8065 + 376^{d} \cdot E.$$

Max.	Gr.	E	$B-R$	Max.	Gr.	E	$B-R$
242 8065	$14^{m}1$	0	0^{d}	243 0325	$13^{m}9$	6	$+4^{d}$
8810	12.7	2	−7	0700	13.7	7	+3
9570	14.1	4	+1	1445	13.0	9	−4
9950	14.7	5	+5				

Eine Halbierung der Periode kommt nicht in Betracht.

1993. **69.1943 Per** μ Cephei-Stern; $10^{m}1$—$11^{m}0$.

Der Stern zeigt unregelmäßige Wellen von 50^{d} bis 300^{d} Länge und $0^{m}6$ bis $0^{m}9$ Amplitude. Er ist auf Kranz Ultra-Platten $0^{m}5$ heller als auf Matter-Platten. Stillstände über längere Zeit wurden nicht beobachtet.

1994. **70.1943 Per** μ Cephei-Stern; $13^{m}6$—$14^{m}5$.

Die für eine Beurteilung dieses Sterns etwas ungünstig verteilten Beobachtungen zeigen unregelmäßigen Lichtwechsel. Kürzere Wellen von 30^{d} bis 80^{d} Dauer und $0^{m}4$ bis $0^{m}8$ Amplitude herrschen vor. Der Stern ist merklich gefärbt und auf Kranz Ultra-Platten $0^{m}8$ heller als auf Matter-Platten.

1995. **71.1943 Per** μ Cephei-Stern; $14^{m}8$—$15^{m}8$.

Der gegenüber den Vergleichsternen kaum merkbar gefärbte Stern zeigt häufig Wellen von 125^{d}, die meist die volle Amplitude des Lichtwechsels haben, aber nicht streng eingehalten werden.

1996. **72.1943 Per** μ Cephei-Stern; $11^{m}9$—$12^{m}5$.

Die Helligkeitsschwankungen dieses roten Sterns beruhen anscheinend hauptsächlich auf Intensitätsänderungen im kurzwelligen Spektralbereich. Während die Amplitude des Lichtwechsels auf Kranz Ultra-Platten nur $0^{m}6$ beträgt, schwankt die Helligkeit des Sterns auf Matter-Platten zwischen $12^{m}1$ und $13^{m}4$, wobei häufig Wellen von ungefähr 75^{d} und $0^{m}8$ Amplitude auftreten.

1997. **73.1943 Per** Bedeckungs-Stern? $11^{m}0$—$11^{m}5$.

Die Helligkeit dieses Sterns liegt im allgemeinen zwischen $11^{m}03$ und $11^{m}20$. Auf einigen Platten erscheint er schwächer, doch sind die Schätzungen etwas unsicher, da nicht genügend geeignete Vergleichsterne in der Nähe liegen. Die Verteilung der Minima spricht für Bedeckungslichtwechsel.

Min.	Gr.	Min.	Gr.
242 8247.383	$11^{m}43$	242 9728.333	$11^{m}47$
9696.441	11.43	243 0964.579	11.50

1998. **74.1943 Per** μ Cephei-Stern; $14^{m}8$—$15^{m}4$.

Die Helligkeit dieses Sterns schwankt in flachen, unregelmäßigen Wellen meist zwischen $15^{m}1$ und $15^{m}4$. Die angegebene Maximalhelligkeit von $14^{m}8$ wird nur in drei Fällen erreicht.

1999. **75.1943 Per** Mira-Stern; $13^{\rm m}.4$—[$16^{\rm m}.6$.

$M = 242\,8070 + 285^{\rm d} \cdot E.$

Max.	Gr.	E	$B-R$	Max.	Gr.	E	$B-R$
242 8075	$14^{\rm m}.3$	0	$+5^{\rm d}$	243 0060	$13^{\rm m}.4$	7	$-5^{\rm d}$
9490	14.6	5	−5	0635	14.1	9	0

Weitere Einzelbeobachtungen bestätigen die angegebenen Elemente. Der Stern zeigt gegenüber den Vergleichsternen keine wesentliche Rötung. Die Helligkeiten nach MATTER- und Kranz Ultra-Platten sind gleich.

2000. **423.1928 Per** Mira-Stern; $11^{\rm m}.5$—[$15^{\rm m}.5$.

$M = 242\,8135 + 378^{\rm d} \cdot E.$

Max.	Gr.	E	$B-R$	Max.	Gr.	E	$B-R$
242 8125	$11^{\rm m}.5$	0	$-10^{\rm d}$	243 0025	$12^{\rm m}.0$	5	$+10^{\rm d}$
8500	11.7	1	−13	0400	11.5	6	+ 7
9270	—	3	+ 1	0780	12.5	7	+ 9
9650	12.0	4	+ 3	1150	12.2	8	− 9

Weitere Einzelbeobachtungen bestätigen die angegebenen Elemente. Die Periode ist nicht zu halbieren. Der Stern ist auf Kranz Ultra-Platten $1^{\rm m}.8$ heller als auf MATTER-Platten.

2001. **76.1943 Per** μ Cephei-Stern; $12^{\rm m}.2$—$13^{\rm m}.3$.

Der Lichtwechsel dieses tiefroten Sterns (er ist auf Kranz-Ultra-Platten im Mittel $2^{\rm m}$ heller als auf MATTER-Platten) scheint in erster Linie auf Intensitätsänderungen im kurzwelligen Spektralgebiet zu beruhen. Während die Amplitude auf Kranz Ultra-Platten nur $1^{\rm m}.1$ beträgt, schwankt die Helligkeit auf MATTER-Platten zwischen $13^{\rm m}.8$ und $15^{\rm m}.8$, also um $2^{\rm m}$. Eine Periode von ungefähr $400^{\rm d}$ ist angedeutet.

2002. **77.1943 Per** Mira-Stern; $14^{\rm m}.0$—$15^{\rm m}.5$.

$M = 242\,8102 + 313^{\rm d} \cdot E$

Max.	Gr.	E	$B-R$	Max.	Gr.	E	$B-R$
242 8100	$14^{\rm m}.9$	0	$-\ 2^{\rm d}$	243 0000	$14^{\rm m}.9$	6	$+20^{\rm d}$
8400	14.0	1	−15	0290	—	7	− 3
9352	14.9	4	− 2	0612	14.6	8	+ 6
9680	14.8	5	+13	1530	14.3:	11	−15

Die angegebenen Helligkeiten beziehen sich auf das Gesamtlicht des Veränderlichen und eines dicht folgenden Sterns. Der Veränderliche zeigt gegenüber den Vergleichsternen keine merkliche Rötung. Die angegebene Maximalhelligkeit $14^{\rm m}.0$ wurde auf 3 Platten von 242 8395 bis 8405 beobachtet, die übrigen Maxima bleiben wesentlich schwächer.

2003. **78.1943 Per** S Vulpeculae-Stern; $13^{\rm m}.2$—$15^{\rm m}.7$.

$M = 242\,8101 + 87^{\rm d}.5 \cdot E.$

Max.	Gr.	E	$B-R$	Max.	Gr.	E	$B-R$
242 8106	$13^{\rm m}.6$	0	$+\ 5^{\rm d}$	242 8810	$14^{\rm m}.3$	8	$+\ 9^{\rm d}$
8547	14.5	5	+ 8.5	9230	13.2	13	− 8.5

Max.	Gr.	*E*	*B−R*	Max.	Gr.	*E*	*B−R*
242 9316	13^m9	14	-10^d	243 0635	14^m3	29	-3^d5
243 0025	13.9	22	−1	0986	14.0	33	−2.5
0376	13.9	26	0	1345	14.0	37	+6.5

Der Stern ist auf Kranz Ultra-Platten 0^m6 bis 0^m7 heller als auf MATTER-Platten.

2004. 79.1943 Per μ Cephei-Stern; 15^m0—15^m6.

Die Helligkeit dieses tiefroten Sterns schwankt in unregelmäßigen Wellen zwischen 15^m0 und 15^m6. Auf MATTER-Platten ist er 1^m5 schwächer als auf Kranz Ultra-Platten.

2005. 80.1943 Aur Algol-Stern; 13^m4—15^m5.

$$m = 242\,8022.510 + 3^d.521025 \cdot E.$$

$$D = 8^h5, \quad d = 0^h.$$

Min.	Gr.	*E*	*B−R*
242 8022.530	15^m02	0	$+0^d020$
8494.367	15.21	134	+0.040
9230.271	15.21	343	+0.049
9244.258	15.53	347	−0.048
9339.401	15.42	374	+0.028
9691.413	15.30	474	−0.063
243 0663.343	15.11	750	+0.064
0705.445	15.08	762	−0.086
1075.269	15.42	867	+0.030
1346.472	15.06	944	+0.114
1353.501	15.20	946	+0.101

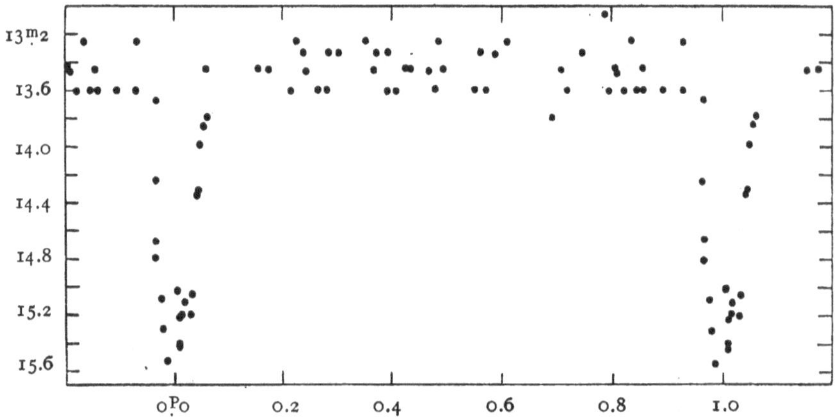

80.1943 Aurigae

2006. 81.1943 Per Z Aquarii-Stern; 14^m8—15^m6.

Der rötliche Stern hat vermutlich eine Periode von ungefähr 150^d, doch ist die Beobachtungsreihe zu wenig dicht, um die Periode näher zu bestimmen. Auf MATTER-Platten 0^m6 schwächer als auf Kranz Ultra-Platten.

2007. **SVS 767 Per** μ Cephei-Stern; $11^{\mathrm{m}}8$—$13^{\mathrm{m}}1$.

Die Helligkeitsänderungen erfolgen in Form von Wellen von 100 bis 200 Tagen Länge. Stillstände wurden nicht beobachtet. Der Stern ist auf MATTER-Platten $0^{\mathrm{m}}2$ schwächer als auf Kranz Ultra-Platten.

2008. **82.1943 Per** RW Aurigae-Stern; $11^{\mathrm{m}}4$—$12^{\mathrm{m}}8$.

Der Stern ist in der 11 Jahre umfassenden Beobachtungszeit durchweg sehr unruhig. Stillstände wurden nicht beobachtet. Die An- und Abstiege um die volle Amplitude erfolgen innerhalb weniger Tage. Eine Periode von etwa 8^{d} scheint angedeutet. Der Stern ist gelblich.

2009. **83.1943 Per** Kurzperiodisch; $14^{\mathrm{m}}5$—$15^{\mathrm{m}}4$.

Die Helligkeit dieses gegenüber den Vergleichsternen nicht verfärbten Sternes ist zweifellos rasch wechselnd, doch reichen die Beobachtungen nicht aus, eine Periode zu bestimmen. Vermutlich RR Lyrae-Stern.

2010. **84.1943 Per** μ Cephei-Stern; $12^{\mathrm{m}}5$—$13^{\mathrm{m}}4$.

Der Stern ändert seine Helligkeit in Wellen von 70 bis 150 Tagen Länge, die meist die volle Amplitude des Lichtwechsels haben. Stillstände wurden nicht beobachtet. Der Stern ist auf Kranz Ultra-Platten $0^{\mathrm{m}}6$ heller als auf MATTER-Plattten.

2011. **85.1943 Aur** δ Cephei-Stern; $12^{\mathrm{m}}3$—$13^{\mathrm{m}}2$.

$$M = 242\,9229.630 + 4^{\mathrm{d}}.87228 \cdot E.$$

$$M - m = 0^{\mathrm{d}}.7.$$

Max.	Gr.	E	E	$B-R$
242 9230.271		$12^{\mathrm{m}}45$	0	$+0^{\mathrm{d}}641$
9244.258		12.38	3	+0.011
9317.300		12.38	18	−0.031
9575.548		12.38	71	−0.014
243 0077.385		12.38	174	−0.022
0793.427		12.38	321	−0.205
0973.531		12.35	358	−0.375
0998.497		12.32	363	+0.229
1003.506		12.38	364	+0.366

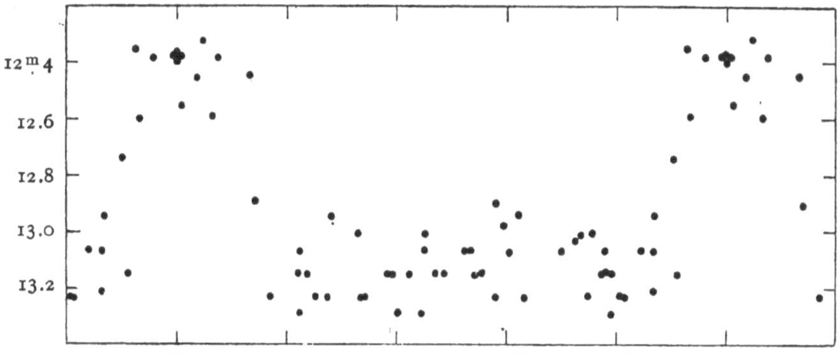

85.1943 Aurigae

2012. 86.1943 Aur δ Cephei-Stern; $13^m.6$—$15^m.2$.

$M = 242\ 8022.730 + 2^d.65956 \cdot E.$

$M - m = 0^d.27.$

Max.	Gr.	E	B−R
242 8022.530	$14^m.23$	0	$-0^d.200$
9339.401	13.91	495	+0.180
9493.574	14.05	553	+0.107
9618.655	13.98	600	+0.189
9626.647	13.65	603	+0.202
9647.537	13.55	611	−0.184
243 0783.441	13.55	1038	+0.088
1352.510	13.65	1252	+0.011

Bemerkenswert ist der steile Aufstieg und die große Amplitude.

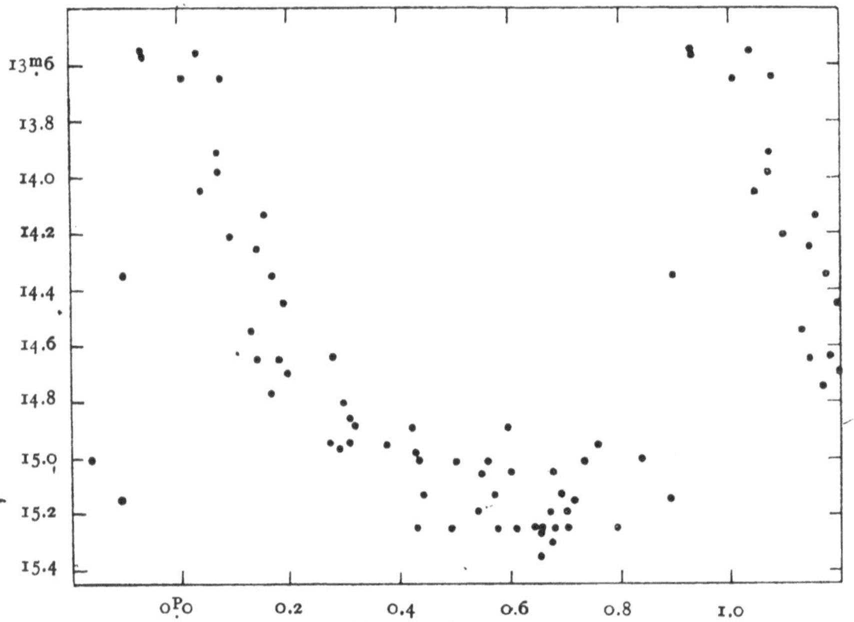

86.1943 Aurigae

2013. 87.1943 Aur Z Aquarii-Stern; $13^m.6$—$15^m.2$.

$M = 242\ 8149 + 359^d \cdot E.$

Max.	Gr.	E	B−R	Max.	Gr.	E	B−R
242 8135	$13^m.7$	0	-14^d	243 0000	—	5	$+56^d$
8495	13.7	1	−13	0660	—	7	− 2
9230	13.6	3	+ 4	1000	$14^m.4$	8	−21

Zur Zeit der Maxima *E* 2 und *E* 6 liegen keine Beobachtungen vor, Maximum *E* 4 fällt aus. Der Stern ist auf Kranz Ultra-Platten $0^m.9$ heller als auf MATTER-Platten.

2014. 88.1943 Aur Mira-Stern; 11^m5—14^m4.

$M = 242\,8116 + 270^d \cdot E.$

Max.	Gr.	E	$B-R$	Max.	Gr.	E	$B-R$
242 8115	11^m5	0	-1^d	242 9700	—	6	-36^d
8407	11.7	1	+21	243 0010	—	7	+ 4
9200	—	4	+ 4	1190	—	11	+ 4

Zwischen Maximum E 5 und E 6 tritt ein Zwischenmaximum von 13^m1 ein. Die Anstiege von Maxima E 0 und E 4 sind sehr steil. Die Helligkeit nimmt in beiden Fällen während 35^d um 2^m5 zu. Der Stern ist rot.

2015. 89.1943 Aur μ Cephei-Stern; 11^m2—12^m2.

Der Lichtwechsel vollzieht sich in unregelmäßigen Wellen von verschiedener Dauer und Amplitude. Stillstände wurden nicht beobachtet. Der Stern ist auf Kranz Ultra-Platten 0^m5 heller als auf Matter-Platten.

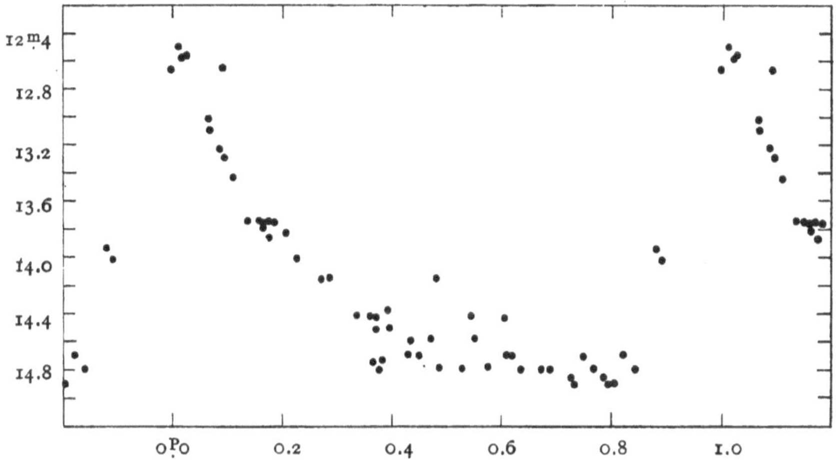

90.1943 Aurigae

2016. 90.1943 Aur δ Cephei-Stern; 12^m6—14^m9.

$M = 242\,8022.530 + 2^d1205 \cdot E.$

$M - m = 0^d32.$

Max.	Gr.	E	$B-R$
242 8022.530	13^m17	0	0^d000
8247.383	13.14	106	+0.080
8544.264	13.34	246	+0.091
8546.265	13.00	247	−0.029
8779.559	13.00:	357	+0.010
9165.471	12.66	539	−0.009
9229.233	13.02	569	+0.138
9339.401	12.57	621	+0.040
9553.392	12.70	722	−0.138
9638.538	12.66	762	+0.007
9691.413	12.57	787	+0.049

Max.	Gr.	E	$B-R$
243 0077.389	$12^m.90$ KU	969	$+0^d.090$
0327.696	13.22	1087	+0.182
0374.309	12.83	1109	+0.144
0378.370	12.64 KU	1111	−0.036
0433.402	12.65 KU	1137	−0.137
0783.441	12.50	1302	+0.020
0819.354	13.14 KU	1319	−0.016
1027.478	13.28	1417	+0.200
1031.442	12.60	1419	−0.078
1171.408	12.65: KU	1485	−0.065
1328.521	13.17 KU	1559	+0.131
1716.556	13.00 KU	1742	+0.115

KU = Kranz Ultra-Platten.
Der Stern zeigt bezüglich Periodenlänge, Amplitude und Form der Lichtkurve Ähnlichkeit mit 86.1943 Aur.

2017. 91.1943 Aur μ Cephei-Stern; $12^m.5$—$14^m.6$.

Der Stern verhält sich, abgesehen von der großen Amplitude, auch insofern auffallend, als er Stillstände bei den beiden Extremhelligkeiten zeigt. Von 242 8020 bis 8125 ist er $12^m.6$; von 242 9875 bis 243 0075 $14^m.5$. Von 242 9515 bis 9720 zeigt er zwei Wellen von 70^d und 100^d Dauer und mehr als 1^m Amplitude. In der übrigen Zeit zeigen die sich über 10 Jahre erstreckenden Beobachtungen ihn zwischen $13^m.9$ und $14^m.6$.

2018. 92.1943 Aur μ Cephei-Stern; $12^m.4$—$13^m.4$.

Der Lichtwechsel dieses rötlichen Sterns vollzieht sich in unregelmäßigen Wellen von verschiedener Dauer, Amplitude und Form.

2019. S 3893 Per Algol-Stern? $15^m.1$—$16^m.0$.

Die Helligkeit dieses Sterns, der außerhalb des Feldes der Triplet-Platten liegt, schwankt auf 33 Platten des 40 cm-Astrographen zwischen $15^m.05$ und $15^m.25$. Auf einer Platte ist der Stern zweifellos $16^m.0$ und auf 10 weiteren Platten liegen die Schätzungen zwischen $15^m.35$ und [$15^m.55$, doch sind die letzten 10 Schätzungen unsicher, da der Stern in der Plattenecke liegt und dadurch die Bilder meist etwas verschwommen sind. Die Verteilung der Helligkeiten spricht für einen Agol-Stern, doch ist es nicht möglich, mit dem vorhandenen Material eine Periode zu bestimmen.

Min.	Gr.	Min.	Gr.
242 9229.233	[$15^m.55$:	242 9984.338	$15^m.35$:
9231.607	[15.55:	243 0023.460	15.35:
9632.558	15.55:	0435.400	15.35:
9721.336	15.35:	1027.478	16.00
9955.299	15.41:	1441.611	15.41:

2020. S 3894 Per Mira-Stern; $10^m.8$—$13^m.8$.

Die Helligkeit dieses Sterns schwankt auf Kranz Ultra-Platten zwischen $10^m.8$ und $13^m.8$, auf Matter-Platten zwischen $13^m.7$ und $15^m.2$. Infolge der intensiven Rötung ist das Bild des Sterns verschwommen und die Helligkeit schwer zu schätzen. Die graphische Darstellung des Lichtwechsels zeigt starke Streuung.

$$M = 242\,8137 + 355^d \cdot E.$$

Max.	Gr.	*E*	*B–R*	Max.	Gr.	*E*	*B–R*
242 8150	10ᵐ9	0	+13ᵈ	242 9930	10ᵐ9	5	+18ᵈ
8495	10.8	1	+ 3	243 0240	—	6	–27
9190	—	3	–12	1350	—	9	+18
9550	—	4	– 7				

2021. **S 3895 Per** μ Cephei-Stern; 14ᵐ9—15ᵐ4.
Der Lichtwechsel erfolgt in Form von flachen, langen, unregelmäßigen Wellen.

2022. **S 3896 Per** Algol-Stern? 15ᵐ1—15ᵐ6.
Der Stern ist auf 51 MATTER-Platten zwischen 15ᵐ05 und 15ᵐ20 und auf 37 Kranz Ultra-Platten zwischen 15ᵐ1 und 15ᵐ3. Auf 7 Platten ist er algolartig geschwächt. Die Beobachtungen reichen jedoch nicht aus, eine Periode zu bestimmen.

Min.	Gr.	Min.	Gr.
242 8053.566	15ᵐ39	243 0375.623	15ᵐ36:
9647.597	15.36	1021.438	15.44
9955.299	15.40	1352.510	15.60
243 0234.562	15.39		

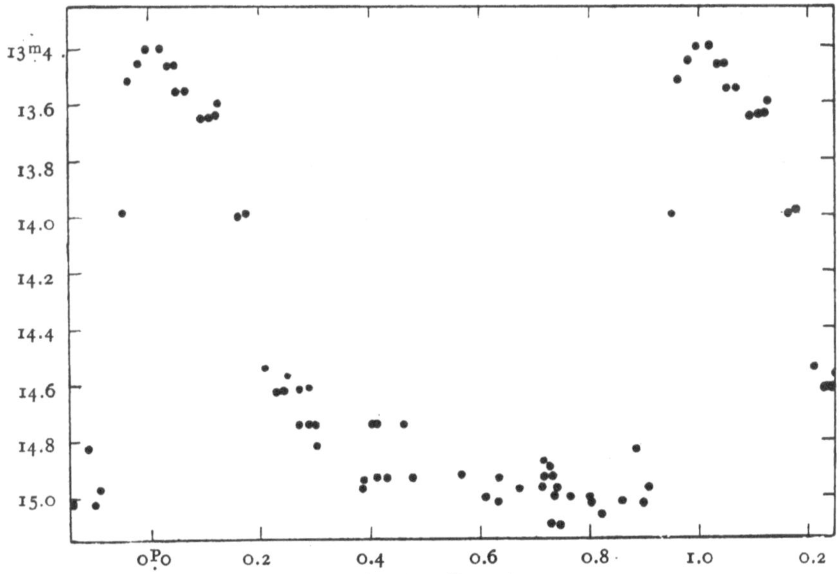

S 3897 Persei

2023. **S 3897 Per** δ Cephei-Stern; 13ᵐ4—15ᵐ0.

$$M = 242\,9165.446 + 2^d\!.04160 \cdot E.$$

$$M - m = 0^d\!.17.$$

Max.	Gr.	E	B−R
242 9165.471	$13^m.40$	0	$+0^d.025$
9302.358	13.55	67	+0.125
9363.393	13.52	97	−0.088
9618.655	13.40	222	−0.026
9696.441	13.64	260	+0.179
9910.578	13.45	365	−0.052
9984.338	13.64	401	+0.210
243 0372.277	13.59	591	+0.245
0374.309	13.64	592	+0.236
0435.400	13.46	622	+0.079
0782.450	13.46	792	+0.057
1027.478	13.55	912	+0.093

Bezüglich der Periodenlänge, Amplitude und Form der Lichtkurve besteht Ähnlichkeit mit 86.1943 Aur und 90.1943 Aur.

2024. S 3898 Per Bedeckungsveränderlicher ? $14^m.85$—$15^m.2$.

Die Helligkeit dieses Sterns liegt im allgemeinen auf beiden Plattensorten zwischen $14^m.85$ und $15^m.10$. Einige Schwächungen lassen auf Bedeckungslichtwechsel schließen. Es wurden folgende Minima beobachtet:

Min.	Gr.	Min.	Gr.
242 9229.233	$15^m.23$	243 0705.445	$15^m.20$
9244.258	15.16	0750.267	15.28:
9877.583	15.24	0991.454	15.22
243 0025.469	15.20:	0998.497	15.14:
0258.567	15.20		

2025. S 3899 Per Mira-Stern; $14^m.1$—[$16^m.0$.

Der Stern bleibt während des 10 Jahre umfassenden Beobachtungszeitraums fast immer unsichtbar und [$16^m.0$. Die 5 beobachteten Maxima lassen jedoch sicher auf einen Mira-Stern mit einer Periode von $230^d.5$ schließen.

$$M = 242\,8405 + 230^d.5 \cdot E.$$

Max.	Gr.	E	B−R	Max.	Gr.	E	B−R
242 8405	$14^m.1$	0	0^d	243 0705	$14^m.2$	10	-5^d
9325	15.5[1])	4	−2	2095	14.7	16	+2
243 0250	{14.4 / 15.4}[1])	8	+1				

2026. S 3900 Per Bedeckungsveränderlicher; $10^m.1$—$10^m.8$.

Es handelt sich vermutlich um einen W Ursae Maioris-Stern, bei dem ein ganzzahliges Vielfaches der Periode einen Tag beträgt. Das Beobachtungsmaterial reicht jedoch nicht aus, die Periode zu bestimmen. Es wurden folgende Minima beobachtet:

Min.	Gr.	Min.	Gr.
242 8022.530	$10^m.64$	242 8104.359	$10^m.81$
8070.468	10.71	8108.358	10.77

---

[1]) Matter-Platten; die übrigen Helligkeiten beziehen sich auf Kranz Ultra-Platten.

Min.	Gr.	Min.	Gr.
243 0104.369	$10^m.81$	243 1027.478	$10^m.64$
0262.564	10.64	1144.488	10.67
0621.567	10.64	1448.665	10.76
0637.384	10.60	1450.675	10.76
1000.435	10.69	1530.422	10.74

2027. S 3901 Per μ Cephei-Stern; $15^m.1$—[$16^m.2$.
In der Zeit von 242 9520—9750 zeigt der Lichtwechsel drei aufeinanderfolgende Wellen von $0^m.7$ Amplitude und 50^d bis 70^d Länge. Die übrigen Beobachtungen weisen auf langsamere Helligkeitsänderungen hin. Der Stern ist gegenüber den Vergleichsternen nicht verfärbt.

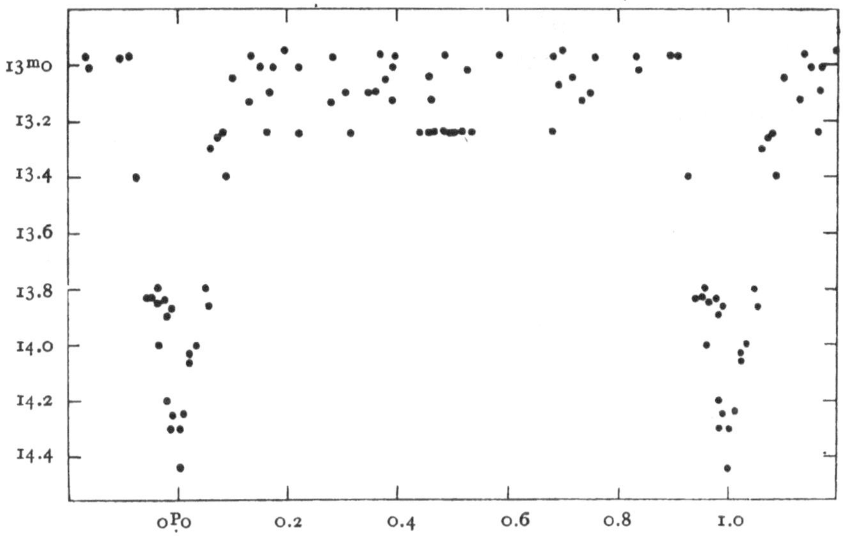

S 3902 Persei

2028. S 3902 Per Algol-Stern; $13^m.1$—$14^m.4$.

$$m = 242\ 8070.518 + 2^d.174625 \cdot E.$$
$$D = 7^h.8, \quad d = 0^h.$$

Min.	Gr.	E	$B-R$
242 8070.468	$13^m.84$	0	$-0^d.050$
8107.532	14.06	17	+0.045
8407.558	14.25	155	−0.027
9490.550	14.30	653	+0.002
9529.663	13.87	671	−0.028
9638.538	13.86	721	+0.115
9877.583	13.90	831	−0.048
243 0025.469	14.30	899	−0.037
0073.394	14.03	921	+0.046
0262.564	14.24	1008	+0.024
0327.696	13.85	1038	−0.083
0375.623	14.44	1060	+0.003

243 0612.565	13^m80	1169	-0^d090
0819.354	13.80	1264	+0.110
0973.531	13.83	1335	−0.111
1021.438	14.20	1357	−0.046
1443.244	13.83	1551	−0.117
1530.422	14.00	1591	+0.076
2093.496	13.99	1850	−0.078

2029. S 3903 Per Bedeckungsveränderlicher; 10^m4—11^m1.

Dieser Stern (BD +43°1020 (9^m5)) liegt außerhalb des Feldes der Triplet-Platten. Die Zahl der zur Verfügung stehenden Platten ist daher klein. In Anbetracht der geringen Amplitude war keine Periode zu bestimmen.

Min.	Gr.	Min.	Gr.
242 9491.537	10^m90	243 0381.480	11^m05
243 0234.562	10.94	0621.567	11.14
0327.696	10.93	0782.450	10.73
0377.565	10.83	1075.269	10.88

2030. S 3904 Per μ Cephei-Stern; 15^m0–15^m9.

Die unregelmäßigen Wellen, die in einigen Fällen die volle Amplitude der Veränderlichkeit haben, dauern im allgemeinen über 100^d. Der Stern ist gegenüber den Vergleichsternen nicht gerötet.

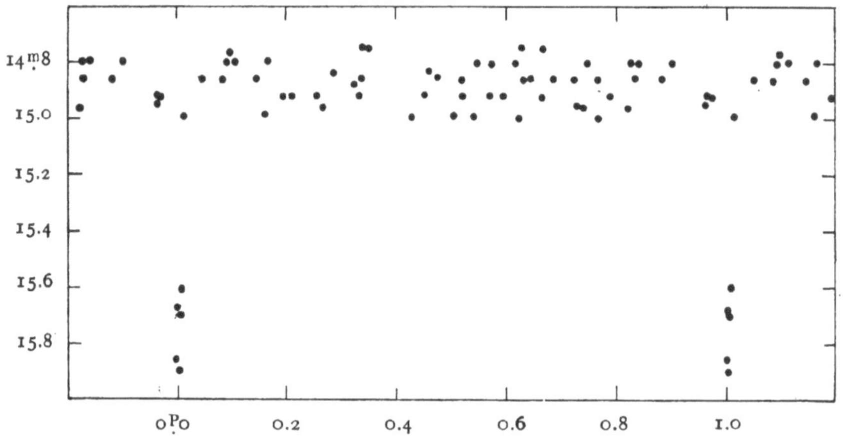

S 3905 Persei

2031. S 3905 Per Algol-Stern; 14^m9—15^m8.

$$m = 243\ 0025.439 + 62^d6197 \cdot E.$$

$$D = 1^d25, \quad d = 0^h.$$

Min.	Gr.	E	$B-R$
243 0025.469	15^m68	0	$+0^d030$
0964.579	15.86	15	−0.155
1027.478	15.90	16	+0.124
1716.556	15.70	27	+0.385
2091.533	[15.70	33	−0.356

2032. S 3906 Per Kurzperiodisch? $15^m_.4$—[$16^m_.0$.
Infolge der geringen Amplitude des Lichtwechsels und der Lichtschwäche ist es nicht möglich, diesen Stern zu charakterisieren. Die Verteilung der allerdings meist recht unsicheren Maxima läßt kurzperiodischen Lichtwechsel vermuten.

2033. S 3907 Per Algol-Stern; $15^m_.3$—$16^m_.0$.
Der Stern ist auf 3 von 113 Platten schwach.

Min.	Gr.	Min.	Gr.
242 9334.308	$15^m_.93$	243 1027.478	$15^m_.96$
9670.497	16.05		

2034. S 3908 Aur Algol-Stern; $12^m_.75$—$14^m_.80$.

$$m = 242\,8107.632 + 13^d_.6454 \cdot E.$$
$$D = 1^d_.77,\ d = 0^h.$$

Min.	Gr.	E	$B-R$
242 8107.532	$14^m_.15$	0	$-0^d_.100$
8407.558	14.66	22	−0.273
8544.264	14.76	32	−0.021
9363.393	13.36	92	+0.384
243 0782.450	13.78	196	+0.320
1000.435	14.86	212	−0.022
1027.478	14.72	214	−0.270
1450.675	14.86	245	−0.080

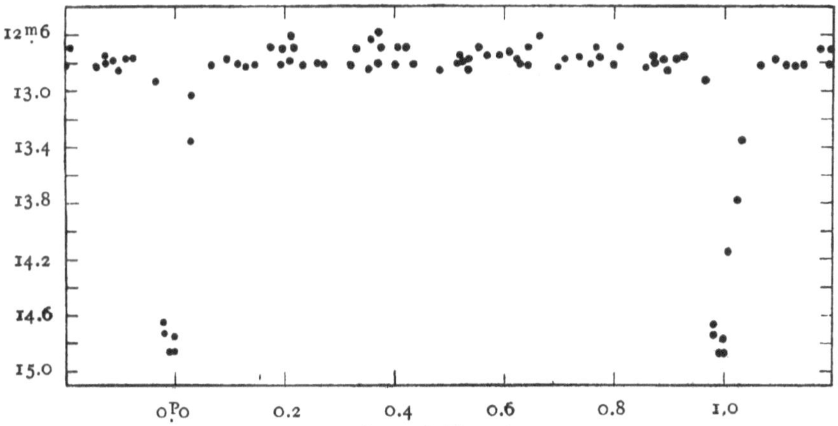

S 3908 Persei

2035. S 3909 Aur W Ursae Maioris-Stern (?); $12^m_.1$—$12^m_.6$.
Es wurden folgende Minima beobachtet:

Min.	Gr.	Min.	Gr.
242 9250.663	$12^m_.65$:	242 9910.578	$12^m_.59$
9626.647	12.60	9955.299	12.68
9877.583	12.40	9965.341	12.39
9906.442	12.37	243 0258.511	12.57

Min.	Gr.	Min.	Gr.
242 0258.567	12ᵐ42 → $12^m.42$	243 1021.438	$12^m.38$
0265.567	12.46	1144.488	12.38:
243 0456.351	12.59	1346.472	12.56
0782.450	12.62	1353.501	12.45
0991.454	12.61	2093.496	12.60
0998.497	12.60		

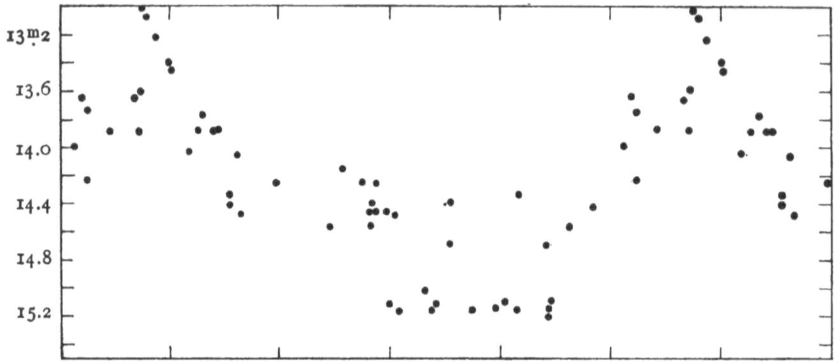

S 3910 Persei

2036. S 3910 Aur S Vulpeculae-Stern; $13^m.2$—$15^m.2$.

$M = 242\,9165.47 + 48^d.48 \cdot E$.

Max.	Gr.	E	$B-R$
242 9165.47	$13^m.39$	0	$0^d.00$
9221.40	13.67:	1	+7.45
9302.36	14.00	3	−8.55
9545.53	13.64	8	−7.78
9647.60	13.88:	10	−2.67
9691.41	13.74	11	−7.34
9696.44	13.00:	11	−2.31
9697.49	13.22	11	−1.26
9984.34	13.88	17	−5.29
243 0234.56	13.88	22	+2.53
0327.70	13.60	24	−1.27
0372.28	13.74	25	−5.19
0374.31	13.66	25	−3.16
0375.62	13.07	25	−1.85
0377.57	13.46:	25	+0.09
0381.48	13.88	25	+4.01

2037. S 3911 Aur μ Cephei-Stern; $13^m.1$—$15^m.1$.

Der rötliche Stern verändert seine Helligkeit meist in Form flacher Wellen. In einem Fall wurde eine rasche Helligkeitsänderung beobachtet: 243 0234 ist er $13^m.1$ und 0258 $14^m.3$. Dies ist auch der einzige Fall, in dem die angegebene Maximalhelligkeit von $13^m.1$ erreicht wird. Von 242 9165 bis 9385 zeigt die allerdings etwas lückenhafte Beobachtungsreihe einen Stillstand bei 15ᵐ0.

2038. S 3912 Aur Kurzperiodisch ? 14^m2—14^m7.
Der nahe dem Plattenrand stehende und deshalb etwas schwierig zu schätzende Stern zeigt eine Durchschnittshelligkeit von 14^m5 und Maxima bis 14^m24 und Minima bis 14^m72. Die Verteilung der Maxima und Minima läßt auf kurzperiodischen Lichtwechsel schließen. Wahrscheinlich RR Lyrae- oder W Ursae Maioris-Stern.

Max.	Gr.	Min.	Gr.
242 9670.497	14^m32	242 9696.441	14^m75
9691.413	14.38	9877.583	14.72
9955.299	14.30	243 0262.564	14.70
243 0234.562	14.27	0375.623	14.60
0256.567	14.34	0377.565	14.61
0964.579	14.24	1353.501	14.62
1075.269	14.24		
1352.510	14.40		

Feld 136 Tauri

C. Hoffmeister

453. AS Aur *δ* Cephei-Stern; 11^m8—12^m7.

$$M = 242\,6004.67 + 3^d17495 \cdot E.$$
$$M - m = 0^d95.$$

Max.	*E*	*B–R*	Max.	*E*	*B–R*
242 6004.8	0	$+0^d1$	242 6652.5	204	$+0^d1$
6246.0	76	0.0	7059.2	332	+0.4
6252.4	78	+0.1	7132.3	355	+0.5
6309.4	96	−0.1	7312.6	412	−0.1
6417.3	130	−0.1	7398.3	439	−0.2
6487.3	152	0.0	7420.7	446	0.0

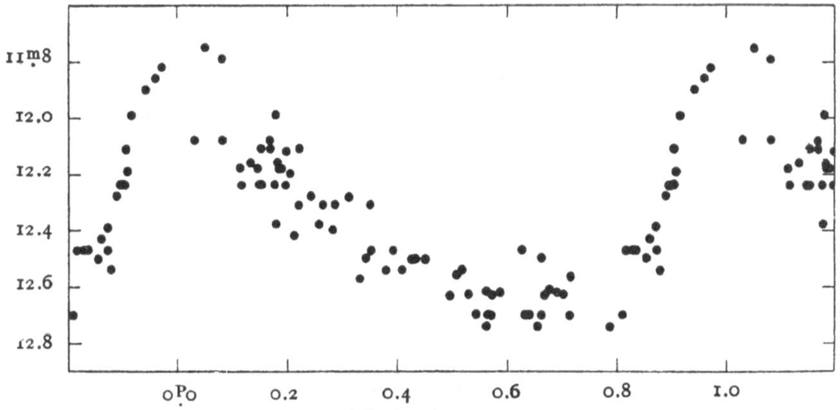

AS Aurigae

Max.	E	$B-R$	Max.	E	$B-R$
242 7423.8	447	$-0\overset{d}{.}1$	243 1446.5	1714	$0\overset{d}{.}0$
7532.0	481	+0.2	1449.7	1715	0.0
7890.3	594	−0.3			

454. **AX Aur** δ Cephei-Stern; $13\overset{m}{.}2$—$13\overset{m}{.}8$.

$$M = 242\,5981.3 + 3\overset{d}{.}04664 \cdot E.$$
$$M - m = 1\overset{d}{.}00.$$

Max.	E	$B-R$	Max.	E	$B-R$
242 5981.3	0	$0\overset{d}{.}0$	242 6986.7	330	$0\overset{d}{.}0$
5984.4	1	+0.1	7312.6	437	−0.1
5996.6	5	+0.1	7416.3	471	0.0
6005.3	8	−0.4	7474.4	490	+0.2
6246.4	87	0.0	7483.3	493	0.0
6313.7	109	+0.3	7532.2	509	+0.2
6331.6	115	−0.1	7535.4	510	+0.3
6417.1	143	+0.1	7781.6	591	−0.3
6654.5	221	−0.1	7867.3	619	+0.1
6718.5	242	−0.1	243 1462.2	1799	0.0

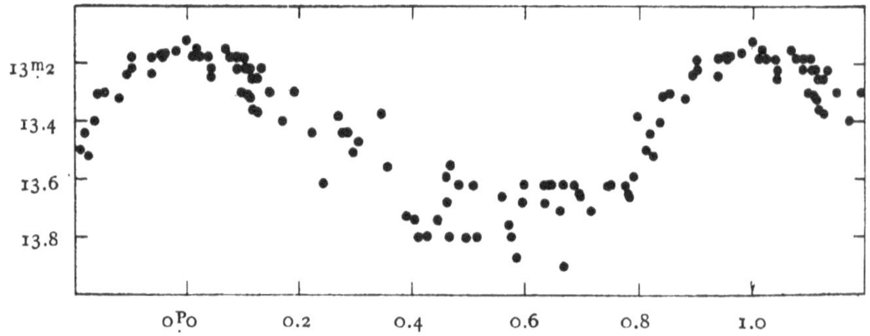

AX Aurigae

455. **BL Aur** RW Aurigae-ähnlich; $14\overset{m}{.}2$—$15\overset{m}{.}3$.

Nach den Reihenaufnahmen ist kurzperiodischer Lichtwechsel ausgeschlossen. Der gelbe Stern hat sein Ruhelicht bei $14\overset{m}{.}65$; Stillstände sind beobachtet, augenscheinlich bis zur Dauer von 70^d. Vom Ruhelicht finden Ausschläge nach oben und unten statt. Die rascheste beobachtete Änderung ist $0\overset{m}{.}3$ in 1^d. Bei 242 7700 verweilte der Stern anscheinend eine Reihe von Tagen im kleinsten Licht $15\overset{m}{.}3$.

483. **43.1936 Aur** Kurzperiodisch? $13\overset{m}{.}8$—$14\overset{m}{.}2$.

Die Periode könnte sehr kurz sein; mehrere Versuche, sie zu bestimmen, blieben ergebnislos. RRc-Art ist möglich, W UMa-Art dürfte ausgeschlossen sein. Es besteht aber auch die Möglichkeit, daß der Lichtwechsel rasch und unregelmäßig verläuft. Der Stern ist nicht merklich gefärbt.

484. **124.1931 Tau** Mira-Stern; $14^{m}.4$—[$17^{m}.3$.
$M = 242\,6224 + 320^{d} \cdot E$.

Obgleich nur 2 Maxima beobachtet sind, 242 6224 und 7505, dürften die Elemente richtig sein, da sie die Zeiten der Unsichtbarkeit gut darstellen und auch mit den viel späteren Reihenplatten, die den Stern nicht zeigen, in Übereinstimmung sind. Überdies liegen 2 Beobachtungen bei 16^{m} im Aufstieg des Maximums 7825. Die Maxima dürften verschiedene Höhen haben.

485. **BT Tau** RW Aurigae-Stern; $13^{m}.7$—$15^{m}.9$.

Der Veränderliche ist als kurzperiodisch angemeldet; Bedeckungslichtwechsel, den der Vorbearbeiter vermutet, ist ausgeschlossen. Der sehr unruhige Lichtwechsel scheint in der ganzen Beobachtungsreihe nachweisbar, ohne daß längere Stillstände eingetreten sind. Die rascheste beobachtete Änderung ist $0^{m}.4$ in $1^{h}.5$; Schwankungen um mehr als 1^{m} in 1^{d} sind häufig. In der mittleren Helligkeit des Veränderlichen ist, wie dies bei RW Aurigae-Sternen nicht selten vorkommt, eine langperiodische Schwankung angedeutet: Maxima 242 6200, 7050, 7850, 243 1450; Minima 242 6650, 7450; Amplitude $0^{m}.7$. Dabei ist zweifelhaft, ob zwischen dem ersten und dem letzten Maximum 6 oder 7 Perioden verstrichen sind, entsprechend Periodenwerten von 875^{d} und 750^{d}. Letzterer Wert ist etwas wahrscheinlicher. Jedenfalls ist die Konstante der langen Schwankung etwa 800^{d}. — Merkwürdig ist die Verteilung der Beobachtungen über die verschiedenen Helligkeitsstufen:

Stufe	Anzahl d. Beob.	Stufe	Anzahl d. Beob.
$13^{m}.61$—$13^{m}.80$	14	$14^{m}.81$—$15^{m}.00$	7
13.81—14.00	22	15.01—15.20	6
14.01—14.20	5	15.21—15.40	4
14.21—14.40	13	15.41—15.60	4
14.41—14.60	14	15.61—15.90	2
14.61—14.80	13.		

Danach bevorzugt der Stern große und mittlere Helligkeiten mit zwei Häufungsstellen bei $13^{m}.9$ und $14^{m}.5$, die jedoch offenbar keine Ruhehelligkeiten darstellen und auch keine Beziehung zu den Extremwerten der langen Schwankung ($14^{m}.2$ und $14^{m}.9$) zeigen.

486. **47.1936 Tau** Unregelmäßig; $15^{m}.0$—$15^{m}.5$.

Kennzeichnend sind Wellen von 65^{d} bis 100^{d} und Amplituden von $0^{m}.2$ bis $0^{m}.4$ ohne Regelmäßigkeit. Dabei scheint die mittlere Helligkeit langsamen Schwankungen zu unterliegen. Stillstände sind nicht beobachtet. Farbzahl $+0^{m}.35$.

487. **49.1936 Tau** Algol-ähnlich; $11^{m}.7$—$12^{m}.1$.

Der Fall ist sehr schwierig, sowohl wegen kleiner Amplitude als wegen der Seltenheit der Minima. In der ganzen Beobachtungsreihe sind 4 sichere Schwächungen beobachtet: 242 6003.363, 7060.329, 7315.538, 243 1446.555. Der Veränderliche war $0^{d}.063$ nach der letzteren Beobachtung bereits wieder im Normallicht, die Minima müssen also sehr kurz sein. Der Stern ist gelber als die Vergleichsterne. In der Zeit um 242 7400 scheint die Normalhelligkeit während 20 bis 30 Tagen um etwa $0^m.1$ erhöht zu sein. Bedeckungslichtwechsel ist unter diesen Umständen sehr unwahrscheinlich, vielmehr ist rascher, unregelmäßiger Lichtwechsel anzunehmen.

488. **128.1931 Tau** RW Aurigae-ähnlich; $13^m.1$—$13^m.7$.

Die durch die ältere Plattenreihe nahegelegte Annahme kurzperiodischen Lichtwechsels wird durch die neueren Reihenplatten nicht bestätigt; vielmehr zeigen diese innerhalb einiger Tage nur so geringe Schwankungen, daß man den Stern für unveränderlich ansehen könnte. Dies ist jedoch wiederum mit den älteren Platten unvereinbar, durch welche ein Lichtwechsel bis zu $0^m.3$ in 1^d sicher verbürgt ist. Daher ist RW Aur-ähnlicher Lichtwechsel anzunehmen. Die älteren Platten zeigen durchweg sehr unruhiges Verhalten des Sterns ohne Stillstände. Der durch die Reihenplatten angedeutete Stillstand könnte 24^d gedauert haben. Der schwach gelbliche Stern bevorzugt mittlere Helligkeiten. Wegen der abweichenden Farbempfindlichkeit der neueren Platten ist die Stillstandsgröße nicht sicher zu ermitteln; sie liegt aber jedenfalls nicht bei der Maximalhelligkeit, eher nahe dem kleinsten Licht.

489. **129.1931 Tau** Unregelmäßig; $13^m.2$—$13^m.7$.

Der Lichtwechsel des rötlichen Sterns erfolgt in sehr flachen, langen Wellen ohne Regelmäßigkeit. Eigentliche Stillstände sind nicht nachgewiesen; die rascheste Änderung war $0^m.25$ in 25^d. Farbzahl $+0^m.4$. Helligkeitsüberschuß auf orthochromatischer Filterplatte $1^m.4$.

490. **133.1931 Gem** RW Aurigae-ähnlich; $13^m.4$—$14^m.0$.

Der Veränderliche gehört zu der Variante, die an δ Cephei-Sterne erinnert. An mehreren Stellen ist eine Periode von 5^d angedeutet, aber offenbar immer nur für kurze Zeit. An anderen Stellen ist sie bestimmt unwirksam. Auf- und Abstiege von $0^m.45$ in 1^d sind beobachtet. Auf den neueren Reihenaufnahmen erscheint der Stern fast unveränderlich in der Größe $13^m.5$, wahrscheinlich mindestens während 24^d. Die Farbe ist unauffällig.

491. **BH Gem** Algol-Stern; $13^m.6$—$16^m.1$.

Die Periode dieses schönen Algolsterns konnte wider Erwarten nicht ermittelt werden. Zu den in Teil 1 mitgeteilten Minima kommt noch ein weiteres: 243 1470.49 $16^m.1$. Einige gut passende Periodenwerte stehen in Widerspruch mit Beobachtungen, die den Stern im hellen Licht zeigen.

492. **338.1930 Gem** Unregelmäßig; $12^m.4$—$13^m.7$.

Der Stern erwies sich als roter Unregelmäßiger mit Wellen von 160^d bis gegen 300^d Länge und Amplituden zwischen $0^m.4$ und $1^m.2$. Eine regelmäßige Wiederkehr der Maxima scheint auch über kürzere Zeitabschnitte nicht stattzufinden. Stillstände sind nicht beobachtet, sondern nur Abflachungen der Kurve. Die raschesten Änderungen betragen $0^m.5$ in 20^d. Farbzahl $+0^m.45$.

493. **339.1930 Gem** RR Lyrae-Stern; $13^m.2$—$13^m.5$.

$$M = 242\,5984.422 + 0^d.611\,2879 \cdot E.$$
$$M - m = 0^d.28 \quad \text{Typus RRc.}$$

Einzelheiten und Lichtkurve werden einem Nachtrag vorbehalten.

494. **53.1936 Aur** β Lyrae-Stern; $10^{m}8$—$11^{m}3$.

$m_1 = 242\ 6309.382 + 0^{d}.59100091 \cdot E$.

$A_1 = 0^{m}5 \quad A_2 = 0^{m}1$.

Einzelheiten und Lichtkurve werden später in einem Nachtrag gegeben.

2039. **S 3942 Tau** RW Aurigae-Stern; $8^{m}7$—$10^{m}5$.

Der Stern wurde von A h n e r t auf Überwachungsplatten 1939—45, ferner visuell im Winter 1945—46 beobachtet. Er hat lange Stillstände nahe dem größten Licht, etwa bei $8^{m}9$ und erscheint nach den photographischen Beobachtungen als Übergangsform zu den Algol-ähnlichen, wobei die Lichtkurve stark an diejenige von BH Cephei erinnert. Auch die visuellen Beobachtungen ergeben bei 243 1759 ein markantes Minimum, von 1820 ab bis mindestens 1850 jedoch den typischen flackernden Lichtwechsel der RW Aurigae-Sterne. Stillstand dürfte für die Dauer von 220^{d} nachgewiesen sein. Rasche Änderungen sind im Betrag von $0^{m}35$ in 1^{d} beobachtet. Der Stern ist nicht merklich gefärbt.

2040. **SVS 332 Aur** Algol-Stern; $12^{m}3$—$13^{m}5$.

$m = 242\ 6248.74 + 8^{d}.34326 \cdot E$.

$D = 14^{h}.0 \quad d = 0^{h}: \quad D : P = 1 : 14$.

Min.	Gr.	E	$B-R$
242 6248.54	$12^{m}70$	0	$-0^{d}.20$
6332.34	12.96	10	+0.17
6607.60	13.44	43	+0.10
7867.29	13.50	194	−0.04
243 1446.59	13.50	623	0.00

Vielleicht ist ein Nebenminimum angedeutet.

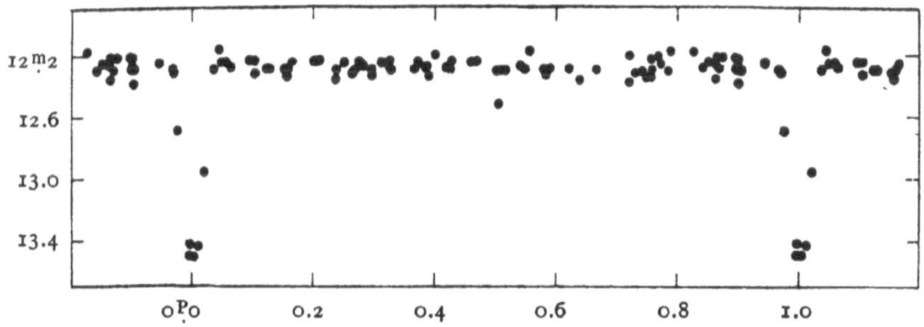

SVS 332 Aurigae

2041. **S 3943 Aur** Algol-Stern; $14^{m}3$—$14^{m}9$.

$m = 242\ 6224.55 + 0^{d}.6100525 \cdot E; \quad D = 2^{h}$.

Min.	E	$B-R$	Min.	E	$B-R$
242 6224.58	0	$+0^{d}.03$	242 7457.42	2021	$-0^{d}.05$
6309.38	139	+0.03	7459.37	2024	+0.07
6334.34	180	−0.02	243 1446.60	8560	0.00
6417.32	316	−0.01	1449.66	8565	+0.01
6607.60	628	−0.06	1462.46	8586	0.00

Der Stern steht außerhalb der regulären Platten und ist nur auf den wenigen Reihenplatten und einer größeren Anzahl von Platten des 140 mm-Triplets beobachtet. Die ersten 7 Minima sind wenig sicher.

2042. S 3944 **Aur** Algol-Stern; $11^m\!.7$—$12^m\!.0$.

$$m = 242\,5984.363 + 0^d\!.947\,236 \cdot E$$
$$D = 4^h\!.8 \quad d = 1^h\!.8$$

Einzelheiten und Lichtkurve werden einem Nachtrag vorbehalten.

2043. S 3945 **Aur** Unregelmäßig; $13^m\!.5$—$14^m\!.1$.

Der rote Stern zeigt zeitweise recht lebhaften Lichtwechsel mit Wellen von etwa 70^d und Änderungen von $0^m\!.4$ in 15^d, zu anderen Zeiten längere, sehr flache Wellen, jedoch keine eigentlichen Stillstände. Der Lichtwechsel dürfte im ganzen völlig regellos sein. Farbzahl $+0^m\!.45$.

2044. S 3946 **Aur** RW Aurigae-Stern; $14^m\!.4$—$16^m\!.2$.

Der Veränderliche hat ein „Normallicht" bei $15^m\!.8$, um welches er rasche, unregelmäßige Schwankungen zwischen $15^m\!.4$ und $16^m\!.2$ ausführt. Stillstände sind nicht beobachtet. Die auffallendste Erscheinung sind die Erhellungen bis auf $14^m\!.4$, welche bei der Steilheit des Aufstiegs an die eines U Gem-Sterns erinnern. Die Beobachtungen weisen 6 solcher Ausbrüche nach. Der geringste Zeitabstand ist 35^d. Angesichts der auch durch die Reihenplatten belegten raschen Lichtschwankungen im Minimum dürfte es jedoch kaum angängig sein, den Stern der U Gem-Klasse zuzuzählen; auch ist die Amplitude kleiner als bei U Gem-Sternen. Die Farbe ist unmerklich.

2045. S 3947 **Aur** Unregelmäßig; $13^m\!.4$—$14^m\!.2$.

An einigen Stellen der Lichtkurve sind Wellen von etwa 150^d angedeutet, an anderen ist der Lichtwechsel während 200^d nur sehr gering. Die Gesamtamplitude wird erst in längeren Zeitabschnitten erreicht. Der Lichtwechsel dürfte als völlig regellos anzusehen sein. Der Stern ist gelb.

2046. S 3948 **Aur** Algol-Stern; $15^m\!.0$—$16^m\!.7$.

Die Beobachtungen auf Triplet-Platten sind wegen der Lichtschwäche des Sterns unsicher. Sichere Minima: 242 6003.36, 6244.61, 6735.38, 7415.34, 243 1530.43. Die Periode konnte nicht ermittelt werden. Dem gut passenden Wert $8^d\!.6090$ widerspricht eine einzige Beobachtung.

2047. S 3949 **Tau** Algol-Stern; $12^m\!.5$—$13^m\!.0$.

$$m = 242\,6004.35 + 0^d\!.681346 \cdot E \quad D = 0^d\!.2:$$

Min.	E	$B-R$	Min.	E	$B-R$
242 6004.38	0	$+0^d\!.03$	242 7368.45	2002	$+0^d\!.05$
6313.70	454	+0.02	7394.39	2040	+0.09
6355.27	515	+0.03	7396.41	2043	+0.07
6634.51	925	−0.09	7535.36	2247	+0.03
6662.48	966	−0.05	7688.60	2472	−0.04
6718.45	1048	+0.05	243 1447.63	7989	+0.01
6987.51	1443	−0.02	1449.65	7992	−0.02
7342.51	1964	0.00			

Die Umlaufszeit des Systems ist vielleicht das Doppelte der angegebenen Periode. Verschiedene Tiefe gerader und ungerader Minima ist nicht erkennbar; das Normallicht scheint konstant zu sein. Wegen relativ zu langer Belichtungszeit der Platten sind Einzelheiten nicht zu ermitteln.

2048. S 3950 Aur Algol-Stern; $13^m_.5$—$14^m_.0$.

Der außerhalb des regulären Feldes stehende Stern konnte auf 140 mm-Triplet-Platten nur unsicher beobachtet werden. Es sind nur 2 sichere Minima festgestellt: 242 7416.34 und 243 1530.39, letzteres durch 2 Platten des 40 cm-Astrographen (.388 $14^m_.0$ .430 $13^m_.8$).

2049. S 3951 Aur RW Aurigae-Stern; $14^m_.1$—$16^m_.0$.

Der Stern ist gelb oder rötlich und wurde zunächst für langperiodisch gehalten. Es überlagern sich rasche Schwankungen kleiner Amplitude und längere Wellen großer Amplitude; bei letzteren ist eine Periode von 115^d roh angedeutet. Schwankungen von der Größenordnung $0^m_.5$ in 1^d sind beobachtet. Von 242 5960 bis 6750 ist der Lichtwechsel sehr unruhig. Von 6980 bis 7900 ist dagegen ein ruhigerer Verlauf mit $0^m_.7$ Gesamtamplitude festgestellt. Stillstand bei $14^m_.7$ ist nur einmal für 25^d erkennbar.

2050. S 3952 Aur Algol-Stern; $15^m_.1$—$16^m_.5$.

$$m = 242\,5996.2 + 32^d_.6379 \cdot E.$$

Min.	E	B−R	Min.	E	B−R
242 5996.39	0	$+0^d_.19$	242 6355.27	11	$+0^d_.05$
6224.58	7	−0.09	243 1446.64	167	−0.09

P/2 widerspricht einer Beobachtung, die den Stern $0^d_.35$ vor einem berechneten Minimum hell zeigt, es sei denn, daß das Minimum äußerst schmal ist. *P*/3 ist unzulässig; ebenso dürften kürzere Perioden nicht in Betracht kommen.

2051. S 3953 Tau RW Aurigae-Stern; $10^m_.4$—$11^m_.5$.

Die Beobachtungen von Ahnert auf Überwachungsplatten 1939—45 ergeben zeitweilig sehr unruhigen Lichtwechsel mit regellosen Wellen wechselnder Amplitude von etwa 8^d bis 20^d Länge, wobei Sprünge von $0^m_.6$ in 1^d festgestellt sind. Stillstände sind bisher nicht nachgewiesen, wohl aber scheinen die Lichtänderungen zu manchen Zeiten ruhiger in langen Wellen zu verlaufen.

2052. S 3954 Tau Algol-ähnlich; $13^m_.6$—$14^m_.4$.

Die Triplet-Platten zeigen nur 2 Minima 242 6418.32 und 6988.51 und eine geringere Schwächung 7060.33. Eine Reihenplatte zeigt den Stern schwach bei 243 1446.555, doch war er $0^d_.063$ später nur noch wenig unter dem Normallicht, was sehr raschen Lichtwechsel andeutet. Dagegen war der Stern auf 3 Platten 1462.245 bis .415 schwach, bei .446 nur wenig heller. Es scheint daher sicher, daß die Minima sehr verschiedene Gestalt und Dauer haben. Auch sind Erhebungen über das bei $13^m_.8$ liegende Normallicht beobachtet. Der Stern ist etwas gelber als die Nachbarsterne.

2053. S 3955 Gem Mira-Stern; $14\overset{m}{.}8$—[$16\overset{m}{.}9$.

$$M = 242\,6346 + 213^d \cdot E.$$

Max.	E	$B-R$	Max.	E	$B-R$
242 6340	0	-6^d	242 7415	5	$+4^d$
6765:	2	-7	7850:	7	$+13$
6995	3	$+10$	243 1455	24	-3

Der ersten Gruppe der Maxima würde besser durch $P=215^d$ genügt, doch kann das Maximum $E=24$ nicht später angesetzt werden.

2054. S 3956 Gem Unregelmäßig; $13\overset{m}{.}6$—$14\overset{m}{.}1$.

Der gelbe Stern verändert sein Licht in Wellen von etwa 100^d und länger. Stillstände sind nicht beobachtet, jedoch starke Abflachungen. Farbzahl $+0\overset{m}{.}2$.

2055. S 3957 Gem Bedeckungsstern; $14\overset{m}{.}9$—$15\overset{m}{.}5$.

Elemente versuchsweise:

$$m = 243\,1446.52 + 0\overset{d}{.}7133 \cdot E.$$

Die Reihenplatten ergeben 3 Minima: 243 1446.52, 1448.66, 1462.19; bei 1469.28 scheint der Stern etwas geschwächt. Die langbelichteten Triplet-Platten zeigen nur wenige sichere Minima in großen zeitlichen Abständen. Die Verteilung der Beobachtungen nach Helligkeit läßt W UMa-Art zu.

2056. S 3958 Gem RW Aurigae-ähnlich; $14\overset{m}{.}1$—$15\overset{m}{.}0$.

Der Veränderliche konnte nach Farbe und Verhalten zunächst als δ Cephei-Stern angesehen werden, zeigt jedoch rasche Änderungen, welche im Betrag von $0\overset{m}{.}25$ in 1^h nachgewiesen sind. Die Formel $M = 242\,9302.4 + 9\overset{d}{.}1150 \cdot E$ dürfte den Lichtwechsel zeitweilig in großen Zügen darstellen, wird aber, obgleich über die ganze Beobachtungsreihe wirksam, durch die überlagerten kurzen Wellen fast illusorisch gemacht. Der Stern hat einige Ähnlichkeit mit CE Cas (Teil III S. 69—71) mit dem Unterschied, daß der überlagerte Lichtwechsel lebhafter ist und stärkeren Anteil hat. Der Veränderliche ist merklich gelber als die Vergleichsterne; der Helligkeitsüberschuß auf panchromatischer Filterplatte beträgt ungefähr $1\overset{m}{.}0$. Der Stern steht außerhalb des Feldes, konnte aber, außer auf den Reihenplatten, auf 42 Platten des Feldes 130 Tauri (40 cm-Astrograph) beobachtet werden.

2057. S 3959 Aur Algol-Stern; $13\overset{m}{.}2$—$14\overset{m}{.}5$.

$$m = 243\,1462.36 + 7\overset{d}{.}17/n \cdot E; \quad D = 9\overset{h}{.}5.$$

Der Stern steht außerhalb der regulären Platten. Die Reihenplatten ergeben 2 Minima: 243 1462.36, 1469.53. Ältere Platten des 140 mm-Triplets lassen nur eine starke Schwächung 242 7532.36 erkennen, doch wird die Beobachtung durch einen nördlichen Nachbarstern 13^m erschwert. — Außer $n=1$ kommt mit Rücksicht auf Beobachtungen, die den Stern hell zeigen, nur $P=2\overset{d}{.}39$ in Betracht.

2058. S 3960 Aur Unregelmäßig; $13\overset{m}{.}7$—$14\overset{m}{.}6$.

Der Stern weist Wellen von 100^{d} bis 170^{d} mit Amplituden bis zu $0\overset{m}{.}6$ ohne Regelmäßigkeit auf. Weder rasche Änderungen noch Stillstände sind beobachtet, jedoch Abflachungen der Wellen bis auf $0\overset{m}{.}2$ Amplitude. Farbe tief gelb.

2059. S 3961 Aur Mira-Stern; $14\overset{m}{.}6$—[$16\overset{m}{.}6$.

$$M = 242\,6054 + 349^{d} \cdot E.$$

Max.	E	$B-R$	Max.	E	$B-R$
242 6050	0	-4^{d}	242 7100	3	-1^{d}
6416	1	+13	7460	4	+10
6740	2	−12	7795	5	−4

Die Maxima haben verschiedene Höhe und zeigen in einigen Fällen Formen ähnlich $\gamma_1\,\gamma_2$.

2060. S 3962 Gem Kurzperiodisch; $15\overset{m}{.}3$—$15\overset{m}{.}9$.

Der Stern ist offenbar raschwechselnd. In Ermangelung ausreichender Reihenaufnahmen kann nichts Näheres ermittelt werden.

2061. S 3963 Aur β Lyrae-Stern; $11\overset{m}{.}6$—$11\overset{m}{.}85$.

$$m_1 = 242\,6297.507 + 1\overset{d}{.}207\,857 \cdot E.$$
$$A_1 = 0\overset{m}{.}25;\; A_2 = 0\overset{m}{.}1.$$

Nähere Angaben bleiben einem Nachtrag vorbehalten.

Feld $6^{h}59^{m}-6^{\circ}$

Paul Ahnert

2062. WX Mon μ Cephei-Stern; $13\overset{m}{.}2$—$15\overset{m}{.}0$.

Das Verhalten dieses rötlichen Sterns ist charakterisiert durch lange Stillstände im schwachen bis mittleren Licht; daneben treten aperiodische Wellen von sehr verschiedener Länge (80^{d} bis $>200^{d}$) und Amplitude ($0\overset{m}{.}4$—$1\overset{m}{.}0$) auf. Farbzahl $+0\overset{m}{.}3$:

2063. WY Mon μ Cephei-Stern; $13\overset{m}{.}2$—$14\overset{m}{.}5$.

Die Lichtkurve zeigt aperiodische Wellen von 60^{d} bis ca. 200^{d} Dauer mit Amplituden von $0\overset{m}{.}2$ bis $>1\overset{m}{.}0$. Stillstände wurden nicht beobachtet. Farbzahl $+0\overset{m}{.}4$.

2064. WZ Mon RW Aurigae-Stern; $12\overset{m}{.}8$—$15\overset{m}{.}4$.

Dieser sehr unruhige Stern (s. Lichtkurve) scheint sich in der Farbe nicht von den Vergleichsternen zu unterscheiden. Ausgesprochene Ruhezeiten wurden nicht beobachtet. Die raschen Änderungen können eine Größenklasse pro Tag übersteigen.

2065. XX Mon δ Cephei-Stern; $12\overset{m}{.}3$—$13\overset{m}{.}1$.

$$M = 242\,5324.67 + 5\overset{d}{.}53915 \cdot E.$$

Max.	E	$B-R$
242 5324.34	0	$-0\overset{d}{.}33$
5651.46	59	−0.02

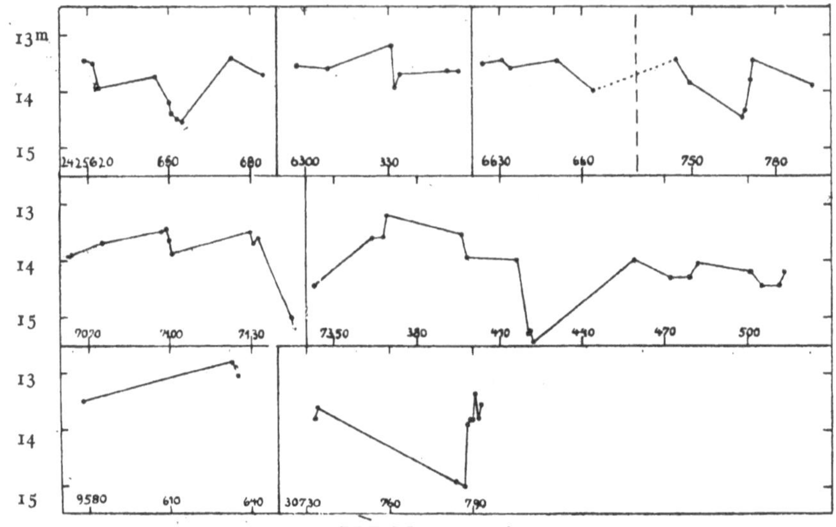

WZ Monocerotis

Max.	E	$B-R$
242 5673.41	63	$-0^d.23$
5984.46	119	+0.63
6039.34	129	+0.12
7130.30	326	−0.13
7479.38	389	−0.02
7501.32	393	−0.24
7861.28	458	−0.32
9634.80	778	+0.67
243 0786.20	986	−0.07
0791.75	987	−0.06

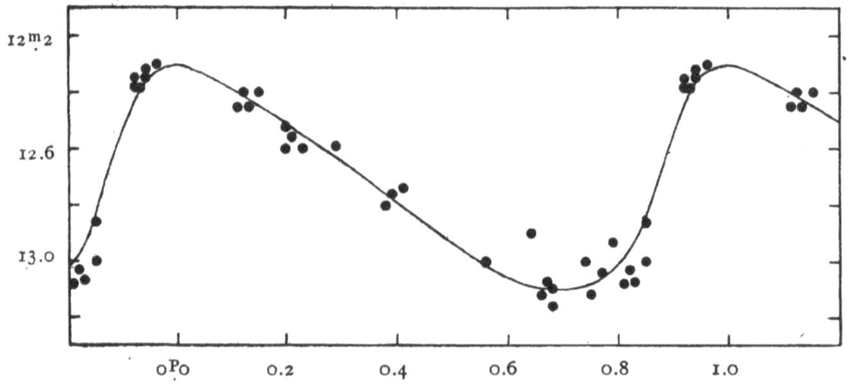

XX Monocerotis

2066. XY Mon RW Aurigae-ähnlich; $12^m.8$—$14^m.0$.

In manchen Jahren sind die Helligkeitsänderungen sehr gering und langsam, es können sogar völlige Stillstände vorkommen; in anderen Jahren wurden langsame, aber größere Lichtschwankungen (Ampl. ~ 1^m) beobachtet. Um 242 6000 und zwischen 7100 und 7600 zeigt der Stern auch sprunghafte Änderungen (bis zu $0^m.8$ in einem Tag), meist in Form kurzer, spitzer Maxima.

2067. **XZ Mon** Algol-Stern; $13^m.65$—$15^m.0$.

$m = 242\ 5619.473 + 0^d.876078 \cdot E.$

$D = 3^h.9, \quad d = 0^h.$

Min.	Gr.	E	B-R
242 5619.463	14^m59	0	-0.010
5655.405	14.43	41	+0.013
6355.356	14.43	840	-0.023
6664.571	13.92	1193	-0.063
6744.359	14.61	1284	+0.002
6772.353	13.98	1316	-0.039
7133.333	14.43	1728	-0.003
7364.643	14.25	1992	+0.023
7472.338	14.02	2115	-0.040
7501.321	13.93	2148	+0.032
7746.635	13.98	2428	+0.045
9633.66	15.0	4582	-0.002
9634.54	15.0	4583	+0.002
9635.41	15.0	4584	-0.005
243 0787.47	15.0	5899	+0.013
0788.32	15.0	5900	-0.013

(Min. 4582—5900 aus Reihenaufnahmen abgeleitet.)

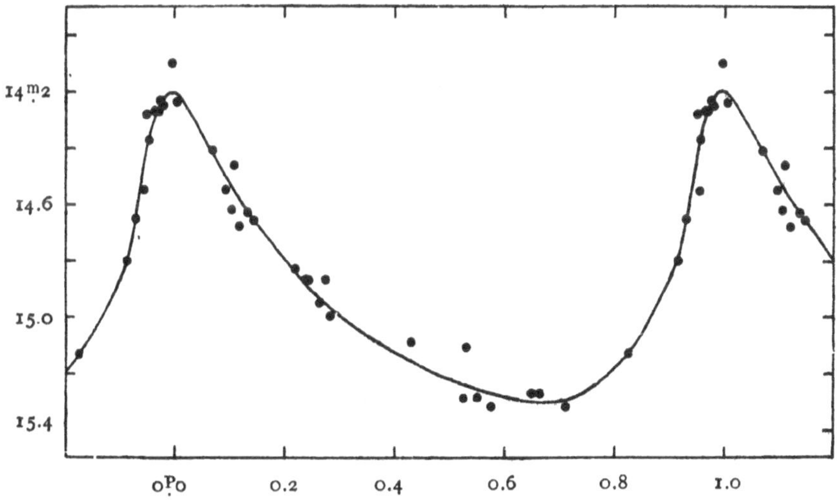

YY Monocerotis

2068. **YY Mon** δ Cephei-Stern; $14^m.2$—$15^m.3$.

$M = 242\ 5619.32 + 3^d.45464 \cdot E.$

$M - m = 1^d.10.$

Max.	Gr.	E	$B-R$
242 5619.46	$14^m.18$	0	$+0^d.14$
5650.37	14.10	9	−0.04
6334.42	14.05	207	−0.01
6631.56	14.10	293	+0.03
7063.44	14.32	418	+0.08
7101.37	14.24	429	+0.01
7398.51	14.10	515	+0.05
7422.50	14.28	522	−0.14
7719.64	14.10	608	−0.10
9633.65	14.10	1162	+0.04
243 0735.60	14.18	1481	−0.04
0787.48	14.22	1496	+0.02
0790.92	14.20	1497	0.00

2069. **YZ Mon** Algol-Stern; $14^m.10—16^m.25$.

$m = 242\,5655.407 + 2^d.055264 \cdot E.$

$D = 4^h.8, \quad d = 0^h.$

Min.	Gr.	E	$B-R$	Min.	Gr.	E	$B-R$
242 5655.405	[$15^m.5$	0	$-0^d.002$	242 7511.328	$15^m.82$	903	$+0^d.018$
6664.571	14.9:	491	+0.029	7513.389	15.38	904	+0.023
6769.335	14.75:	542	−0.025	9634.400[1])	16.25	1936	+0.002
6771.351	14.40	543	−0.064	243 0787.400[1])	16.25	2497	−0.001

2070. **ZZ Mon** RW Aurigae-Stern; $13^m.2—15^m.6$.

Der Stern zeigt geringe und sehr langsame Änderungen ($13^m.5—14^m.2$) von 242 7700 bis 0900, um 9600 und 243 0700 bis 0800; geringe, aber teilweise raschere Schwankungen ($13^m.6—14^m.1$) 6600 bis 6800; dagegen rasche und große Lichtänderungen ($0^m.8$ in 2^d, $2^m.0$ in 20^d) in regellosem Wechsel um 242 5300, 5600, 7100 und 7360 bis 7510.

2071. **AA Mon** δ Cephei-Stern; $14^m.0—15^m.1$.

$M = 242\,5534.86 + 3^d.93807 \cdot E.$

$M - m = 1^d.06.$

Max.	Gr.	E	$B-R$
242 5302.46	$14^m.02$	− 59	$-0^d.05$
5322.33	14.15	− 54	+0.13
5534.64	13.90	0	−0.22
5984.46	14.13	114	+0.66
6039.34	14.19	128	+0.41
6334.42	14.13	203	+0.13
6771.35	14.13	314	−0.06
7063.44	14.26	388	+0.61
7369.63	14.19	466	−0.37
7421.50	14.19	479	+0.30

[1]) Aus Reihenaufnahmen.

Max.	Gr.	E	B–R
242 7472.33	14ᵐ.20	492	−0ᵈ.06
9634.40 ¹)	13.90	1041	+0.01
243 0733.10 ¹)	14.00	1320	−0.01
0784.30 ¹)	14.05	1333	−0.01
0788.25 ¹)	14.05	1334	0.00
0792.20 ¹)	13.95	1335	+0.02

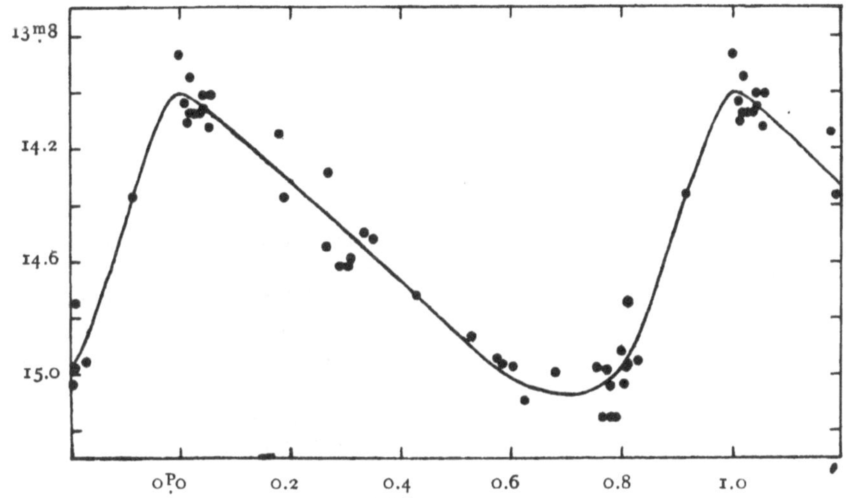

AA Monocerotis

2072. **AB Mon** Algol-Stern; $13^m.8$—$15^m.7$.

$m = 242\,5324.39 + 9^d.51849 \cdot E.$

$D = 24^h, \quad d = 0^h$?

Min.	Gr.	E	B–R
242 5324.33	15ᵐ.25:	0	−0ᵈ.06
5619.46	15.4 :	31	0.00
5981.44	14.95	69	+0.27
6771.35	15.2 :	152	+0.15
7075.48	14.75	184	−0.31
7513.39	15.3::	230	−0.25
243 0788.00²)	15.7	574	0.00

2073. **AC Mon** δ Cephei-Stern; $10^m.3$—$11^m.1$.

$M = 242\,9636.8 + 8^d.0150 \cdot E.$

$M - m = 2^d.2.$

Die Ausgleichung der Beobachtungen des 40 cm-Astrographen erfordert gegenüber den Elementen in KE 1943 eine geringfügige Verkürzung der Periode um $0^d.0017$. Die mittlere Lichtkurve ist aus 12 Gruppenmitteln von Beobachtungen bestimmt worden.

¹) Aus Reihen abgeleitet; bis $E = 492$ Einzelplatten.

²) Aus Reihenaufnahmen.

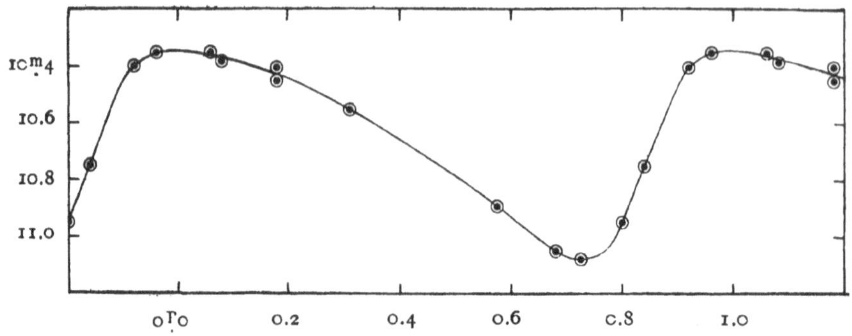

AC Monocerotis

2074. AD Mon RW Aurigae-Stern; $13^m.0$—$14^m.7$.

Der Stern ändert seine Helligkeit meist nur langsam mit Amplituden, die in den einzelnen Beobachtungsperioden (Okt. bis April) zwischen wenigen Zehnteln und einer ganzen Größenklasse liegen. Mehrfach treten aber auch sehr rasche Änderungen auf ($0^m.5$ in 1 bzw. 2 Tagen), um 242 7140 geht er innerhalb 25 Tagen in mehreren plötzlichen Sprüngen von der überhaupt beobachteten geringsten bis zur größten Helligkeit hinauf. Die Reihenaufnahmen fallen leider in eine Zeit der Ruhe. Die Farbe ist nicht sicher auszumachen, doch ist der Stern wahrscheinlich nicht erheblich gelber als die Vergleichsterne.

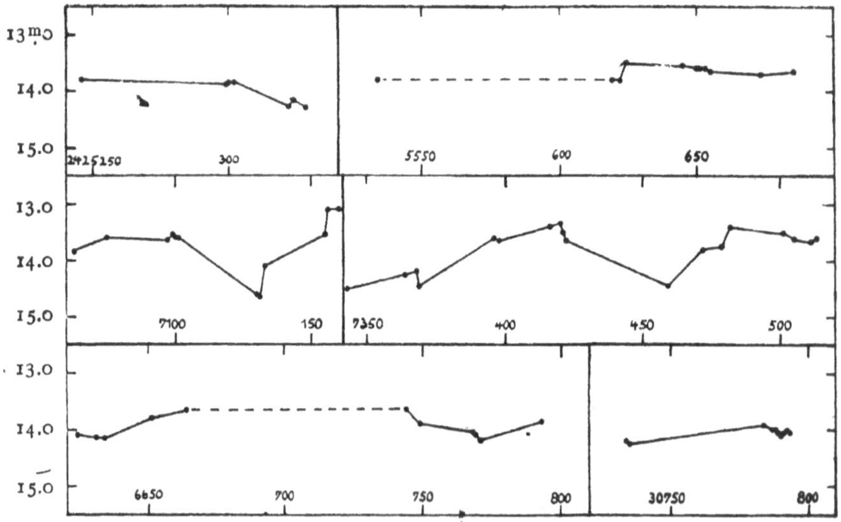

AD Monocerotis

2075. AE Mon Algol-Stern; $13^m.45$—$14^m.35$.

$$m = 242\ 5322.334 + 3^d.22869 \cdot E.$$

$$D = 10^h.8, \quad d = 0^h.$$

Min.	Gr.	E	$B-R$
242 5322.329	$14^m.17$	0	$-0^d.005$
5619.463	14.03	92	+0.090
6749.411	14.28	442	−0.004
7075.482	14.32	543	−0.031
7101.378	14.22	551	+0.036
7156.341	13.95	568	+0.111
7482.382	14.12	669	+0.054
7511.328	14.00	678	−0.058
243 0788.51	14.35	1693	+0.004

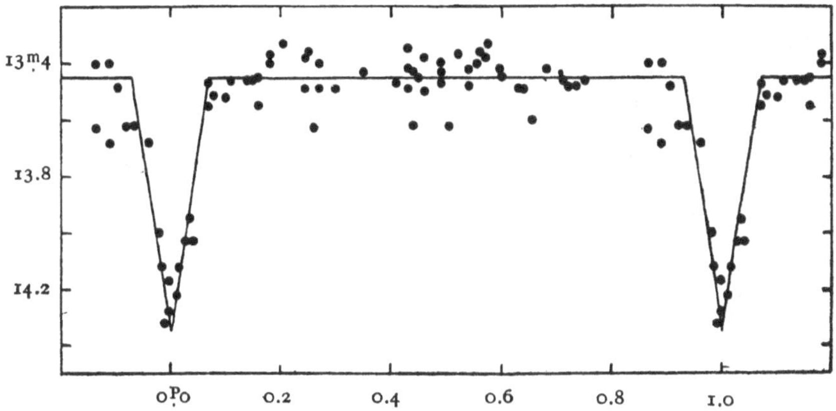

AE Monocerotis

2076. VV Mon Algol-Stern; $10^m.0$—$10^m.6$.

$$m = 242\,5299.273 + 6^d.05087 \cdot E.$$

$$D = >12^h, \quad d = >7^h.$$

Min.	Gr.	E	$B-R$
242 5299.294	$10^m.6$	0	$+0^d.021$
5305.464	(vis.)	1	+0.140
5311.255	(vis.)	2	−0.120
5323.427	(vis.)	4	−0.049
5650.376	10.6	58	+0.153
6297.550	10.6	165	−0.117
7368.631	10.6	342	−0.040
7459.459	10.6	357	+0.025
7719.640	10.6	400	+0.019
243 0672.518	10.6	888	+0.072
0781.291	10.6	906	−0.070
0787.379	10.6	907	−0.033

2077. AF Mon Mira-Stern; $11^m.5$—$15^m.7$.

$$M = 242\,6055 + 285^d \cdot E.$$

$$M-m = 177^d, \quad \frac{M-m}{P} = 0.62, \quad \text{Kurve } \gamma_2.$$

M	*E*	Gr.	*B–R*
242 6060	0	$11^m.6$	$+5^d$
6360	1	12.5	+20
6610	2	11.5	−15
7180	4	12.0	−15
7480	5	12.1	0
7770	6	13.2	+ 5
m			
242 5304	−2	15.1	− 4
5596	−1	15.5	+ 3
6733	3	15.7	0

Die Minima sind gut definiert, in der Nähe der Maxima aber verläuft die Kurve in jeder Erscheinung anders. In der Regel geht dem Hauptmaximum ein ausgeprägtes Nebenmaximum voraus, das aber einmal (*E* 6) höher als das zu den Elementen passende 2. Maximum ist, ein andermal (*E* 0 und vielleicht auch *E* 1) sich nur als Stillstand im Aufstieg darstellt.

2078. AG Mon Mira-Stern; $11^m.6$—17^m:.

$M = 242\ 5643.5 + 155^d.9 \cdot E$.

Max.	Gr.	*E*	*B–R*
242 5650	$12^m.3$	0	$+ 6^d$
5956	11.6	2	+ 1
6740	11.9	7	+ 5
7049	12.0	9	+ 2
7348	12.1	11	−10
7509	12.9	12	− 5
243 0788	12.5	33	0

2079. AH Mon Mira-Stern; 11^m—15^m.

$M = 243\ 0930 + 374^d \cdot E$

Da die Maxima dieses Sterns in den Jahren, für die Sonneberger Aufnahmen vorliegen, außerhalb der von den Aufnahmen gedeckten Zeiträume liegen, wurden die Elemente aus KuE 1943 übernommen. Die Kurvenstücke, die aus den Sonneberger Aufnahmen abgeleitet werden können, stehen nicht im Widerspruch zu diesen Elementen.

2080. AI Mon RR Lyrae-Stern; $14^m.4$—$15^m.5$.

$M = 242\ 5645.465 + 0^d.4258078 \cdot E$.

$M - m = 0^d.096$, Typus RRa.

Max.	Gr.	*E*	*B–R*
242 5246.478	$14^m.70$	−937	$-0^d.005$
5299.293	14.60	−813	+0.010
5622.494	14.67	− 54	+0.023
5645.457	14.31	0	−0.008
5651.459	14.18	14	+0.033
5969.506	14.22	761	+0.001
5981.440	14.40	789	+0.013

Max.	Gr.	E	B–R
242 6039.347	14^{m}71	925	+0^{d}010
6634.617	14.36	2323	0.000
6768.351	14.48	2637	+0.031
7398.516	14.66	4117	0.000
7482.382	14.68	4314	−0.018
9633.60	14.4	9366	+0.019
9634.42	14.4	9368	−0.012
243 0735.58	14.4	11954	+0.009
0787.50	14.4	12076	−0.020
0788.38	14.4	12078	+0.008
0791.34	14.4	12085	−0.012

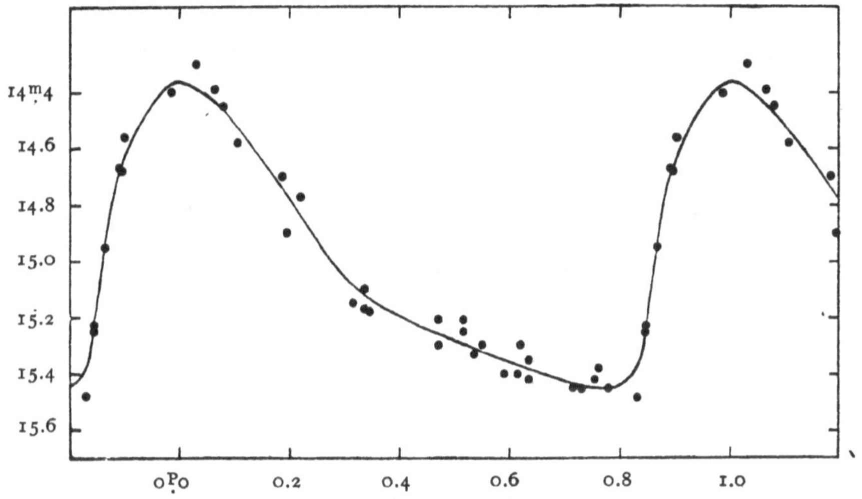

AI Monocerotis

2081. AK Mon Mira-Stern; 11^{m}5—14^{m}5.

M=242 5270+319^{d}5 · E.

Max.	Gr.	E	B–R
242 5274	12^{m}4	0	+4^d
5985	11.8	1	−4.5
7827	11.5	8	+1

Lichtkurve α_3.

2082. AL Mon Mira-Stern; 12^{m}5—[16^{m}5.

M=242 5610+243^{d}5 · E.

Max.	Gr.	E	B–R
242 5609	13^{m}2	0	−1^d
6341	12.5	3	+0.5
7075	13.4	6	+4
7798	13.0	9	−3.5

Die Periodenlänge wird durch 3 weitere Kurvenstücke (1 aufsteigender Ast, 2 absteigende Äste) bestätigt.

2083. AM Mon Mira-Stern; 12^m1—16^m5.

$M = 242\,5648 + 432^d \cdot E$.

Max.	Gr.	E	$B-R$
242 5648	12^m1	0	0^d
7376	12.8	4	0

Aus dem vorhandenen Plattenmaterial sind nur zwei sichere Maxima abzuleiten. Sie befinden sich in naher Übereinstimmung ($B-R$ + 10^d bzw. $+6^d$) mit den Elementen in KuE 1943.

2084. BQ Mon RW Aurigae-ähnlich; 13^m3—14^m9.

Die Lichtkurve ähnelt zeitweise, besonders zwischen 242 7060 und 7520, stark der von WZ Mon, doch bleibt die Amplitude kleiner. Außerdem kommen längere Zeiten der Ruhe vor, in denen der Stern meist schwach ist. Auch dieser Stern weicht in der Farbe nicht von den Vergleichsternen ab.

2085. BR Mon μ Cephei-Stern; 11^m5—12^m5.

Der Stern steht auf den meisten Platten außerhalb des Feldes. Nur zwischen 242 5530 und 6040 sind brauchbare Reihen zu beobachten, die langsamen, unregelmäßigen Lichtwechsel zeigen. Der Stern ist rötlich (Farbzahl $+0^m4$).

2086. BW Mon Z Aquarii-Stern; 11^m7—13^m4.

$M = 242\,5556 + 155^d5 \cdot E$.

Max.	Gr.	E	$B-R$
242 5560	12^m0	0	$+4^d$
6020	11.9	3	− 2.5
6330	11.9	5	− 3.5
6650	11.7	7	+ 5.5
7140	12.3	10	+29
7420	11.9	12	− 2
7730	12.0	14	− 3
7890	11.8	15	+ 1.5

Maxima flach; die Verspätung von Max. 10 ist gut gesichert. Stern ist rötlich, Farbzahl $+0^m3$.

2087. 148.1931 Mon Z Aquarii-Stern; 13^m9—15^m4.

$M = 242\,5234 + 279^d \cdot E$.

Max.	Gr.	E	$B-R$
242 5240	14^m4	0	$+6^d$
5500:	14.4:	1	−13
6100:	14.2:	3	+29
6360	14.0	4	+10
6600	13.9	5	−29
7480	14.6	8	+14
7720	14.5	9	−25
9700:	14.2:	16	+ 2
243 0820:	14.1:	20	+ 6

Farbzahl $+0^m3$.

2088. 81.1936 Mon Z Aquarii-Stern; $13\overset{m}{.}9$—$14\overset{m}{.}9$.

$M = 242\,5324 + 345^{d} \cdot E.$

Max.	Gr.	E	$B-R$
242 5330	$14\overset{m}{.}2$	0	$+6^{d}$
5660	14.0	1	−9
6015	14.0	2	+1
6700	13.9	4	−4
7745	13.9	7	+6

Das Maximum E 6 ist durch ein sekundäres Minimum gestört. Die Lichtkurve scheint ziemlich veränderlich zu sein. Der Stern ist rot, Farbzahl $+0\overset{m}{.}9$.

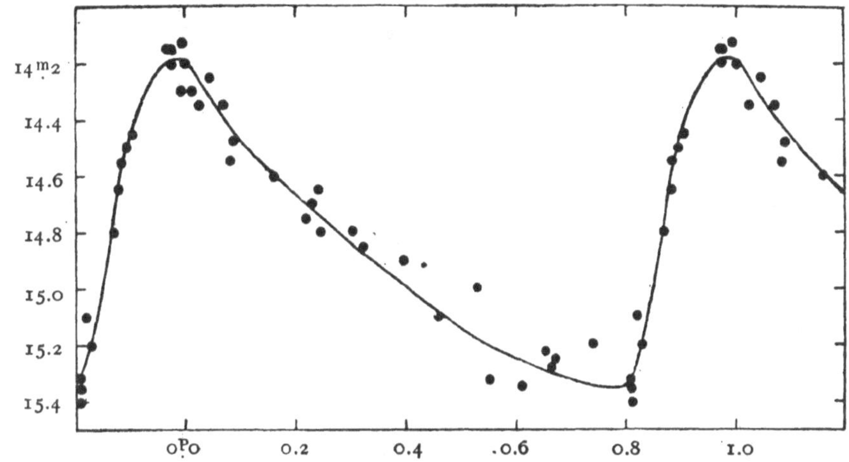

82.1936 Monocerotis

2089. 82.1936 Mon RR Lyrae-Stern; $14\overset{m}{.}2$—$15\overset{m}{.}35$.

$M = 242\,5622.51 + 0\overset{d}{.}5836044 \cdot E.$

$M - m = 0\overset{d}{.}110$, Typus RRa.

Max.	Gr.	E	$B-R$
242 5324.336	$14\overset{m}{.}55$	− 511	$+0\overset{d}{.}048$
5622.494	14.2	0	−0.016
5653.468	14.25	53	+0.027
6631.559	14.3	1729	−0.003
6769.335	14.35	1965	+0.042
7063.444	14.35	2469	+0.015
7416.510	14.2:	3074	0.000
9633.62[1])	14.2	6873	−0.003
9635.37[1])	14.2	6876	−0.004
243 0735.45[1])	14.2	8761	−0.018
0784.50[1])	14.2	8845	+0.009
0787.42[1])	14.2	8850	+0.011
0790.324	14.13	8855	−0.003

[1]) Aus Reihenaufnahmen.

2090. 83.1936 Mon RR Lyrae-Stern; 12^m85—13^m25.
$M = 242\ 5246.50 + 0^d413394 \cdot E$.
$M-m = 0^d070$, Typus RRa.

Max.	Gr.	E	$B-R$	
242 5246.47	12^m81	0	-0^d03	A
5534.64	12.83	697	0.00	A
5650.38	12.89	977	−0.01	A
5984.46	12.90	1785	+0.05	A
6772.35	12.9 :	3691	+0.01	A
7130.31	12.85	4557	−0.03	A
7343.63	12.82	5073	−0.02	A
7396.58	12.85	5201	+0.02	A
7420.54	12.87	5259	0.00	A
7459.46	12.92	5353	+0.06	A
7505.33	12.95	5464	+0.05	A
7718.64	12.90	5980	+0.04	A
7781.46	12.83	6132	+0.03	A
7884.32	12.81	6381	−0.05	A
9633.45		10612	+0.01	R
9634.25		10614	−0.01	R
9635.50		10617	−0.04	R
9696.32	12.90	10764	+0.05	F
243 0346.56	12.85	12337	+0.02	F
0731.44	12.80	13268	+0.03	F
0735.57		13278	+0.02	R
0784.30		13396	−0.03	R
0788.44		13406	−0.02	R
0791.35		13413	0.00	R
1031.58	12.90	13994	+0.04	F

Aufnahmen: A 170 mm-Triplet
F 140 mm-Triplet
R 400 mm-Vierlinser, Reihenaufnahmen.

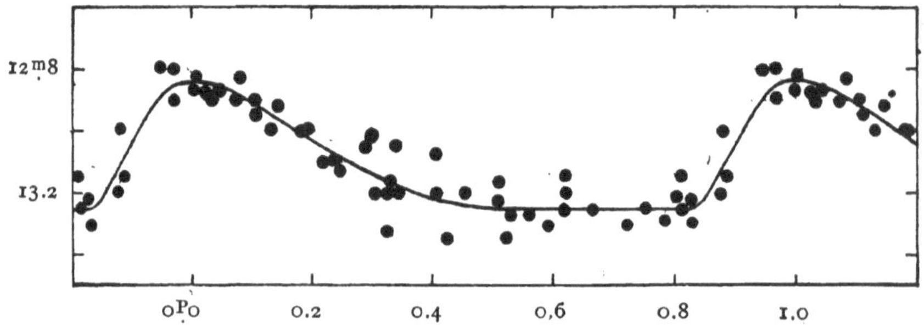

83.1936 Monocerotis

2091. 149.1931 Mon γ Cassiopeiae- oder P Cygni-Art ? 13^m4—13^m9.
Der Stern hat die gleiche Färbung wie seine beiden Vergleichsterne (Farbzahl 0^m0). Seine Helligkeit ändert sich so langsam, daß sie meist während

einer Beobachtungsperiode praktisch konstant bleibt. Minima liegen zwischen 242 6000 und 6300 ($13^m.9$) und bei 7300 ($13^m.8$).

2092. 84.1936 **Mon** Algol-Stern; $12^m.85$—$13^m.25$.

$m = 242\,5969.49 + 3^d.56929 \cdot E.$
$D = 4^h.8, \quad d = 0^h.$

Min.	Gr.	E	$B-R$
242 5655.40	$13^m.2$	−88	$+0^d.01$
5969.50	13.3	0	+0.01
6308.56	13.15	95	−0.01
6351.41	13.2	107	+0.01
7097.36	13.05	316	−0.03
7343.63	13.3	385	−0.04
7368.63	13.2	392	−0.02
243 0734.47[1])	13.25	1335	−0.02
0784.47[1])	13.25	1349	+0.01

2093. 150.1931 **Mon** μ Cephei-Stern; $12^m.2$—$13^m.1$.
Der rötliche Veränderliche (Farbzahl $+0^m.3$) zeigt meist langsame Helligkeitsänderungen in flachen Wellen von weit über 100^d Länge. Zuweilen bleibt sein Licht während eines ganzen Beobachtungsabschnitts (100^d bis 150^d) ganz oder nahezu konstant. Zwischen 242 7340 und 7520 folgen drei nahezu gleiche Wellen von 65^d Länge und $0^m.5$ Amplitude aufeinander.

2094. 85.1936 **Mon** Algol-Stern; $15^m.2$—$16^m.2$.

$m = 242\,5299.22 + 8^d.6700 \cdot E.$
$D \sim 0^d.6.$

Min.	Gr.	E	$B-R$
242 5299.29	$16^m.0$:	0	$+0^d.07$
6634.62	16.2	154	+0.22
6651.52	16.0:	156	−0.22
7501.32	16.2	254	−0.08
9634.30[2])	16.2	500	+0.08
243 0735.30[2])	16.2	627	−0.01
0787.30[2])	16.2	633	−0.03

Die Form der Lichtkurve ist nur unsicher bestimmbar, da der Stern für die A-Platten schon sehr schwach ist und Schwächungen nur auf guten Aufnahmen gesichert werden können.

2095. 151.1931 **Mon** RW Aurigae-Stern; $13^m.9$—$15^m.9$.
Die raschen Helligkeitsschwankungen erreichen mindestens eine Größenklasse, die Änderungen der mittleren Helligkeit betragen etwa $1^m.5$. Zwischen 242 9600 und 243 0800 wurde die mittlere Helligkeit gleichmäßig zu $15^m.25$ gefunden, doch sind auch in dieser Zeit relativer Ruhe geringe, sehr rasch (in Stunden) verlaufende Schwankungen von $0^m.3$ angedeutet.

[1]) Aus Reihenaufnahmen.
[2]) Aus Reihenaufnahmen (jedesmal aufsteigender Ast).

2096. 86.1936 Mon Unveränderlich; $10\overset{\text{m}}{.}1$.

Auf den Platten des 40 cm-Astrographen beträgt die Streuung der Beobachtungen $\pm 0\overset{\text{m}}{.}10$; auf Überwachungsplatten steigt die Streuung bis $\pm 0\overset{\text{m}}{.}20$, wobei die Größe der Abweichungen von der Bildgüte abzuhängen scheint (größere Abweichung vom Mittelwert nur bei schlechter Bildqualität). Auch auf den Platten des 17 cm-Triplets sind die beobachteten Helligkeitsschwankungen so gering, daß sie mit großer Wahrscheinlichkeit als nicht reell angesehen werden können.

2097. 87.1936 Mon RW Aurigae-Stern; $13\overset{\text{m}}{.}3$—$14\overset{\text{m}}{.}8$.

Der Lichtwechsel dieses Sterns ist außerordentlich unruhig. Sprünge von 1 Größenklasse in 2 Tagen bzw. von 3/4 Größenklasse in 1 Tag wurden mehrmals sicher beobachtet und in einigen Fällen auch durch Reihenaufnahmen belegt. Die Reihenaufnahmen zeigen aber andererseits, daß kein RR Lyrae- oder δ Cephei-artiger Lichtwechsel vorliegt. Die Farbe des Sterns scheint rötlich zu sein; die KRANZ I-Platten zeigen ihn im Mittel $0\overset{\text{m}}{.}7$ heller als die zeitlich benachbarten KRANZ-Ultra-Platten, was aber angesichts der außerordentlichen Unruhe des Lichts noch kein sicherer Beweis für die Färbung des Sterns ist. Zeiten der Ruhe sind überhaupt nicht nachweisbar, auch um 242 6000 kann der Eindruck der Ruhe durch die zufällige Verteilung der wenigen Beobachtungen vorgetäuscht sein.

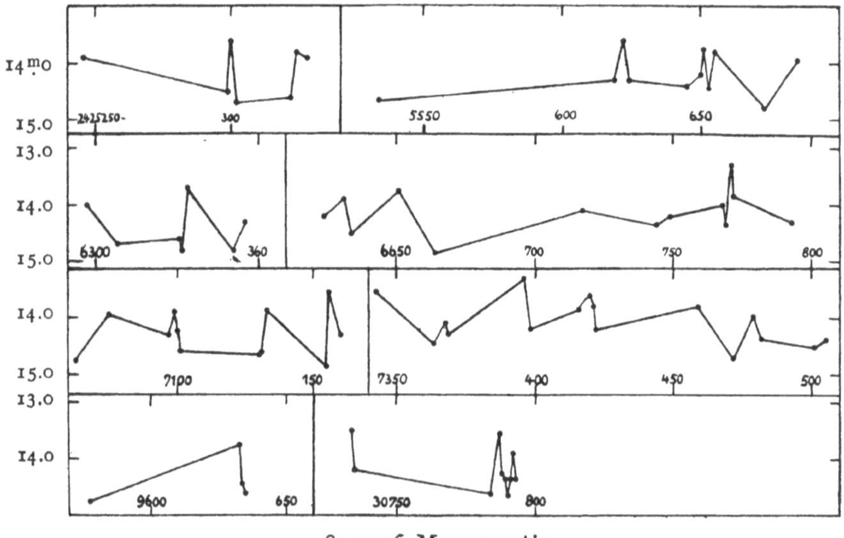

87.1936 Monocerotis

2098. 88.1936 Mon μ Cephei-Stern; $13\overset{\text{m}}{.}4$—$14\overset{\text{m}}{.}8$.

Der Lichtwechsel des roten Sterns (Farbzahl $+0\overset{\text{m}}{.}75$) erfolgt teilweise in unperiodischen Wellen von 100^{d} bis 150^{d} Länge und etwa 1^{m} Amplitude. Zeitweise ist dieser Lichtwechsel stark abgeflacht, so daß die Helligkeit mehrere Monate lang konstant bleibt.

2099. 116.1929 Mon μ Cephei-Stern; $12^m_{\cdot}0$—$14^m_{\cdot}0$.

Dieser rötliche Stern zeigt fast nur sehr langsame Helligkeitsänderungen (unperiodische Wellen von der Größenordnung eines Jahres mit Einzelamplituden meist $< 1^m_{\cdot}0$), nicht selten auch völlige Stillstände. Nur einmal wurde eine raschere Änderung (Abstieg um $1^m_{\cdot}5$ in 40^d, beobachtet. Farbzahl $+0^m_{\cdot}5$.

2100. 152.1931 Mon Algol-Stern; $14^m_{\cdot}1$—$16^m_{\cdot}3$.

$m = 242\,6039.402 + 3^d_{\cdot}634766 \cdot E.$

$D = 9^h, \quad d = 2^h.$

Min.	Gr.	E	$B-R$
242 6039.345	$16^m_{\cdot}1$	0	$-0^d_{\cdot}057$
6624.639	16.35	161	+0.040
6664.571	16.1	172	−0.011
7155.331	16.1	307	+0.056
7718.640	16.4	462	−0.024
243 0735.520[1])	16.3	1292	0.000

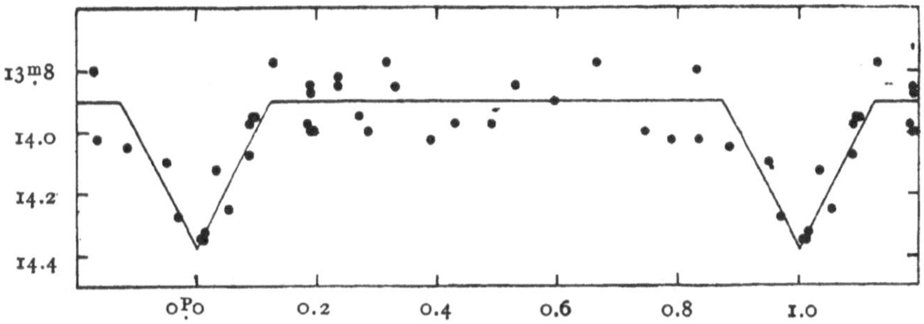

153.1931 Monocerotis

2101. 153.1931 Mon Algol-Stern; $13^m_{\cdot}9$—$14^m_{\cdot}35$.

$m = 242\,5328.31 + 0^d_{\cdot}910743 \cdot E.$

$D = 5^h5, \quad d = 0^h.$

Min.	Gr.	E	$B-R$
242 5328.33	$14^m_{\cdot}25$	0	$+0^d_{\cdot}02$
5622.49	14.40	323	+0.01
5653.46	14.25	357	+0.01
5685.33	14.32	392	+0.01
5969.50	14.25	704	+0.03
6631.56	14.25	1431	−0.02
7396.57	14.25	2271	−0.04
7459.45	14.30	2340	0.00
7501.32	14.25	2386	−0.02
9633.35[1])	14.35	4727	−0.04
243 0734.50:[1])	14.35	5936	+0.02
0735.38[1])	14.35	5937	−0.01
0787.30[1])	14.35	5994	0.00

[1]) Aus Reihenaufnahmen.

2102. 154.1931 Mon δ Cephei-Stern; $11^m.6$—$12^m.0$.

$M = 242\,5302.59 + 3^d.95773 \cdot E.$

$M - m = 1^d.31.$

Max.	Gr.	E	$B-R$
242 5302.46	$11^m.60$	0	$-0^d.13$
5322.33	11.62	5	−0.05
6331.42	11.60	260	−0.18
6351.41	11.65	265	+0.02
6355.35	11.62	266	0.00
6624.64	11.68	334	+0.17
7075.48	11.65	448	−0.17
7099.46	11.68	454	+0.06
7364.64	11.70	521	+0.07
7368.63	11.68	522	+0.10
7396.57	11.65	529	+0.34
7479.38	11.70	550	+0.04
7511.33	11.65	558	+0.33
9636.30	11.6	1095	0.00
243 0736.55	11.6	1373	0.00
0784.05	11.6	1385	0.00
0788.00	11.6	1386	0.00
0791.95	11.6	1387	−0.01

Von E 1095 an Max. aus Reihenaufnahmen.

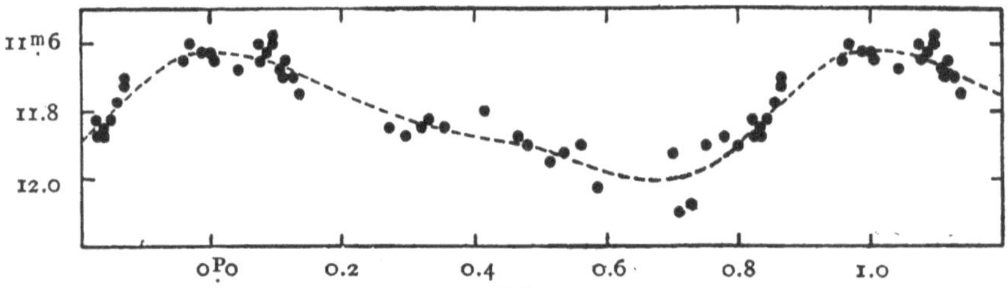

154.1931 Monocerotis

2103. 89.1936 Mon μ Cephei-Stern; $12^m.2$—$13^m.4$.

Der rötliche Stern (Farbzahl $+0^m.4$) zeigt nur langsame Helligkeitsänderungen in Wellen $\geq 150^d.$ mit mäßigen Amplituden ($\sim 0^m.5$). Während dreier Beobachtungsabschnitte war das Licht konstant ($13^m.25$, $12^m.5$, $13^m.15$).

2104. 155.1931 Mon Z Aquarii-Stern; $12^m.1$—$14^m.8$.

$M = 242\,5610 + 220^d.5 \cdot E.$

Der Stern ist extrem rot (Farbzahl $+1^m.1$; auf MATTER-Platten erscheint er 1^m schwächer als auf KRANZ-Ultra und erreicht im Minimum $15^m.8$). Spektrum wahrscheinlich N. Durch diese starke Färbung ist das photographische Bild sehr stark von Fokussierung und Luftzustand abhängig (auf MATTER-Platten erscheint der Stern in der Nähe des Minimums meist wie ein kleiner Nebel), woraus sich die extrem große Streuung der Beobachtungen erklärt, die bis zu $0^m.5$ geht. Von diesen gelegentlichen Abweichungen abgesehen, ist aber die Form der Lichtkurve von so typischer Z Aqr-Art, daß — auch angesichts der starken Rotfärbung — diese scheinbaren Helligkeitssprünge sicher nicht als reell angesehen werden dürfen.

Max.	Gr.	*E*	*B–R*
242 5620	$12^m.6$	0	$+10^d$
6050	12.1	2	– 1
6700	13.5	5	–12.5
7145	13.6	7	– 8.5
7390	12.9	8	+16
7810	12.5	10	– 5

2105. **90.1936 Mon** μ Cephei-Stern; $13^m.5$—$14^m.7$.
Der Stern ist rötlich (Farbzahl $+0^m.4$). Die Helligkeitsänderungen verlaufen meist langsam in unregelmäßig geformten Wellen von 100^d bis 150^d Dauer und Amplituden bis zu $1^m.0$. Gelegentlich treten auch kürzere Wellen von etwa 70^d Dauer auf.

2106. **91.1936 Mon** μ Cephei-Stern; $13^m.0$—$13^m.8$.
Der rötliche Stern (Farbzahl $+0^m.5$) zeigt langsame Helligkeitsänderungen mit Wellen von 100^d bis 200^d und Amplituden von $\sim 0^m.5$.

2107. **92.1936 Mon** U Geminorum-Stern; $13^m.4$—$16^m.0$.
In dem Zeitraum von J. D. 242 5000 bis 8000 folgen die Erhellungen so streng einer Periode von $13^d.86$ Tagen, daß man den Stern für einen δ Cephei-Stern halten möchte. Dem widersprechen aber erstens die große Amplitude von $2^m.6$, zweitens die für einen δ Cephei-Stern ganz ungewöhnliche mittlere Lichtkurve und drittens die große Streuung der Einzelbeobachtungen, die auf stärkere reelle Unregelmäßigkeiten hinweist. Ein späteres Maximum (s. Tabelle) wird durch die aus dem oben genannten Zeitraum abgeleiteten

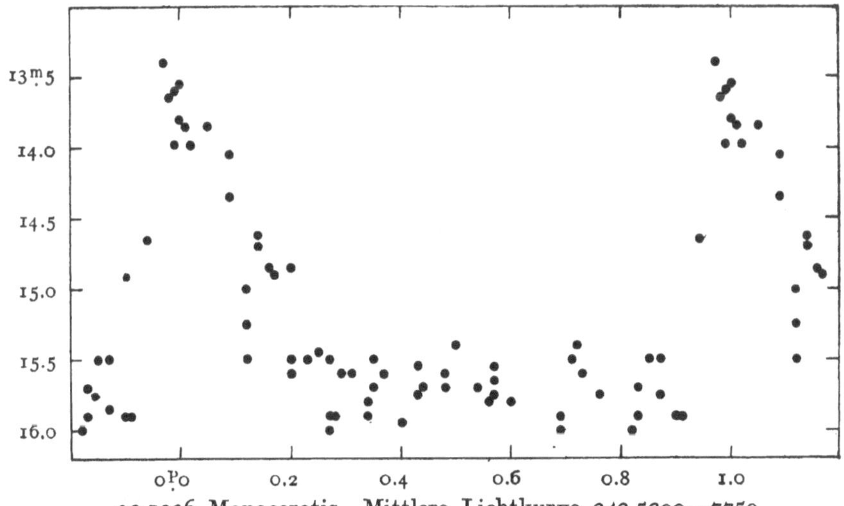

92.1936 Monocerotis. Mittlere Lichtkurve 242 5200—7750

Elemente nicht mehr dargestellt. Versucht man durch eine geringe Änderung der Elemente allen Beobachtungen zugleich zu genügen, so verschlechtert sich die Darstellung der älteren (vor 242 8000) und vor allem die mittlere Lichtkurve erheblich.

M (242 5000 bis 8000) = 242 5534.64 + $13^{d}.8645 \cdot E$.

Max.	Gr.	E	$B-R$
242 5534.64	$13^{m}.8$	0	$0^{d}.00$
5645.45	13.6	8	−0.11
5673.40	13.85	10	+0.11
6768.35	13.65	89	−0.23
6769.33	13.85		+0.75
7101.37	13.55	113	+0.04
7156.34	13.4	117	−0.45
7364.64	13.95	132	−0.11
7420.53	13.95	136	+0.32
243 0786.0[1])	13.5	379	−3.29

2108. 93.1936 Mon Mira-Stern; $14^{m}.0$—[$16^{m}.5$.

M=242 5338+$326^{d} \cdot E$.

Max.	Gr.	E	$B-R$
242 5335	$14^{m}.3$	0	-3^{d}
5660	14.3	1	−4
5994	14.0	2	+4
6321	14.5	3	+5
6640	14.4	4	−2

2109. 94.1936 Mon Algol-Stern; $13^{m}.8$—$14^{m}.9$.

Min.	Gr.	Min.	Gr.
242 6308.565	$14^{m}.45$	242 7511.328	$14^{m}.75$
7100.461	14.7	7718.640	14.8
7130.306	14.7	7841.285	14.55
7156.341	14.5	243 0784.465	14.9

2110. 95.1936 Mon Algol-Stern; $13^{m}.1$—$15^{m}.1$.

m=242 5651.65+$51^{d}.725 \cdot E$.

$D=16^{h}$, $d=5^{h}$.

Min.	Gr.	E	$B-R$
242 5651.46	$14^{m}.25$	0	$-0^{d}.19$
6634.62	14.2	19	+0.19
9634.48[2])	15.1	77	0.00

2111. 96.1936 Mon Algol-Stern; $15^{m}.2$—$16^{m}.5$.

m=242 5619.311+$4.343621 \cdot E$.

$D=13^{h}$, $d=0^{h}$?

[1]) Aus Reihenaufnahmen.

[2]) 3 Reihenaufnahmen mit je 2 Std. Abstand zeigen den Stern gleichmäßig schwach. Auffallend ist das große Verhältnis $P:D = 77$!

Min.	Gr.	E	$B-R$
242 5328.334	16ᵐ15	− 67	+0ᵈ046
5619.463	15.9	0	+0.152
5645.458	16.0	+ 6	+0.085
6631.559	15.9	233	+0.184
6744.359	16.2	259	+0.050
7100.461	16.2	341	−0.025
7369.632	15.85	403	−0.158
243 0788.220[1])	16.5	1190	0.000
0792.400	15.85	1191	−0.164

2112. 97.1936 Mon μ Cephei-Stern; 14ᵐ5—15ᵐ5.
Dieser rote Stern (Farbzahl +0ᵐ9) ist auf den Matter-Platten des 40 cm-Astrographen meist nur spurenweise zu erkennen (mittlere photographische Größe ∼16ᵐ5), als Spektraltypus kann demnach mit Sicherheit N angenommen werden. Der erste Teil der Beobachtungszeit vor 242 6600 ist durch das Auftreten kräftig ausgeprägter Wellen von ∼350ᵈ Dauer gekennzeichnet. Später bleibt der Stern jahrelang um 15ᵐ0 mit geringfügigen, schwer verbürgbaren Schwankungen von höchstens ±0ᵐ2 konstant.

2113. 98.1936 Mon β Lyrae-Stern; 13ᵐ8—14ᵐ25.

$m_1 = 242\ 5299.32 + 1^d.239674 \cdot E.$

$A_1 = A_2.$

Min.	Gr.	E	$B-R$
242 5299.29	14ᵐ2	0	−0ᵈ03
5302.46	14.1	2.5	+0.04
6768.35	14.2	1185	+0.02
7130.30	14.3:	1477	−0.02
7156.34	14.15	1498	−0.01
7364.64	14.25	1666	+0.02
7459.45	14.3	1742.5	0.00
7482.38	14.15	1761	−0.01
7505.33	14.2	1779.5	+0.01
7513.39	14.15	1786	+0.01
9634.47	14.2	3497	+0.01
243 0787.33	14.2	4427	−0.03

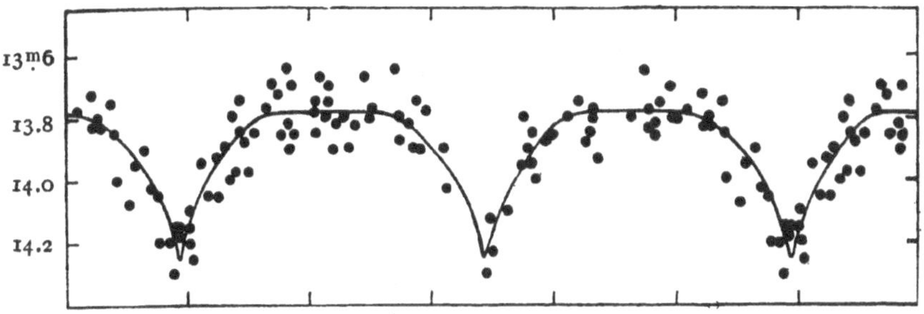

98.1936 Monocerotis

[1]) Aus Reihenaufnahmen.

2114. 156.1931 Mon μ Cephei-Stern; $13^m\!.0$—$14^m\!.6$.
Der Lichtwechsel dieses rötlichen Sterns (Farbzahl $+0^m\!.4$) verläuft ohne erkennbare Stillstände in unperiodischen, meist flachen Wellen von 120^d bis etwa 200^d Dauer. Die Amplituden der einzelnen Wellen liegen zwischen $0^m\!.5$ und $1^m\!.0$, der steilste Anstieg beträgt $1^m\!.0$ in 40^d.

2115. 99.1936 Mon Mira-Stern; $14^m\!.4$—[$16^m\!.5$.
$M = 242\,5974 + 285^d \cdot E$.

Max.	Gr.	E	$B-R$
242 5975	$14^m\!.5$	0	$+1^d$
7115	14.4	4	+1
7395	14.8	5	−4
7685:	14.6	6	+1
243 0820:	—	17	+1

Farbzahl $+0^m\!.3$.

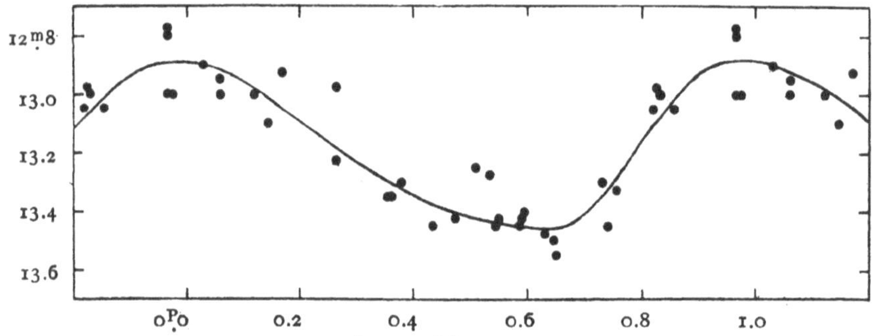

158.1931 Monocerotis

2116. 158.1931 Mon RR Lyrae-Stern; $12^m\!.9$—$13^m\!.45$.
$M = 242\,6308.49 + 0^d\!.376165 \cdot E$.
$M - m = 0^d\!.132$, Typus RRb.

Max.	Gr.	E	$B-R$
242 6308.56	$12^m\!.8$	0	$+0^d\!.07$
6351.41	12.9	114	+0.04
6631.56	12.95	859	−0.06
6634.62	12.8	867	−0.01
6793.34	12.85	1289	−0.03
7075.48	12.95	2039	−0.01
7097.36	12.8:	2097	+0.05
9633.43	12.9	8839	+0.02
9634.53	12.9	8842	−0.01
9635.63	12.9	8845	−0.04
243 0734.43	12.9	11766	−0.02
0735.55	12.9	11769	−0.03
0784.50	12.9	11899	+0.02
0787.50	12.9	11907	+0.01
0788.25	12.9	11909	+0.01
0791.25	12.9	11917	0.00

Von E 8839 an Max. aus Reihenaufnahmen.

2117. 159.1931 **Mon** μ Cephei-Stern; $13^{m}.0$—$14^{m}.2$.

Der rötliche Stern (Farbzahl $+0^{m}.5$) ändert seine Helligkeit meist in flachen Wellen, Dauer 80^{d} bis 150^{d}, Amplitude $0^{m}.5$ bis $1^{m}.0$. Vereinzelt flacht der Lichtwechsel zu längeren Stillständen ab.

2118. 100.1936 **Mon** δ Cephei-Stern; $13^{m}.5$—$14^{m}.75$.

$M = 242\,5645.45 + 4^{d}.49659 \cdot E.$

$M - m = 0^{d}.98.$

Max.	Gr.	E	$B-R$
242 5645.45	$13^{m}.5$	0	$0^{d}.00$
5969.50	13.7	72	+0.30
6297.55	13.5:	145	+0.09
6351.41	13.5	157	0.00
6634.62	13:55	220	−0.08
7075.48	15.55	318	+0.11
7156.34	13.5	336	+0.04
7511.33	13.65	415	−0.20
9633.95[1])	13.5	887	+0.02
243 0735.55[1])	13.5	1132	−0.04
0785.10[1])	13.5	1143	+0.05
0789.55[1])	13.5	1144	0.00

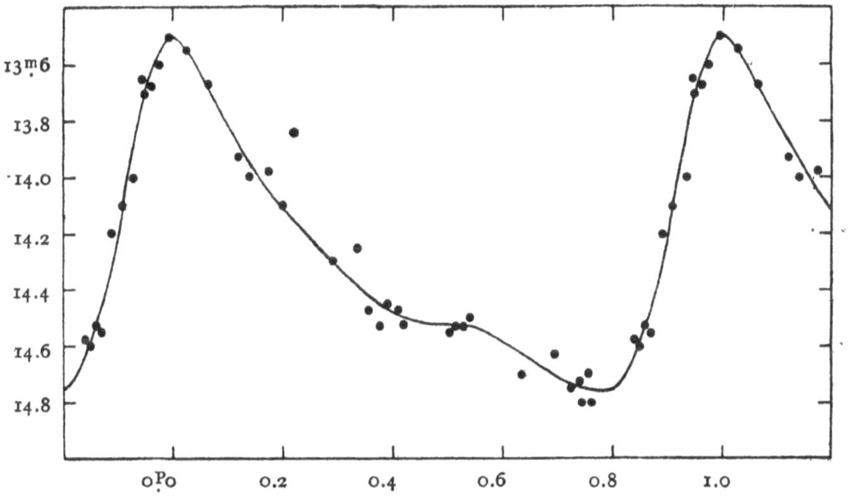

100.1936 Monocerotis

2119. 101.1936 **Mon** Algol-Stern; $13^{m}.65$—$15^{m}.5$.

$m = 242\,5246.41 + 1^{d}.425083 \cdot E.$

$D = 4^{h}.8, \quad d = 0^{h}.$

Min.	Gr.	E	$B-R$
242 5246.47	[$14^{m}.3$	0	$+0^{d}.06$
5645.45	15.0:	280	+0.02

1) Aus Reihenaufnahmen.

242 5655.40	$15^{m}1$:	287	$-0^{d}01$
5685.33	15.1:	308	−0.01
6631.56	14.75	972	−0.03
6651.52	14.9	986	−0.02
9635.68¹) ²)	15.5	3080	+0.01
243 0734.39¹) ²)	15.5	3851	−0.01
0784.26¹) ²)	15.5	3886	−0.02
0791.41¹)	15.5	3891	0.00

2120. 161.1931 Mon δ Cephei-Stern; $13^{m}15$—$14^{m}45$.

$M = 242\,5324.34 + 3^{d}287822 \cdot E.$

$M - m = 1^{d}10.$

Max.	Gr.	*E*	*B–R*
242 5324.34	$13^{m}2$	0	$0^{d}00$
5534.64	13.25	64	−0.12
6771.35	13.4	440	+0.37
7063.44	13.2	529	−0.16
7155.33	13.4	557	−0.33
7369.63	13.3	622	+0.26
7501.32	13.5	662	+0.44
9578.59	13.25	1294	−0.19
9634.60¹)	13.15	1311	−0.07
243 0788.70¹)	13.15	1662	0.00

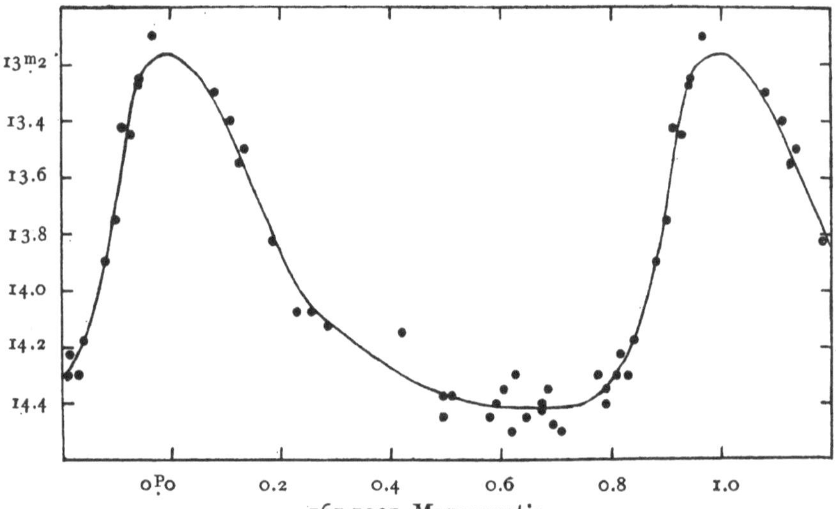

161.1931 Monocerotis

2121. 163.1931 Mon μ Cephei-Stern; $14^{m}8$—$15^{m}8$.

Der Stern ist rot (Farbzahl $+0^{m}8$) und ändert seine Helligkeit in sehr flachen, unregelmäßigen und unperiodischen Wellen von über 100^{d} Dauer. Eigentliche Stillstände wurden nicht beobachtet.

---

¹) Aus Reihenaufnahmen. ²) Nur Teile des auf- bzw. absteigenden Astes beobachtet.

2122. 102.1936 Mon μ Cephei-Stern; $13^m.9$—$14^m.7$.

Die Helligkeit dieses rötlichen Sterns ändert sich meist in sehr langen Wellen (Dauer mindestens 200^d), auf die gelegentlich sekundäre Schwankungen von $\sim 50^d$ und sehr kleiner Amplitude aufgesetzt sind. Mehrmals kommen auch Stillstände während eines ganzen Beobachtungsabschnitts vor.

2123. 103.1936 Mon μ Cephei-Stern; $13^m.7$—$15^m.0$.

Der Lichtwechsel des rötlichen Sterns (Farbzahl $+0^m.5$) erfolgt in unregelmäßig geformten Wellen von 100^d bis 200^d Dauer. Die Amplituden der Wellen betragen $0^m.5$ bis $>1^m.0$.

2124. 104.1936 Mon Algol-Stern; $13^m.5$—$15^m.2$.

$m = 242\,5653.44 + 1^d.454677 \cdot E.$

$D = 6^h.2, \quad d = 0^h.$

Min.	Gr.	E	$B-R$
242 5653.47	$14^m.85$	0	$+0^d.03$
6744.36	14.45	750	−0.09
7131.32	14.6:	1016	−0.07
7416.51	15.15	1212	0.00
7746.64	14.2	1439	−0.08
9633.43[1])	15.2	2736	−0.01
243 0788.45[1])	15.2	3530	0.00
0791.36[1])	15.2	3532	0.00

2125. 105.1936 Mon Unveränderlich; $13^m.4$.

Die Beobachtungen streuen auf den Platten des 40 cm-Astrographen $\pm 0^m.09$, auf den teilweise weniger guten des 17 cm-Astrographen $\pm 0^m.14$ um den Mittelwert.

2126. 106.1936 Mon μ Cephei-Stern; $12^m.1$—$12^m.7$.

Der rötliche Stern (Farbzahl $+0^m.6$) zeigt nur langsame, geringfügige, aber sicher erkennbare Helligkeitsänderungen. Die Länge der Wellen übertrifft in jedem Falle die Länge der einzelnen Beobachtungsabschnitte.

2127. 164.1931 Mon Algol-Stern; $13^m.3$—$16^m.3$.

$m = 242\,5534.64 + 2^d.09850 \cdot E.$

$D = 7^h, \quad d = 0^h.$

Min.	Gr.	E	$B-R$
242 5534.64	$15^m.5$	0	$0^d.00$
7343.63	15.0:	862	+0.08
7364.64	14.65	872	+0.11
243 0327.61	16.0	2284	0.00
0346.57	14.8	2293	+0.07
0789.27	16.3	2504	−0.01
0791.38	16.3	2505	0.00
0793.48	16.3	2506	0.00

E 2504—2506 aus Reihenaufnahmen.

---

[1]) Aus Reihenaufnahmen.

2128. 107.1936 Mon Mira-Stern ?; $15^m.5$—[$16^m.5$.

Von diesem Stern ist nur ein Maximum ($15^m.5$) um 242 5640 beobachtet. 242 7718/19 erscheint er noch einmal spurweise (~16^m).

2129. 108.1936 Mon Bedeckungsveränderlicher; $12^m.0$—$12^m.4$.

Min.	Gr.	Min.	Gr.
242 5981.440	$12^m.42$	242 6651.523	$12^m.38$
6332.416	12.40	7482.382	12.40
6334.429	12.38	9634.564	12.42
6634.617	12.42		

2130. 165.1931 Mon μ Cephei-Stern; $13^m.4$—$14^m.8$.

Die einzelnen, sehr verschieden langen (< 100^d bis > 200^d) und sehr verschieden geformten Wellen haben Amplituden von $0^m.2$ bis $1^m.0$. Der Stern ist rötlich, Farbzahl $+0^m.5$.

[E n d e]

Kolibri 360 GmbH
Ferdinand-Jühlke-Straße 7
99095 Erfurt, Deutschland
produktsicherheit@kolibri360.de